作物多模态信息高能效感知与目标检测方法

朱 路 刘媛媛 陈 新 ◎ 著

西南交通大学出版社
·成 都·

内容简介

本书主要对无线传感器网络、图像压缩感知、农业物联网以及深度学习等多个领域的共性问题进行了系统的研究。全书围绕智能信息处理与物联网应用两大核心，展现了前沿技术的融合与创新。在数据处理方面，无论是无线传感器网络的压缩采样与数据重建，还是基于非参数贝叶斯字典学习的数据插值，都旨在从海量数据中提取有效信息，优化数据处理流程。在图像与农业物联网领域，通过模型与数据协同驱动、智能算法与深度神经网络的结合，实现了图像的高效压缩感知和农业生产的智能化管理。而在深度学习领域，无论是深度神经网络的压缩，还是植物病害识别模型的轻量化与移植，都体现了对模型性能与计算效率的追求。同时，云边协同的目标检测方法和深度学习的太阳能吸收技术，展示了智能信息处理在目标检测与新能源利用方面的广阔应用前景。本书的工作对作物多模态信息高能效感知与目标检测的发展具有理论和实际意义。

图书在版编目（CIP）数据

作物多模态信息高能效感知与目标检测方法 / 朱路，刘媛媛，陈新著. -- 成都：西南交通大学出版社，2024.12. -- ISBN 978-7-5774-0325-0

Ⅰ. X835

中国国家版本馆 CIP 数据核字第 2024JG6548 号

Zuowu Duomotai Xinxi Gaonengxiao Ganzhi yu Mubao Jiance Fangfa

作物多模态信息高能效感知与目标检测方法

朱 路　刘媛媛　陈 新　著

策 划 编 辑	黄淑文
责 任 编 辑	何明飞
助 理 编 辑	卢韵玥
责 任 校 对	左凌涛
封 面 设 计	原谋书装
出 版 发 行	西南交通大学出版社 （四川省成都市金牛区二环路北一段 111 号 　西南交通大学创新大厦 21 楼）
营销部电话	028-87600564　028-87600533
邮 政 编 码	610031
网　　　址	https://www.xnjdcbs.com
印　　　刷	成都勤德印务有限公司
成 品 尺 寸	185 mm × 260 mm
印　　　张	13
字　　　数	286 千
版　　　次	2024 年 12 月第 1 版
印　　　次	2024 年 12 月第 1 次
书　　　号	ISBN 978-7-5774-0325-0
定　　　价	88.00 元

图书如有印装质量问题　本社负责退换
版权所有　盗版必究　举报电话：028-87600562

前　言

　　应用人工智能、物联网、云计算、边缘计算等现代信息技术，对推动农业全产业链的改造与升级，提升农业智能化水平具有重要意义。智慧农业是农业科技革命的重要成果和农业知识创新工程的重要组成部分，它通过作物信息采集和调控技术，可确保在土壤水分、肥力、病虫害等不同的农田小区，分别采取有针对性的定位定量灌水、施肥、施药等措施，提高作物产量、经济效益及社会效益。作物信息感知与准确的数据分析是智慧农业定量决策与管理服务的基础。作物多模态信息主要包括土壤温、湿度，空气温、湿度，光照强度等生长环境信息和作物目标图像、视频等高维信息。*IoT4Ag Special report* 指出，智慧农业实施的最大障碍仍然体现在对作物多模态信息高密集、高速度、高准确度、低成本获取和智能分析等关键技术的研究上。由于农业具有地域分散、对象多样、远离都市、通信条件落后的特点，这给农作物环境信息的高密集、高速度获取带来了困难。

　　物联网是当前国际上备受关注的、由多学科高度交叉形成的新兴前沿研究热点领域。其感知层（Wireless Sensor Network，WSN）通过各类集成化的微型传感器协作地实时监测各种环境或对象的信息，并通过随机自组织网络以无线通信方式将所感知信息传送到用户终端。物联网感知层具有自组织、无须布线、成本较小等优点，可以有效解决上述作物环境信息采集缺陷，将其应用于农作物环境信息监测领域有着广阔的前景。Gerbbers 等人在 *Science* 上撰文介绍精准农业与粮食安全问题时，特别提到近地传感器在作物信息获取方面的优势。物联网通过持续监测作物环境信息，在不牺牲作物产量和质量的情况下能减小投入，大大提高资源（如水和氮）的利用效率。然而，随着农业物联网终端设备数量的增长，物联网感知节点、无线摄像头（以视频和图片的形式收集数据）获取数据量不断增加，这不仅会占用大量网络带宽，数据传输和信息获取的延时也越来越大。同时，作物环境多模态数据存在大量噪声，具有非线性、异构性和多变量耦合性，采用传统机器学习方法难以精准识别和预测作物环境信息。因此，解决上述科学问题是推动传统农业向现代农业转型升级的重要驱动力。

边缘计算具有低延时、更广泛的地理分布，能进行位置感知和适应移动性的应用，也能支持更多的边缘节点。这种更注重边缘计算设备作用的方式完美解决了上述出现的各种问题。以数据为驱动的深度学习（Deep Learning）在当前国际上备受关注。我国《新一代人工智能发展规划》中也指出必须加快人工智能深度应用，促进人工智能与各产业领域深度融合。深度学习模型具有良好的非线性表征能力，为解决农业环境信息的多变量耦合性等问题提供新思路。

本书致力于农业物联网的关键问题和技术研究，探索深度压缩感知（Deep Compressed Sensing, DCS）与云边协同技术相结合的作物多模态数据稀疏感知方法，有效减少网络数据传输、降低能耗和时延；研究智能识别模型，研究可解释深度学习模型预测作物长势，为指导农业生产提供重要的科学依据。这方面研究对于降低农业生产成本，提高农产品质量和经济效益，以及解决我国当前面临的农业资源匮乏、农业环境污染严重等问题具有重要的战略意义。

本书以国家自然科学基金项目（No. 62366015，No. 61963016，No. 61967007）研究成果为背景，由华东交通大学朱路、刘媛媛、陈新合作完成。特别感谢黄德昌老师和项目组其他成员对本书撰写提供宝贵意见，同时要感谢慈白山、黄志群、严晗、邬雷、于致远、李瑞权、王定坤等研究生的前期研究工作。本书撰写过程中也广泛收录了国际上其他研究团队的最新成果，在此向参考资料的作者表示诚挚的谢意。

由于作者水平有限，书中尚有疏漏和不足之处，恳请读者批评指正。

作　者

2024 年 9 月

目 录

第1章 绪 论 ·· 001
  1.1 研究背景及意义 ·· 002
  1.2 国内外研究现状 ·· 003
  1.3 现有研究的不足 ·· 011

第2章 作物多模态信息监测关键技术 ·· 012
  2.1 无线传感器网络与传感器数据 ·· 013
  2.2 目标检测与相关概念 ·· 015
  2.3 边缘计算 ·· 017
  2.4 卷积神经网络 ··· 020
  2.5 本章小结 ·· 023

第3章 作物环境数据压缩采样与重建方法研究 ··· 024
  3.1 系统模型及问题分析 ·· 025
  3.2 基于周期排序的分簇压缩采样方法 ··· 028
  3.3 能量消耗和时延特性分析 ·· 031
  3.4 仿真及结果分析 ·· 034
  3.5 本章小结 ·· 039

第4章 基于非参数贝叶斯字典学习的丢失数据插值方法研究 ······································ 040
  4.1 基于非参数贝叶斯字典学习的缺失数据重构 ·· 041
  4.2 仿真及结果分析 ·· 049
  4.3 本章小结 ·· 053

第5章 基于模型与数据协同驱动的图像压缩感知方法研究 ··· 055
  5.1 基于深度展开方法执行ADMM重建的图像压缩感知模型 ······························ 057
  5.2 基于零值域分解的深度图像压缩感知模型 ··· 068
  5.3 基于零值域分解和变分自编码器生成模型的图像压缩感知方法 ······················ 081
  5.4 本章小结 ·· 095

第6章 基于智能算法和深度神经网络的农业物联网休眠调度与时序预测算法研究 …… 096
   6.1 基于遗传算法和多层次数据重建模型的休眠调度策略 ……………………… 097
   6.2 结合时序分解和物理信息约束的非线性时序预测模型 ……………………… 108
   6.3 本章小结 ……………………………………………………………………… 116

第7章 基于通道剪枝的深度神经网络压缩方法研究 ……………………………… 117
   7.1 基于滤波器弹性的通道剪枝压缩算法 ………………………………………… 118
   7.2 轻量级火灾检测模型中压缩方法的实现 ……………………………………… 127
   7.3 本章小结 ……………………………………………………………………… 136

第8章 基于知识蒸馏和通道剪枝的轻量化植物病害识别模型及移植 …………… 137
   8.1 基于知识蒸馏和通道剪枝的轻量化植物病害识别模型 ……………………… 138
   8.2 针对通道剪枝中重训练的算法优化及移动端移植 …………………………… 151
   8.3 本章小结 ……………………………………………………………………… 163

第9章 基于云边协同的轻量化目标检测方法 ……………………………………… 165
   9.1 基于DenseNet的轻量化卷积神经网络 ……………………………………… 166
   9.2 轻量化的目标检测 …………………………………………………………… 172
   9.3 云边协同的智能监控系统 …………………………………………………… 179
   9.4 本章小结 ……………………………………………………………………… 186

参考文献 ………………………………………………………………………………… 188

第 1 章

绪 论

1.1 研究背景及意义

随着人口的增长和经济的发展，全球对粮食和其他农产品的需求日益增长。农作物作为人类食物链的基础，其产量和品质直接关系到人类社会的生存和发展。早期的农作物研究依赖于经验和试错，近几十年来，随着分子生物学、基因组学等现代生物技术的快速发展，农作物研究进入了新的阶段。科学家们通过基因编辑、转基因等技术手段，实现对农作物遗传信息的精准调控，为作物品种改良和农业生产提供了强有力的技术支持。然而随着人口的增长和土地资源的有限性，如何提高土地利用率和农业生产效率成为亟待解决的问题。

智慧农业是利用现代信息技术和智能化装备实现农业生产全过程的高效、精准、智能化管理的新型农业形态。它融合了物联网、大数据、云计算、区块链等众多现代科技，以农业为主要研究对象，借助智能化、自动化的生产设备和系统，提高农业生产效率，降低作物生产成本，提升作物质量，并实现农业的可持续发展。其中，农业物联网是通过各种信息传感设备，如无线传感器、射频识别等，按照约定的协议，对作物从生产到消费各个环节的信息进行采集、传输、处理和执行，以实现智能化识别、定位、跟踪、监控和管理的一种网络，巧妙地将农业生产过程中的各种要素进行连接和整合。而多模态信息感知为农业物联网提供了更为全面、精准的数据支持，它是利用视觉、声音和触觉等感知模态来获取作物生长过程中的各种信息，以实现对作物生长状态的实时监测和精准管理，从而达到作物生产的智能化和精准化。因此，多模态信息的感知成为了热门研究领域。

无线传感器网络作为一种多模态信息感知技术，由大量具有一定感知能力、数据处理能力和无线通信能力的传感器节点组成。其主要工作机理是将各类集成化的微型传感器协作地实时监测、感知和采集各种环境或监测对象的信息，并通过随机自组织无线通信网络，以多跳中继方式将所感知信息传送到用户终端。然而，无线传感器网络的传感器节点（以下简称节点）通常是由能量有限的能源供电，而且布署完后难以实现二次能源补充，尤其对于长期、大范围的目标监测，存在严重的能量约束问题。由于节点的能量主要消耗在数据发送，并且当节点处于休眠状态时，其能耗非常小，所以减少网络中数据传输是降低网络能耗、延长网络生命周期的一种主要手段。利用数据压缩技术可以通过一定的算法将传感器节点采集到的大量原始数据进行压缩采样，去除冗余信息，只将少量的有意义的处理结果传输到汇聚节点，以牺牲数据为代价解决无线传感器网络能量受限问题。因此，越来越多的研究者将注意力集中在多模态数据处理及压缩领域，并取得了巨大的研究成果。

随着数据的体积和复杂性不断增加，基于传统的数据处理算法难以满足要求，而深度学习方法能更好地服务于优化算法所需的特征提取、数据自适应等功能，因此，将深度学习方法和优化理论结合显得尤为重要。在深度学习这一技术框架下，随着研究的不断深入和应用的广泛拓展，众多高效且轻量化的方法涌现。这些方法旨在优化模型的复杂度和性能，使之更适应资源受限的环境和实时性要求高的场景。其中，通道剪枝作为一种直接有效的手段，通过精细地移除网络中的冗余通道，大幅减少了模型的参数量和计算量，同时保持了较高的预测精度；而知识蒸馏则通过借鉴教师模型的智慧，将复杂模型的知识传递给轻量级的学生模型，实现了模型性能的传承与提升。这些方法不仅提升了深度学习模型的效率，更推动了其在多模态高能效感知领域的广泛应用和落地。

由于云计算中心拥有强大的算力与存储能力，现代智能视频农作物监控系统基本采用中心云架构实现。但随着网络摄像头的急剧增多，视频质量不断的提升，基于中心云架构的视频监控面临越来越多的挑战。传输大量实时视频数据不仅对网络带宽要求高，并且容易导致传输的高延时，难以满足监控任务的实时性要求。边缘计算具有低延时、更广泛的地理分布等特点，能进行位置感知和适应移动性的应用，也能支持更多的边缘节点。这种更注重边缘计算设备作用的方式完美解决了上述问题。基于云边协同的架构将计算能力向下延伸到传感器附近的网络边缘，为解决智能视频监控中的高带宽要求和延迟敏感问题提供了前景光明的解决方案。

本书主要针对作物环境信息感知节点能量受限、能量消耗的不平衡性、高维数据传输带宽受限问题，分别使用传统数据压缩处理方法与深度学习下的数据处理方式，在深度稀疏感知框架下，探索深度压缩感知（Deep Compressed Sensing，DCS）与云边协同技术相结合的作物多模态数据稀疏感知方法，有效减少网络数据传输、降低能耗和时延；利用多模态数据融合，研究可解释深度学习模型预测作物长势，为指导农业生产提供重要的科学依据。除此之外，通过研究能量吸收技术，云边协同、智能识别等多个技术解决农业作物检测问题。这方面研究对于降低农业生产成本，提高农产品质量和经济效益，以及解决我国当前面临的农业资源匮乏、农业环境污染严重问题等方面具有重要的战略意义。

1.2 国内外研究现状

1.2.1 无线传感器网络及非线性时序数据预测研究现状

1. 无线传感器网络节能算法研究

无线传感器网络技术在农业物联网中的应用引起了广泛的关注，许多专家学者将无线传感器网络技术视为现代农业转型的关键。然而，能量受限问题始终制约着无线传感器网络技术的发展壮大，为此，国内外众多研究学者们已从多个角度出发，在尽可能保证无线传感器网络综合性能的前提下，以延长网络整体生命周期为目的展开研究。

在硬件节能方面，部分研究学者从设计低功耗的硬件入手，例如 TI、ARM 等公司设计的低功耗处理器芯片（MAP430 和 ATmegal 128 等），以及低功耗的射频芯片（CC2420、CC2430 和 nRF905 等）[1]。与此同时，另一部分研究学者则针对能量收集型无线传感器网络（Energy Harvesting Wireless Sensor Network，EH-WSN）进行了大量的研究。EH-WSN 中的传感器节点能够通过自带的能量收集装置采集外界的各种能量，如太阳能[2]、风能[3]、射频能量[4]、动能[5]等来维持自身的长时间运行，有效地延长网络生命周期。目前，这类能量收集型无线传感器网络技术已经较为成熟，并在实际问题在得到了应用[6]。

随着硬件低功耗设备难以满足人们的要求，许多国内外的专家学者又把目光转向了无线传感器网络分簇路由算法，针对如何设计高效、节能的分簇路由问题进行了深入研究。Singh 针对动态无线传感器网络提出了一种可扩展的节能分簇聚类协议，考虑簇内和簇间的距离，通过蜻蜓粒子群算法对簇头进行优化选择，从而生成较为均匀的簇群，降低单个节点的传输能耗[7]。Ragavan 提出了一种基于狮子优化算法对网络节点进行聚类的多跳节能路由，并根据 SDN 建立路由表找到数据传输的最优路径，高效地利用节点的能量[8]。Rida 提出了一种均值聚类算法 EK-means，基于相似数据对网络进行聚类，将采集到相似数据的节点归类到同一个簇中，有效降低传输的数据量，从而延长了网络的工作时间[9]。蒋华等人结合单跳和多跳的数据传输方式，利用模糊逻辑系统推理出选择当前节点作为簇头的概率，并尽可能地选择能耗低的节点作为簇头[10]。

即使节能路由协议日趋成熟，依然不能完美解决能耗问题。无论传感器节能算法如何改进，第一个死亡节点的出现都将不可避免，而且往往第一个死亡的节点是非常重要的节点，标志着无线传感器网络失效的开始。为了延长无线传感器网络的工作时间，国内外学者们研究了许多的算法来延长第一个死亡节点的出现时间。Wang 等人通过将传统遗传算法和果蝇优化算法相结合，引入簇头轮选机制和节点聚类机制，解决了因为部分节点过度的数据传输导致无线传感器网络能耗不均等而提早死亡的问题，有效延长了网络的寿命[11]。黄影和华雨晴提出了一种基于能量与路径约束的路由优化算法，该算法在传统果蝇算法的基础上，引入飞行可行域的概念并融入了节点剩余能量及节点间距离信息作为特征信息，平衡网络的能量消耗[12]。刘运节和包萍通过考虑节点的能量消耗，开发了一种无线传感器网络的平衡算法，在建立能量消耗模型后，结合蚁群优化算法求解总的能量消耗，并采用改变传感器节点物理位置的新颖思路来实现节点的均匀分布，节省网络能量消耗[13]。而 Sahoo 提出了一种基于贪心的启发式算法实现对目标区域的最大覆盖问题，根据贪心算法在令每个子集都能实现对目标区域的最大覆盖的前提下，将传感器节点划分到多个覆盖子集中，并在特定时刻激活不同子集对目标范围进行监测以实现整体网络节能[14]。

近年来，由于机器学习可以通过更为自动、快速和准确地分析复杂数据来生成模型，已在无线传感器网络的各种问题应用中体现出了良好的效果，如定位、覆盖范围和连接性、路由选择、数据聚合、同步与拥塞控制、移动聚合点和能量收集等。[15]当然，节能调度也包括在内。Jafarizadeh 等人[16]使用朴素贝叶斯来解决簇头节点的最佳确定问题，平衡传感器节点的能耗并提高网络寿命。Mehmood 等人[17]提出了一种基于人工神经网络的高效、鲁棒的路由选择方案，称为 ELDC，通过不同大小的组来增加整个网络的寿命，其中基于反向传播技术的人工神经网络为组中首要节点和簇头的选择提供阈值，确保了高效且鲁棒的组结构。Donta 等人[18]提出了一种延迟感知数据融合（DADF）方法，以在执行数据融合时权衡延迟和能量。DADF 在其活动状态期间使用简单的统计方法执行数据融合操作，以避免每个节点处的数据重复或不一致，并且汇聚节点使用强化学习来识别每个节点的最佳转发节点，以便以最小的延迟和能耗进行通信。Banoth 等人[19]设计了一种节能策略，以最大化覆盖集的数量和能源感知连接。该算法通过最优路由路径选择策略动态选择数据传输路径，然后通过定时器函数以分布式方式确定簇头。

2. 传感器缺失数据重建研究现状

不仅限于能量问题，感知数据的完整性和准确性对农业物联网的数据分析和决策等方面也是至关重要的。但现实情况是，由于无线传感器网络自身结构的局限性，数据在采集或传输的过程中往往伴随着部分缺失的现象。不仅获取数据的传感器可能出现故障，数据传输链路也可能出现拥塞、解析错误，还有上节中提到的为了降低无线传感器网络能耗，人为对节点采取休眠调度，都会导致传感器网络所采集的数据中包含大量的缺失值。此时，需要对缺失数据进行合理且可靠的估计，尽可能利用剩余可用的数据补全这些缺失数据，提高感知数据的完整性和准确性，为上层应用提供高质量的数据来保证决策的高效性和精准性[20][21]。

统计学中有效的缺失数据重建方法主要是利用统计学指标对缺失数据进行插值。以下指标最为常见：数据的平均数、中位数、众数、最值和极值等[22][23]。这些方法简单快速，但只考虑了原始数据的统计学信息，没有考虑到每个传感器所采集的数据之间的独立性，所以这些方法的重建精度不高，不能满足缺失数据重建算法的精度需求，也不能满足物联网应用和服务的基本数据可靠性要求。

随着机器学习技术的深入发展，许多学者在 K 近邻算法（K-Nearest Neighbor, KNN）、逻辑回归（Logistic Regression，LR）、支持向量机（Support Vector Machines, SVM）和决策树等算法的基础上，结合实际问题应用在缺失数据重建领域中。KNN 是一种数据驱动的分类算法，它根据样本之间的距离找到缺失数据的 K 个近邻，然后使用这 K 个近邻的平均度量来填补缺失的数据，其准确度取决于邻域参数 K。K 的值越大，精度越高，但相应的计算复杂度也越高。Marchang 等人[24]提出了 3 种基于 KNN 的变体，即 KNN-S、KNN-T 和 KNN-ST。逻辑回归则是一种广义的线性回归分析方法[25]，通过历史数据找到未来变化的趋势来填补缺失值。然而，这些传统方法仅能捕捉数据表面的浅层特征，无法充分利用感知数据的潜在时空相关性和复杂高阶特征。

近年来，由于大数据量和计算能力的增加，由历史数据驱动的深度学习模型已被广泛应用于缺失数据重建领域，尤其是循环神经网络（Recurrent Neural Network，RNN）及其变体，因为它们具有独特的记忆结构，可以有效地提取历史信息中更多潜在、复杂的高阶特征。针对多个时空数据流中的缺失数据，Yoon 等人[26]提出了多向递归神经网络，这是一种新的深度学习架构，不仅可在数据流内进行插值，还进行跨数据流插补，同时利用数据流内部和跨数据流之间的时空相关性从多个方向上对缺失数据进行插补。Zhang 等人[27]提出了一种新的 Seq2Seq 插补模型（Sequence-to-sequence Imputation Model，SSIM），采用可变长度滑动窗口算法，基于先进的 Seq2Seq 体系结构使用长短期记忆（Long Short-Term Memory，LSTM）从给定序列中提取过去和未来的时间信息来重建缺失数据。

3. 非线性时序数据预测研究现状

就物联网而言，物联网数据的本质仍然是一种时间序列型的数据流，因此，物联网数据的预测问题可以比照传统的多维时间序列预测问题。对于时间序列预测问题，国内外研究者提出了很多方法，大致可以分为 3 种：传统的时序预测方法、基于机器学习的时序预测方法和基于深度学习的时序预测方法。

传统时序预测方法往往只能用于解决较为简单的时序预测问题，该问题要求时序数据满足一定的条件约束，从而构建相应的统计学模型进行参数估计实现预测。这类方法常常只关注其时间相关性，其中应用最为广泛的 3 种模型分别是自回归模型（Auto Regressive，AR）[28]、滑动平均模型（Moving Average，MA）[29]以及自回归滑动平均混合模型（Auto-Regressive Moving Average，ARMA）[30]。在实际生产生活中，由于时间序列的复杂性，单个统计学模型往往不具备泛用性，因此混合模型才真正发挥了作用。随后为了解决时间序列的非平稳问题，G. Box 和 G. Jenkins[31]提出了差分整合自回归滑动平均（Auto Regressive Integrated Moving Average，ARIMA）模型。

但随着时序数据越来越多维化、复杂化，上述统计学方法难以捕捉复杂非线性关系，无法处理多元多变量的复杂时间序列数据，因此引入了机器学习方法，解决时间序列中存在多维度、多特征等问题。Lapedes 等人[32]就将误差反向传播神经网络（Backpropagation Neural Networks，BPNN）应用于解决时序数据的预测问题。BPNN 理论上能够拟合所有非线性函数，因此对于变化简单的曲线可以获得较佳的预测效果。然而，由于浅层的 BPNN 仍然存在计算冗余和信息冗余导致网络易收敛于局部极小值的问题，所以预测精度十分有限。此外，浅层的机器学习方法还包括了支持向量机[33]、隐马尔可夫模型（Hidden Markov Model，HMM）[34]、高斯混合模型（Gaussian Mixture Model，GMM）[35]、随机森林（Random Forest）[36]等。

虽然基于机器学习的预测模型对于非线性时序数据具备更好的拟合和泛化能力，但数据间最重要的时间相关性并没有得到充分利用。目前，越来越多的学者倾向于研究深度学习来实现对复杂时间序列的预测，深度神经网络通常会涉及到多个隐藏层，可以识别时序数据内部更加复杂的非线性模式。而对于时序数据独有的明显时间依赖性，循环神经网络能够有效对数据历史特征进行充分挖掘，但在中长期预测中由于其结构的缺陷，容易产生梯度消失或梯度爆炸等问题。为此，学者们相继提出多种变体形式，其中最经典的就是长短期记忆[37]和门控循环单元（Gated Recurrent Unit，

GRU）[38]。除此以外，部分研究者也尝试着将卷积神经网络（Convolutional Neural Networks，CNNs）应用在时序预测问题中，Andreoletti 等人[39]结合图卷积神经网络提出了扩散卷积递归神经网络（Diffusion Convolutional Recurrent Neural Networks，DC-RNN），对道路交通流量负载进行预测并取得了比较好的结果。随后，其余众多新颖有效的时序预测模型也相继问世，其中尤为出名的就是 Transformer。相较于 RNNs 固有的顺序计算性，Transformer 是一个完全基于自注意力机制（Self-Attention Mechanism）的深度学习模型[40]，允许模型在不考虑输入顺序的情况下建模时序数据间的全局依赖关系，实现长序列、并行化计算。

1.2.2 目标检测及边缘智能视频监控研究现状

1. 目标检测算法研究现状

目标检测不仅需要判定输入图像中包含的物体类别，还需要对物体位置进行定位，并用矩形框进行标记。区域选择、特征信息提取[41]和分类器是早期的目标检测模型 3 个重要部分。区域选择基本上是利用滑动窗口的方法[42]选择出目标大致位置，目标特征主要包括色彩（RGB）、边缘和尺度不变的特征（SIFT）[43]等特征，SVM[44]或 AdaBoost[45]构成了目标检测的分类器。

在传统的目标识别算法中，人工开发的特征提取器的通用性和健壮性较差，不能很好地处理复杂的识别任务，因此准确率偏低。2012 年 AlexNet[46]以巨大优势超过第二名在 ImageNet 图像分类竞赛获得冠军，标志卷积神经网络的巨大成功。此后，卷积神经网络得到了快速的发展，其在目标检测算法中的应用已经成为一个重要的研究课题。目前，这些目标检测是基于深度卷积神经网络的，可以被分为两类：一阶段利于回归思想的密集预测目标检测和两阶段首先提取候选区域的目标检测。

1）单阶段目标检测算法

YOLO[47]，在 2016 年被提出，根据经下采样多倍的特征图将原始图像划分为若干个栅格，每个栅格的大小对应为下采样的倍数。当一个目标的中心点落在某个网格上，则该网格被分配为正样本，负责回归目标的中心点及高宽。该方法未采用区域选择，是一个端到端的检测方法，具备预测速度的优势，但牺牲了一定的精度。YOLOv2[48]在此基础上引入了锚点机制，在每个网格上放置不同尺度和不同高宽比的锚框，锚框的中心点与网格中心对齐，以提高检测的准确率。YOLOv3[49]参考 ResNet 的残差结构，设计出表达能力更强的 DarkNet53 骨干网络，并将骨干网络中的不同尺度的特征图融合，进行多尺度检测，达到目标尺度解耦的目标。忽略预测框与真实框交并比（Intersection Over Union，IOU）在一定范围内的锚点，这些锚点在训练时参与损失函数的计算。YOLOv4[50]则在 YOLOv3 上进行了多方面的优化，提出两类优化方法：Bag of freebies 和 Bag of specials。前者不会对模型的推理速度造成影响，通常为损失函数（GIOU、CIOU）、数据增强（Mosaic、MixUp）。后者则涉及网络结构的改进，包括骨干网络、激活函数等。其最终实验表明，采用 CSP-Darknet-53 骨干网络、PANet 颈部、空间金字塔池化（Spatioal Pyramid Pooling，SPP）等结构的目标检测取得了更高的精度。此外，Mosaic 和 MixUp 数据增强均对过拟合有抑制作用。同年 Ultralytics 公司发布了 YOLOv5[51]，提出利用遗传算法对训练超参数进行搜索，以提高性能。另外还提供了网络深度和宽度缩放因子，对模型进行大小进行缩放，以满足不同的硬件平台的布署需要。YOLOv5 预设了从小到大 YOLO v5-s，YOLO v5-m，YOLO v5-l，YOLO v5-x 4 个规模大小的版本。

上述介绍的目标检测算法均是基于锚点（Anchor）的方法。基于锚点的预测方式是在最后一个特征图的每个像素上摆放多个不同大小、不同宽高比的锚点，模型首先预测、输出的是对应锚点的高宽的偏移。锚点的设计往往关乎模型的准确性，研究者通常通过对数据集中目标框聚类得到若干锚点。但是，这类方法产生的锚点泛化性不佳，检测结果对超参数敏感。而且锚点数量大，提高了检测头复杂度，而且易产生正负样本不均衡的问题。

针对上述问题，研究者发明了基于无锚点（Anchor-Free）的方法。CornerNet[52]将预测目标的定位框看成一对关键点（左上和右下）的回归。网络模型直接输出目标的左上角坐标和右下角坐标。当图像中出现多个目标时，需要对同一实例的左上角和右下角进行匹配，因此后期处理相对复杂。

CenterNet[53]以目标的中心点来代表整个目标，即目标的预测被当作一个点来检测。模型预测的是目标中心点偏移量以及宽高。利用 heatmap 表示类别置信度，一个类别对应一个 heatmap。以目标的中心点为高斯分布的中点，在 heatmap 上产生一个高斯分布的关键点集合。FCOS[54]则直接回归特征图上每个像素到真实框 4 个边的距离。并将目标内所有的像素都分配为正样本，以提高召回率，再额外增加一个 Centerness 分支输出靠近目标中心的程度，以提高准确率。上述两个方法都是根据目标的中心位置和边界信息，来定位目标。因此它们通常被归类为基于中心的检测（Center-Based）。

新一代的 YOLOX[55]目标检测将无锚点方法、双分支检测头、SimOTA 等最新的研究成功引入 YOLO，取得了极大成功。双分支检测头包含两个独立、平行的分支，一个分支负责预测目标类别，另一个分支预测目标位置，解决了分类特征和定位特征冲突的问题。SimOTA 是一种智能的标签分配算法。由于目标形状和尺寸变化大，基于目标中心的标签分配算法不能动态地根据实际目标的情况调整正负标签的分配。SimOTA 随训练时的损失调整标签分配。

2）二阶段目标检测算法

与之前的 Fast R-CNN 用选择性搜索（Selective Search）对输入图像进行目标区域选取不同，区域候选网络（Region Proposal Network，RPN）首次被 Faster R-CNN[56]引入。该网络作用就是输出目标的候选区域，然后提取候选区域内的特征图，再利用这些特征进行分类和定位。Faster R-CNN 使得目标检测迈入深度学习时代的端到端模型。由于图像中物体之间存在巨大的尺寸差异，Lin 等人[57]提出了一个特征金字塔网络（Feature Pyramid Networ，FPN），用于预测低、中、高分辨率特征图上的大、中、小目标，从而实现不同尺度下的归一化目标预测。然而，高分辨率的特征来自骨干网络的表层，语义信息不足。为了解决这个问题，FPN 开发了一个自顶向下的路径。该路径将包含丰富语义信息的深层特征传递到浅层，浅层特征具有丰富位置信息，两者相结合。因此，FPN 对多种尺度大小的目标都很有效，并被广泛用于现代目标检测。

Libra R-CNN[58]指出目标检测性能的通常会受到 3 个不平衡问题的影响，并提出了 3 个相应的改进方法，以提高准确率。这 3 个不平衡问题分别是样品的不平衡、特征层级的不平衡和分类/定位两个任务的不平衡。平衡 IOU 采样，一种基于困难挖掘（hard mining）的正样本采样方法。平衡特征金字塔合并不同尺度的特征。每个层级的特征均有深层语义信息和浅层纹理、边缘信息。平衡 $L1$ 损失，避免过大的损失值对训练造成负面影响。这 3 种方法都可以很容易地集成到现有的网络中，在计算成本增加不多的情况下实现了 2mAP 的改善。

PANet[59]用于目标检测和实例分割任务。该网络在 FPN 中提供了 3 个创新，极大地提高了目标检测和实例分割的模型性能。第一，增加了一个自下而上的路径。因为较深的特征包含丰富的语义信息，较浅的特征在内容上更具有描述性，两者对物体检测来说是互补的。这个路径允许网络的深层特征也包含位置信息。第二，提出了一个更灵活的感兴趣区（Region of Interest，RoI）池化。虽然 FPN 的 RoI 只在单一级特征图上起操作，但现在它在所有尺度的特征图上都起作用。第三，一个额外的全连接分支预测掩码（mask），被用来辅助卷积进行分割任务。

2. 边缘计算研究现状

云计算模式已经发展成为一种成熟的模式，并被广泛应用于人们的工作和日常生活中。随着网络终端数量的增大，传统的云计算模式在带宽、存储和处理能力方面面临挑战。物联网技术旨在将物与物、人与人连接起来，通过将终端整合到服务网络中，提高终端设备的传感和计算能力，最终构造一个人与物相连、万物相通的智能网络。在这种情况下，趋势是将云中心的服务和计算能力转移和扩展到网络边缘。

如今已进入万物互联的时代，接入互联网的设备数量急剧增多，这些设备产生的数据也同时增多，导致云端负载迅猛增加以及网络带宽受到挑战。例如，移动边缘计算[60]和雾计算[61][62]等新的计算架构，被研究者们设计。它们与边缘计算有着架构的相似性，共同点是在网络边缘端增加计算能力，因为这些设备靠近数据源。

Shi 等人[63]在 2017 年，首先指出边缘为网络上云服务器和数据生成源之间的任何节点。边缘计算被定义为利用网络边缘计算、处理数据（包括物联网数据、云数据）实现计算功能的新架构。同时，Shi 等人指出视频分析、智能工业、智慧城市等应用均可采用边缘计算，解决大规模数据计算的有效方案。最后，指明了边缘计算未来的发展趋势和挑战。Satyanarayanan 等人[64]在云服务与终端之间增加边缘设备，将算力资源与存储资源移植网络边缘，有效解决了中心云的负载过高，提高了系统的实时性。Lin 等人[65]研究指出利用边缘计算架构实现物联网，可显著提高物联网系统中数据处理速度和降低服务请求的响应延迟，进而改善系统的服务质量。Hossain 等人[66]通过边缘计算架构实现大规模物联网系统，在智慧城市的应用中，表明这种解决方案有效降低了网络延迟。随着第五代移动通信技术（Fifth Generation of Mobile Communications Technology，5G）技术的发展[67]，移动设备的通信能力有显著提高，一种基于移动边缘计算的物联网架构——edgeIoT 被 Sun 等人[68]设计。在通信能力大幅提高的帮助下，实现了巨量移动数据的高效智能处理。蔡锴等人[69]将边缘计算应用于智能制造，展示了边缘计算广阔的应用前景。同时也指出边缘计算是智能制造的关键技术之一，以及该计算模式面临的机遇和挑战，展示了其应用方向。边缘计算受益于其低延迟性的优点，视频监控等领域广泛的应用该计算模式。

亓慧等人[70]设计了一种基于边缘计算模式的视频监控系统。该系统应用于仓库视频监控，表明边缘计算在视频监控中可靠性高、系统延时低的优点。Wang 等人[71]将边缘计算和权限区块链技术结合，设计了一种新型架构的视频监控系统。该系统首先利用边缘计算网络采集和处理视频，经过预处理的数据被分布式文件系统存储，最后利用深度卷积网络对视频进行分析。整个系统的延迟低，监控服务质量好。Chen 等人[72]将深度学习引入视频监控系统并与边缘计算结合，开发了一个基于分布式的智能视频监控系统。有效地减少了网络中数据的通信量，为视频系统提供了高效可靠的解决方案。葛畅等人[73]提出的新型基于边缘计算的视频监控系统，首先利用边缘节点运行帧过滤算法进行视频数据的预处理，筛选出关键帧。边缘节点能够准确地识别目标，依次来选择性地上传视频帧，以提高网络传输的效率。最终的实验表明，基于边缘计算的系统成功地减少了数据传输量和分析计算数据的资源消耗。

边缘计算是云计算的发展的必然产物，是算力从云卸载至网络边缘的一种新的计算范式，它与云计算有一定的关联和互补性。边缘计算的重要特点之一是优化服务器的计算和存储负载。它解决了云计算发展面临的挑战，如延迟、存储、带宽、安全等问题。

3. 智能识别

智能识别是利用机器视觉技术来处理和分析由摄像机和其他终端收集的视频信息，以提高视频监控的自动化水平。它通常包括异常捕捉、目标检测和定位、动态目标跟踪等关键技术。吴群等人[74]的研究指出了视频监控的特性和总结了监控的发展方向。特征包括：计算密集、数据通过高清摄像机采集、计算能力移至终端、支持无线网络通信、多摄像头合作监控。与传统的固定摄像机相比，为移动摄像机的监控系统提供了更具优势的架构和发展方向。黄凯奇等人[75]概括了智能视频监控算法的框架，并提出了一个三层架构：底层收集数据进行检测和跟踪，中间层对目标进行识别和分类，顶层了解和分析目标行为，并评估和测试不同的目标检测、目标跟踪算法的性能。罗会兰等人[76]则基于 R-CNN 目标检测，设计了视频监控系统。并分别从候选区域预测和分类回归算法两个角度，对 RPN、兴趣区域池化层进行了改进与研究。最后对 YOLO 算法系列和单次多框检测器（Single Shot MultiBox Detector，SSD）[77]系列进行了全面探讨。

Ananthanarayanan 等人[78]认为，将计算能力向下扩展到网络边缘是满足大规模实时视频监控严格实时要求的唯一可行方法。他们还通过边缘计算解决了视频监控应用中对延迟和带宽的高要求。Nikouei 等人[79]使用两种类型的廉价单板计算机（Single-Board Computer，SBC）（如 Raspberry Pi 3 和 Tinker board）作为边缘设备来实现监控系统。并引入了一种轻量级 CNN 和一种轻量级混合跟踪算法，分别用于检测和跟踪人体。考虑到人体运动的速度，他们在 SBC 上实现了亚秒级的实时性能。Sun 等人[80]提出了一种基于边缘计算的视频有用性模型，该模型以快速在线方式定位故障摄像头。这种方法有效地缓解了大规模视频监控系统的通信压力，并改善了云服务器上所需的存储。为了达到海量视频数据分析的实时目标，Zhou 等人[81]通过智能物联网（Internet of Things，IoT）设备实现了云-边-端的监控方法，设计了新的目标检测算法，将其称为 A-YONet，旨在提高多目标检测的准确性。由于顶视图提供了比正面视图更好的覆盖范围和更多的场景可见性，Ahmed 等人[82]使用正面视图图像训练了 Faster RCNN 和 Mask RCNN 模型，并根据看不见的顶视图对其进行测试。结果表明，基于 CNN 的目标检测模型具有很强的泛化能力。Dou 等人[83]提出了一种视频流优化方法。具体而言，它在边缘服务器上使用目标检测来有效地选择关键帧，并以本机分辨率传输关键帧，视频质量不仅没有降低，网络带宽占用还减少了。最后，Muhammad 等人[84]通过使用边缘计算和 5G 网络，设计了一种用于在复杂场景中检测监控视频中火灾的系统。

1.3 现有研究的不足

随着科技的进步，农业物联网技术日趋成熟，智能算法和深度神经网络的农业物联网技术迅速普及，云边协同的轻量化目标检测方法以及深度学习在农业物联网的应用越来越广泛，跨模态数据[187][188]融合为智慧农业带来曙光，可是现如今依旧存在以下问题：

研究更侧重于数据采集过程中节点的冗余以及冗余节点在固定单跳网络中休眠后丢失数据的重建。而对传感器节点的覆盖范围和连接性没有过多深入的考虑。因此，在未来的工作中，将考虑传感器节点的覆盖范围和连接性，重点关注可变网络中的移动簇头节点的动态集群选择，以实现 WSN 中的高效多跳通信。

系统中一路视频需要一台边缘设备与之对应，以处理视频。当系统包含多路视频时，这种模型效率较低，特别当系统部分监控视频仅包含静止画面，其对应的边缘设备处于空闲状态时。通过集群边缘设备来实现智能监控系统，是一个有效的解决方案。集群边缘设备聚合了多个边缘设备的计算资源，能够以更少的边缘设备处理更多路的监控视频，减低系统成本。

基于非参数贝叶斯字典学习的插值算法在参数推断上采用吉布斯采样方法，该算法虽然能有效解决复杂积分的运算，但是算法收敛速度较慢，收敛程度较难判断。因此未来我们将考虑采用变分推断（Variational Inference）方法和最大期望算法（Expectation Maximization Algorithm）来求解模型参数后验，并对比这几种推断算法的效果，提高模型参数求解效率。

第 2 章

作物多模态信息监测关键技术

本章主要介绍物联网中广泛应用的无线传感器网络的理论基础和本书涉及的目标检测和边缘计算以及卷积神经网络技术。其中，无线传感器网络的相关理论基础主要包括其概念和特点，以及传感器数据的一些具体特性。在对目标检测的介绍中，本章节主要讲述主流目标检测结构以及评估指标。针对边缘计算的介绍主要是从边缘计算的系统架构以及典型应用展开的，而在卷积神经网络的介绍中，本章节着重阐释和神经网络有关的基本知识，卷积、深度可分离卷积以及轻量化卷积神经网络的相关技术。

2.1 无线传感器网络与传感器数据

2.1.1 无线传感器网络的概念

无线传感器网络一般由大量体型小、成本低、具有感知能力的传感器和少量的汇聚节点或基站构成，是一种随机或人为分布在监控范围内，依靠规定好的组织形式进行无线数据通信组成单、多跳的自组织网络系统。无线传感器网络具备低成本、高效率等特点，常用于对目标区域的特定信息进行实时监测。

无线传感器网络结构如图 2-1 所示。整个网络由传感器节点、汇聚节点或网络基站、云端以及管理用户组成。传感器节点根据具体需要随机或人为分布在监测领域内，节点所采集的数据可以直接或逐跳传输，最终汇聚到网络基站并传输到云端，管理人员通过云端上层应用进行查看并管理。

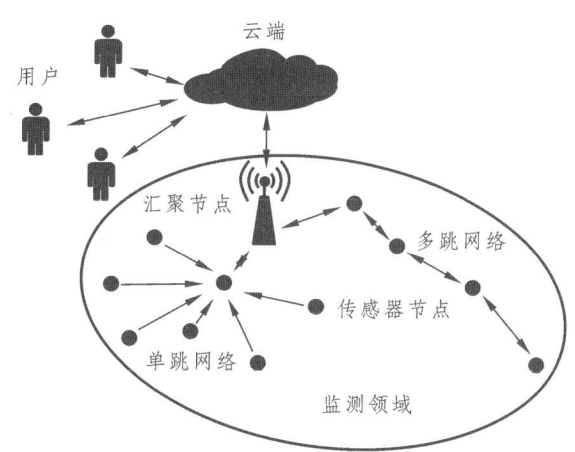

图 2-1　无线传感器网络结构

其中，网络基站通常有持续的电源供应，所以在研究无线传感器网络的能耗问题时，通常不考虑基站的能量消耗。而无线传感器网络节点没有持续的电源供应，大多采用电池供电技术来保证生命周期。无线传感器网络节点因体积有限，只能携带有限能量，所以在数据采集过程中通常需要采取合适的调度算法来减少能量的消耗。

2.1.2 无线传感器网络的特点

无线传感器网络作为一种结合了多种新技术并具有高度跨学科性的新兴技术，具有许多独特之处，使其更为灵活、高效，却也限制了它的生命周期。主要特点归纳如下：

（1）覆盖广、密度高。整个网络往往需要覆盖较大面积的监测区域，为了更为准确地监测目标区域的变化，设计人员往往会布署数量非常多的传感器，通过大量冗余节点一起进行数据采集，使网络具有更强的容错能力，提高监测的有效性、准确性和全面性。但这也会造成一个问题，大量相似冗余信息的采集和传输会导致节点能量过度消耗，加速网络的死亡。

（2）自组织性。在许多无线传感器网络应用中，节点往往是通过无人机随机抛撒进行布署的，节点的位置和相互之间的距离无法事先确定，必须依靠节点稳定后通过自组织形成网路整体数据传输链路，这就需要网络具备强大的自组织能力。

（3）健壮性。无线传感器网络往往布署在各种各样的监测环境中，而且经常处于恶劣的条件下，这使得维护变得困难甚至不可能。因此，网络的设计一定要具有程度的耐久性和健壮性。

（4）能量、存储和计算受限。为了节约成本，大部分节点都是靠干电池等不可再生资源来运行，并且由于监测条件所致，一旦布署，将难以进行能量的补充，以致于节点能量受限。此外，由于体积限制，其内存大小和计算资源也非常有限，难以进行过多的数据存储和复杂计算。

（5）动态性。虽然布署后的节点一般被认为是无法移动的、静态的，但实际过程中因为环境变化，节点能量耗尽死亡、休眠或是损坏，以及后续可能的传感器增加，都会导致节点间的拓扑结构呈现不断变化的动态性，从而引起网络链路不稳定甚至失效。

2.1.3 传感器数据的特性

对于传感器采集的感知数据，一般具有三大特征：首先是感知规模大，因为布署区域广泛、节点数量众多，整个无线传感器网络产生的数据规模往往随着时间的推移变得十分庞大；其次是多样性，通常传感器根据实际需要收集不同类型的数据，也就是数据的多元化；最后是时空相关性，因为是在相邻区域内对某一种物理现象长时间连续不断地进行观测，传感器采集的数据通常都是具备明显的时间和空间特性的。这种感知数据往往在分布上表现出冗余、低秩的特性，且在短期内具有一定的随机性，但随着时间的推移又呈现一定的周期性和趋势性。因此，对时序特性的分析是解决这种物联网数据处理问题的重要一环。

2.2 目标检测与相关概念

2.2.1 目标检测网络结构

目标检测需要对输入中的目标进行分类和定位,由目标分类和定位两个任务组成。目标分类就是输出目标所属类别的置信度;目标定位就是回归目标的包围框,矩形包围框通常由中心点坐标和宽高表示。

当前,利用卷积神经网络的目标检测器由3个部分组成。首先,也是最重要的部分,是提取特征的骨干网络。其次是用来融合各层级特征并增强特征的颈部网络。最后一部分则负责预测输出目标类别和矩形边界框的检测头。目标检测各部分如图 2-2 所示。

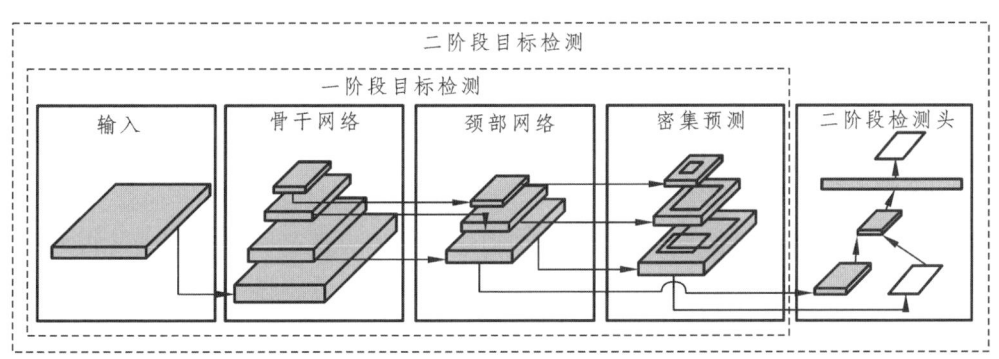

图 2-2 目标检测

对于算力强大的平台,如云平台、NIVIDIA Jetson,骨干网络一般会采用 DenseNet[85]、ResNet[86]、ResNeXt[87]等大型的 CNN。然而,对于嵌入式平台,骨干网络一般会采用 MobileNetv3[88]、ShuffleNetv2[89]。颈部结构执行高层特征与低层特征的融合,提高检测精度,如 FPN[90]、PANet[91]。

2.2.2 目标检测的评估指标指标

在目标检测的结果评估中,需要利用混淆矩阵来进行评估。

FP(False Positive)表示将负样本预测为正类的数量;TP(True Positive)表示将正样本预测为正类的数量,该值越高通常准确率就越高。FN(False Negative)表示将正样本预测为负类的数量。其中正样本为目标,负样本为背景。精确率

$$P_{\text{Precision}} = \frac{P_{\text{TP}}}{P_{\text{TP}} + P_{\text{FP}}} \tag{2-1}$$

表示在所有预测出的正样本中有多少是预测正确的。

召回率

$$P_{\text{Recall}} = \frac{P_{\text{TP}}}{P_{\text{TP}} + P_{\text{FN}}} \tag{2-2}$$

表示数据集中的所有正样本中，有多少被正确地检测出来。在信息检索中，精确率与准确率相对应，召回率与查全率相对应。目标检测任务的混淆矩阵（Confusion Matrix）如表 2-1 所示。

表 2-1 混淆矩阵

预测值	真实值	
	Positive	Negative
Positive	TP	FP
Negative	FN	TN

识别算法所预测的目标信息包括一个类别得分（相应类别的概率）。一般来说，较高的分数意味着该物体更有可能属于该类别。检测目标时，经常会发现许多重复和重叠的目标。为了排除大量质量差的预测，必须设置一个分数的阈值。如果为一个类别选择更高的阈值，过滤条件会变得更严格，准确率也会提高，但这可能会导致一些正确的类别被淘汰，从而使召回率下降。因此，准确率和召回率之间存在着反比关系。

计算模型的准确率与召回率，要通过 IOU 重叠率来判定模型的预测是否为 TP 或 FP。IOU 为预测框和真实框的重合率，它的取值范围为[0, 1]。可通过该指标来判断定位是否准确。仅当预测框分类正确且与真实框的 IOU 超过阈值，才会将该预测框记入 TP。通常，IOU 阈值越大，对模型的评估的条件也越严格。VOC 数据集的 IOU 阈值为 0.5。而 COCO 数据集在 0.5 到 0.95 多个 IOU 阈值上对检测模型进行评估。

为了对目标检测性能进行更全面的评估，研究人员使用 P-R 曲线和平均精度（Average Precision，AP）来说明目标检测的准确程度。设定不同的阈值以达到不同的准确率和召回率，并将这些数据绘制成线图以获得 P-R 曲线，如图 2-3 所示。

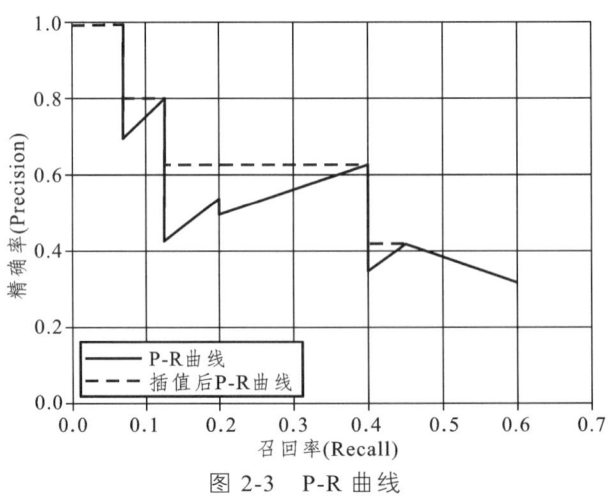

图 2-3 P-R 曲线

平均精度是目标检测的重要评估指标之一。实际上该指标就是 P-R 曲线与 x、y 轴围成的面积，其计算如式（2-3）所示。

$$AP = \int_0^1 p(r)\mathrm{d}r \tag{2-3}$$

直接通过积分计算面积相对困难，因此实践中通常采用插值法计算，如式（2-4）所示。

$$AP = \sum_{k=1}^{N} \max_{k^\sim \geq k} P(k^\sim)\Delta r(k) \tag{2-4}$$

插值点数由 k 表示，VOC 数据集使用 11 点插值计算 AP，MS COCO 大型目标检测数据集则使用 101 点插值。

目标检测通常要识别多个类别的物体，然而 AP 仅表示某个类别的平均精度。因此，为了综合评价目标检测在所有类别上的精度，利用平均精度均值（mean Average Precision，mAP）评价多个类别的平均精度，即对所有类别的 AP 求平均，如式（2-5）所示。

$$mAP = \frac{\sum_{C=1}^{N} AP}{N} \tag{2-5}$$

式中，C 表示类别；N 代表类的数量。

2.3 边缘计算

云计算模式对物联网技术的快速发展起到了至关重要的作用。当前人们的生产和生活都依赖于云计算，因为云服务器的巨大计算能力能够处理接入物联网设备产生的海量数据。然而，这些数据首先需要通过网络传输至云端。这使得网络带宽面临了巨大的压力，并且网络传输有延迟，个人的隐私数据易暴露。云计算架构因此面对巨大的挑战。边缘计算范式的出现似乎为应对这些挑战提供了一丝有效的回应。边缘计算是一种云边协同的计算模式，主张在数据终端增加算力，数据就近处理。仅当边缘端算力或者依赖数据不足时，终端数据才会被传输至云端。这种计算架构少量数据在网络中传输，降低了系统的带宽需求，同时避免了个人和隐私数据被劫持或者窃取的风险。另外，适用性更好，满足低延迟约束应用的要求。

2.3.1 边缘计算系统架构

与边缘计算相似的还有"雾计算"，两者有很多相似之处。雾计算的概念更广，是指在云中心和终端数据源之间任何地方布署的所有计算机资源。而边缘计算的重点是仅在数据源附近布署的计算节点和资源。边缘计算系统架构如图 2-4 所示。

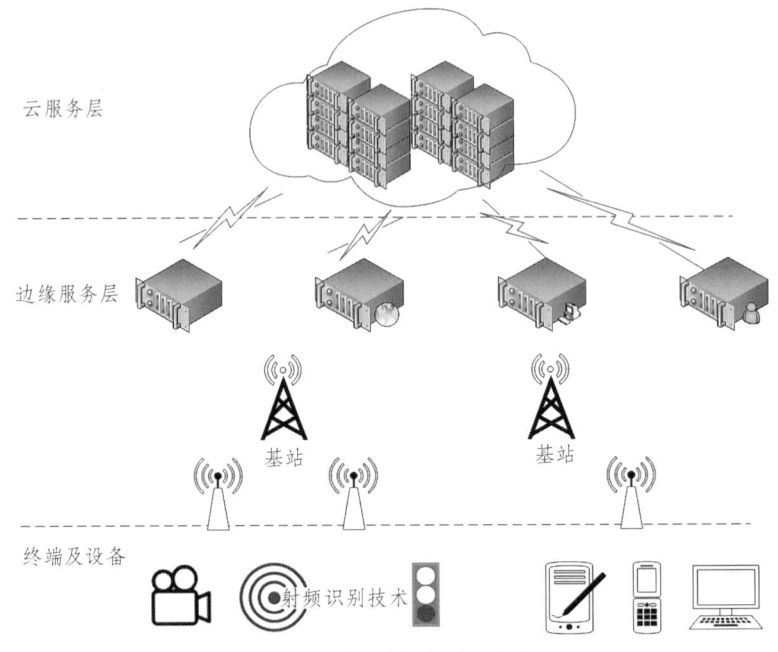

图 2-4 边缘计算系统架构

终端设备层、边缘计算节点层和云计算服务层构成了边缘计算的架构 3 个层次。底层是各种产生和采集数据的嵌入式设备或者 IoT 设备。边缘节点是具有一定算力的服务器,相比云服务器则要弱不少。经典的应用是,通过 NB-IoT、ZigBee 和 Wi-Fi 等无线传输方式组网,将各类生产数据的终端设备和传感器接入网络,由靠近这些设备的边缘服务器直接处理和分析这些数据,再将结果上传至云端。边缘服务器还具有一定的容错能力。当边缘服务器的负载过高,它能将一部分计算任务迁移至云端。得益于云中心强大算力和高存储能力,保证数据处理的实时性。边缘计算因此也具有更好的可扩展性、容错性和可靠性。

因此,与传统的云计算相比,边缘计算在能源消耗、降低任务延迟、个人数据保护、隐私安全、上下文感知计算等方面具有明显的优势。把算力迁移至网络边缘是对云计算的一种增效的扩展,使得智能物联网的发展前景更广阔。

2.3.2 边缘计算典型应用

在智能物联网的应用场景中,接入网络的终端设备多,产生的数据量大。边缘计算具有的带宽占用低、技术延迟低、数据高度安全等特点,使得该技术被应用于各领域,为数字政务、建设数字经济强国提供了坚实的技术支撑。诸如智能制造、智慧医疗、混合现实、智慧农业、智能交通和智能家居等都是边缘计算的典型应用场景。

智能制造引领工业生产进入 4.0 时代。新的时代改变了以往生产方式由集中控制的状况，要求转变为分布式控制，促进了生产的自动化和智能化。Cao 等人[92]结合边缘计算，将单智能强化学习提升发展为多智能体。系统的计算模式转变为分布式计算架构，降低了工业场景中数据的传输量、提高了分析的效率。在工业生产场景下，实现了一个低延迟的数据处理。

医疗服务的水平深刻地影响着人民群众的健康和幸福水平。智慧医疗预测疾病、辅助诊断，在技术上补充了传统医疗。Wu 等人[93]设计和开发了一种边缘混合的网络架构，解决了大型网络中网关等设备的布署困难的挑战。将该网络架构应用于医疗监控物联网，医疗监控数据在边缘端被采集、筛选和分析。为解决数据的重复聚类问题，Bu 等人[94]提出了分布式 IHoPCM 算法。该算法显著地改善了系统中边缘服务器的运行效率，并促进了协同聚类各类医疗数据。边缘计算技术的出现可以为患者提供更快的治疗，进一步推动智能医疗的发展。

混合现实是虚拟现实（Virtual Realith，VR）和增强现实（Augmented Rality，AR）结合发展的产物，将虚拟物体在现实场景中现实。它的发展得益于 5G 通信技术的发展，用户体验更好。Chakareski 等人[95]将一个小型 5G 基站作为边缘服务器，显著地优化了资源分配，分析了边缘端用户的需求。进而，服务器间合作分工协调，视频帧率等关键指标有了改善。由于，当前 VR 系统的通信网络面临的挑战，边缘计算的优点能够满足 VR 通信网络对低功耗和低延迟的需求。

受益于计算机技术快速发展，智慧农业领域也得到了飞速发展。智慧农业将农业生产推向精准化、智能化，促进增产增收，对国家粮食安全起到了积极作用。Savvidis 等人[96]将训练好的 YOLO v4 模型布署在边缘设备上。结合深度学习、目标检测和边缘计算技术，在边缘设备上进行水果图像数据采集和处理，实现了水果产量的预测和监测。Gia 等人[97]利用雾网关设备、边缘网关设备实现智慧农业的通信网络系统，在边缘层上利用人工智能进行视频图像的压缩，达到降低网络带宽的目的。

智能交通方面，车联网技术发展迅速，无人驾驶等新领域正在出现。基于机器学习等技术的智能路径计划已经有效地缓解了道路拥堵、停车难等主要城市交通问题，边缘计算的新模式也将在智能交通中发挥关键作用，尤其在减少数据传输量、降低延迟两个方面。Ning 等人[98]利用边缘计算，对交通数据进行了路侧单元和车辆的智能、协同计算，显著提升了智慧交通系统的响应速度，对整个交通系统的安全性有积极作用。

家电产品正向着集成化和智能化的方向发展，产生了智能家居的应用场景。智能家居的基础是网络化，实现网络化控制，能够满足用户的个性化需求。Li 等人[99]主要探讨和研究了边缘计算在智能家居应用场景中数据安全的问题，实现了远程智能控制，提升了居家体验，改善了居家生活的舒适感。

2.4 卷积神经网络

2.4.1 常规卷积

卷积是 CNN 的基本且核心操作，作用是提取图像的特征。卷积核是一个二维的参数集合，它存储了关于要提取特征的信息。在卷积计算过程中，核在输入图像上以一定的间隔移动，其参数与图像的相应像素值相乘以获得输出；核的移动间隔被称为步长（Stride）。为了使输出特征图满足一定的分辨率要求，需要对输入进行零值填充（Padding）操作，增加输入图像的大小，同时减少边缘信息的损失。卷积核的参数起到了对输入图像中的信息进行筛选的作用，卷积核不同，则卷积计算后对不同区域像素进行加强或减弱的效果就存在差异，这使得卷积可以提取到多种多样的特征。同时由于卷积计算具有权值共享的特性，因此基于卷积的特征提取对特征在图像中的位置变动具有一定的兼容能力，即卷积神经网络的平移不变性。

在卷积神经网络中，网络的输入是一个离散的二维图像，也可能是一张二维的特征图，其中卷积操作相当于一个滤波操作，因此卷积核也被称为过滤器。离散的二维图像数据输入卷积层计算，其计算过程如式（2-6）所示。

$$I(x,y)*k(x,y)=\sum_{s=0}^{m}\sum_{t=0}^{n}I(x-s,y-t)k(s,t) \qquad (2\text{-}6)$$

式中，$I(x,y)$ 表示为输入特征图上坐标位置 (x,y) 的值；$k(x,y)$ 则表示卷积核的值；卷积核高宽分布由 m 和 n 表示。图 2-5 表达了二维特征图经过卷积操作的过程。

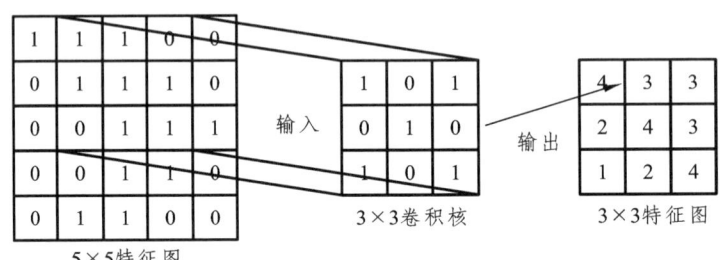

图 2-5 卷积操作

2.4.2 深度分离卷积

卷积操作是深度卷积神经网络的基本算子，占据整个网络的绝大部分推理时间。更深的网络具有更多个卷积层，其复杂度也更高。此类深度卷积神经网络由于计算复杂度高，因此主要是布置在服务器上。

相对复杂的标准卷积算子包括卷积核数量、卷积核高宽两个关键参数，如图 2-6 所示。图中，N 代表卷积核的数量、D_K 代表卷积核的高宽，M 表示输入的特征图数量。

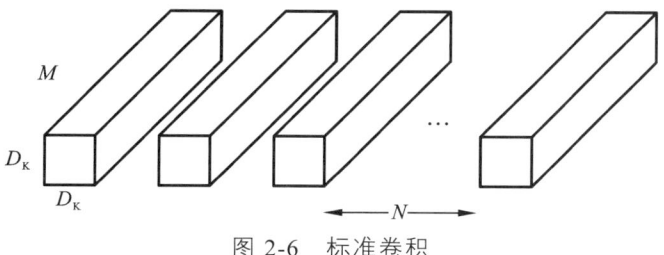

图 2-6　标准卷积

设输入输出特征图的分辨率不变,分辨率大小为 $D_F \cdot D_F$,则标准的卷积算子的理论计算量可表示为

$$D_F \cdot D_F \cdot D_K \cdot D_K \cdot M \cdot N \tag{2-7}$$

为达到减少计算量和参数量的目标,一种新的卷积算子——深度可分离卷积(Depthwise Separable Convolution)被发明,满足了轻量化平台的布署需求。与标准的卷积算子不同,深度分离卷积被拆分为两部分,前者为深度域卷积(Depth-wise),如图 2-7 所示,后者为逐点卷积(Point-Wise Convolution),如图 2-8 所示。逐点卷积实际上通常由 1×1 卷积实现。

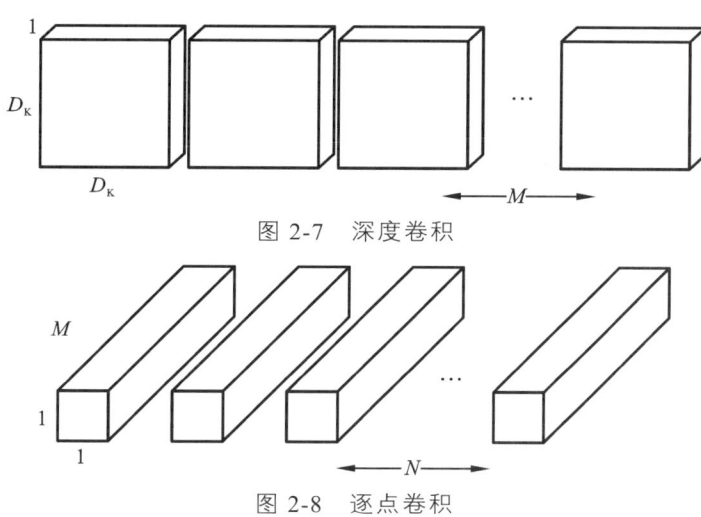

图 2-7　深度卷积

图 2-8　逐点卷积

因此,在输入输出特征图分辨率大小不变的情况下,深度可分离卷积的理论计算量为

$$D_K \cdot D_K \cdot M \cdot D_F \cdot D_F + M \cdot N \cdot D_F \cdot D_F \tag{2-8}$$

从(2-8)可知,深度可分离卷积的理论计算量明显小于标准卷积的计算力。定量的理论计算量比值可表示为

$$\frac{(D_K \cdot D_K + N) \cdot M \cdot D_F \cdot D_F}{D_K \cdot D_K \cdot M \cdot N \cdot D_F \cdot D_F} = \frac{D_K \cdot D_K + N}{D_K \cdot D_K \cdot N} \approx \frac{1}{D_K^2} \tag{2-9}$$

由式(2-9)可知,该比值近似为 $\dfrac{1}{D_K^2}$,卷积核越大,深度可分离卷积的理论计算

量比标准卷积的越小。一般卷积核越大,感受野越大,更大的感受野使得网络能够捕获长距离依赖。因为,深度可分离卷积的计算效率显然优于标准卷积。当卷积核大小为 7×7 时,深度分离卷积的理论计算量能降至近 1/21。

2.4.3 轻量化卷积神经网络

自从 AlexNet 在 2012 年 ImageNet 挑战赛中以巨大优势战胜亚军后,深度卷积神经网络受到了广泛的关注。它在计算机视觉中被广泛使用。然而,它往往需要更深、更复杂以达到更高的精度。这限制了它在资源限制平台的应用。这些现实世界的应用包括:自动驾驶汽车、机器人技术和增强功能等。研究者们设计了许多高效轻量化的卷积神经网络,如 MobileNetV3[100]、ShuffleNetV2[101]、Pelee[102]。

MobileNetV3 是 MobileNet 系列的最新版本,利用自动网络架构搜索(NAS)计算出网络各层的参数。在达到给定延迟的前提下,同时保持较高的准确性。除此以外,作者还手工进行了许多改进。主要改进有:① 重新设计了耗时的层,将首个卷积层输出通道数量由 32 改为 16,极大地减少计算量;② 使用计算友好的 h-Swish 激活函数,提高神经网络精度;③ 使用压缩和挤压(Squeece and Excitation,SE)模块[103],不再使用 sigmoid 这种包含指数运算的激活函数,而采样 h-Swish 激活函数。

Elfwing 等人[188],未采用 ReLU 激活函数,而利用更精确的 Swish 激活函数。使得神经网络具有更高的准确率。Swish 激活函数定义为

$$\text{Swish}(x) = x \cdot \text{sigmoid}(x) \tag{2-10}$$

尽管它提高了准确率,由于它包含指数运算,在嵌入式平台的计算成本较高。作者提出了 h-Swish,利用 ReLU6 来近似 sigmoid。h-Swish 定义为

$$h\text{-Swish}(x) = x \frac{\text{ReLU6}(x+3)}{6} \tag{2-11}$$

两个激活函数的对比如图 2-9 所示。在实验中,h-Swish 在准确率方面与 Swish 对比几乎没有差别,但其实际设备上的运行速度优于 Swish 激活函数。

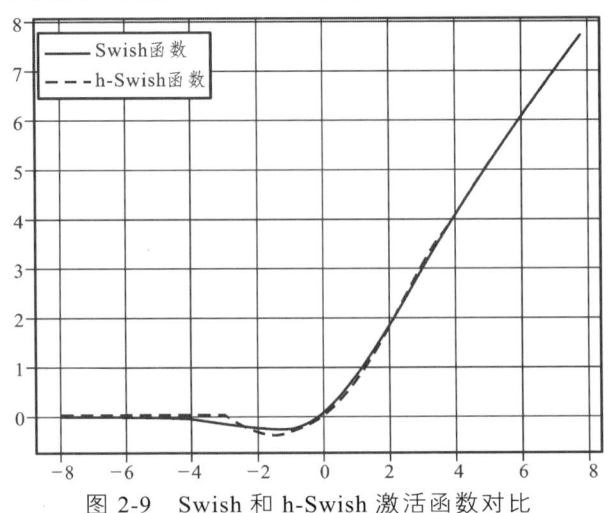

图 2-9 Swish 和 h-Swish 激活函数对比

Ma 等人[189]表示衡量模型计算复杂度的常用指标 FLOPs 是一个间接指标。模型在真实设备上的运行快慢，不能由该指标表示。而且，实际运行速度还会受内存使用量（Memory Access Cost，MAC）和模型各模块的并行程度等因素影响。因此提出了 4 条准则指导轻量化模型的设计：① 保持输入输出特征图通道数量相同，内存访问达可达最小；② 分组卷积分组数量越大内存访问量越大；③ 结构碎片化越严重导致模型的并行程度低；④ 不可忽视的元素级操作，如残差结构。根据上述原则作者设计了 ShuffleNetV2，该网络创新性的利用了通道分割（Channel Split），以减少计算量。其首先对输入的特征进行通道切分。切分出的一半特征输入下一层进行计算，获取新特征。另一半特征则不经过计算传递至下一层。而后再将未经计算的特征图和新特征图进行通道拼接，最后再对合并后的特征图进行通道混排。ShuffleNetV2 与 MobileNetV2 相比，在 ImageNet 数据集上的预测精度更高并且在图形处理单元（Graphics Processing Unit，GPU）上运行速度更高，提高了 16%。然而，通道混排算法在 TensorFlow Lite 上缺乏高效的实现，限制了其应用前景。

ShuffleNetV2、MobileNetV3 等轻量化网络都是利用高效的算子——深度分离卷积，构建网络模型。Pelee 与之不同，仅使用标准卷积实现了一个高效的网络架构。它遵照 DenseNet[104]的密集模式和关键设计原则，解决存储和计算能力受限平台布署问题。当利用 PeleeNet 作为 SSD[105]的骨干网络时，能够在 VOC2007 数据集上达到 76.4% 的 mAP。它参考 DenseNet 中密集连接的设计思路，提出了多项改进。① 两个分支的密集连接模块，一条分支与原始密集连接模块一样由 3×3 卷积组成，另一条分支由 2 层 3×3 卷积组成。这种结构促进了多尺度特征的学习。两个分支也同时将原卷积层分成两组，极大地减少了计算量。② 重新设计了网络首层，替代了 7×7 这种大卷积核的层。由于输入图像的分辨率较大，首层卷积通常占用大量计算资源。提出分别利用最大值池化和卷积的两个分支进行下采样，保留图像丰富的特征。这比单纯增加通道或增长率增加的计算开销更少、更高效。

2.5 本章小结

本章主要介绍了物联网中广泛应用的无线传感器网络的理论基础和本书涉及的目标检测和边缘计算以及卷积神经网络技术。其中，无线传感器网络的相关理论基础主要包括其概念和特点，以及传感器数据的一些具体特性。在目标检测的介绍中，本章节主要介绍了主流目标检测结构以及评估指标。针对边缘计算的介绍主要是从边缘计算的系统架构以及典型应用展开的，而在卷积神经网络的介绍中，本章节着重阐释了和神经网络有关的基本知识，卷积、深度可分离卷积以及轻量化卷积神经网络的相关技术。对无线传感器网络的相关理论知识和传感器数据具体特性的分析和了解，将有助于构建和改进现有休眠调度策略以及时序预测算法，目标检测、边缘计算以及卷积神经网络的介绍和研究也为本书后续的相关研究做好了知识铺垫。

第 3 章

作物环境数据压缩采样与重建方法研究

无线传感器网络（Wireless Senoor Network，WSN）是作物环境数据感知的主要手段。然而，WSN 存在严重的能量约束问题，由于传感器节点的能量消耗主要用于数据传输，通过对数据压缩采样可以有效地延长网络的生命周期。目前存在的基于 CS 的压缩采样（CSCS），通常假设信号是稀疏的或是可压缩的，然而在实际情况中数据信号的稀疏性并不理想。

针对真实数据稀疏性不理想问题进行研究，为了保证数据精度的同时提高能量利用效率，提出基于周期排序分簇压缩采样方法（Compressive Sampling Method based on Cyclic Reshuffle，CRCCS）。[106]通过研究发现，当数据元素按照升序排列时，数据的稀疏性会得到很大的改善。而根据压缩感知理论，数据精准重构所需的观测值个数与稀疏性正相关，通过对数据排序能够有效地提高数据稀疏性，从而在保证数据精度的同时有效减少观测样本个数，降低网络能耗，达到延长网络生命周期的目的。由于大多数传感信号在短时间内具有优秀的短时稳定性，当数据按照相同顺序排列时，可以认为其稀疏性在短时间内不发生变化。因此，采用周期排序的方式对数据进行压缩采样，可以进一步减少网络能量消耗。除此之外，为了尽可能缩短数据收集的延时，在该方案中还提出了一种改进的 TDMA①2 调度策略。

3.1 系统模型及问题分析

3.1.1 系统模型

在 CRCCS 方案中，模型假设有 N 个传感器节点被随机分布在感知区域内监测一种给定的物理量（如温度、湿度等）。在实际应用场景中，WSN 的拓扑可以抽象为一个加权无向图 $G=(U, E)$，其中 $U = \{U_i | i = 1, 2, \cdots, W\}$ 表示节点的集合，W 是节点总数；$E=\{(U_i, U_j) | (U_i, U_j) \in U*U, i \neq j\}$ 表示节点的边集合。并假设网络具有以下特征：

（1）该网络是一个静态网络。当无线传感器网络布署完成后，网络的拓扑结构不再发生变化，除非节点失败或死亡。

（2）该网络是一个同构网络。除基站外，所有节点都被认为具有相同的低维和初始能量，且节点量耗尽后不可再次补充。

（3）所有节点均具有一定的存储空间和数据处理能力，能够轮流成为簇首。

CRCCS 方案的系统结构如图 3-1 所示。第一阶段，网络中 W 个节点根据分簇机制形成 I 个簇，并且每个簇包含一个簇首（CH）和（N_{i-1}）非簇首（non-CH）节点。在数据传输阶段，CH 节点接受簇内 non-CH 节点发送的数据 $d_i = [d_1, d_2, \cdots, d_{N_i}]$，通过预处理将数据转化成升序序列 $d'_i = [d'_1, d'_2, \cdots, d'_{N_i}]$。然后将新的序列 d'_i 和随机观测矩阵

---
① 时分多址（Time Division Multiple Access，TDMA）。

$\boldsymbol{\Phi}_i$ 相乘进行压缩，并将压缩结果 y_i 发送给基站。最终，基站接收到所有簇的压缩信息 $y=\bigcup_{i=1}^{I} y_i$，并通过数据重构算法恢复每个簇的数据 $\hat{\boldsymbol{d}}_i'$。

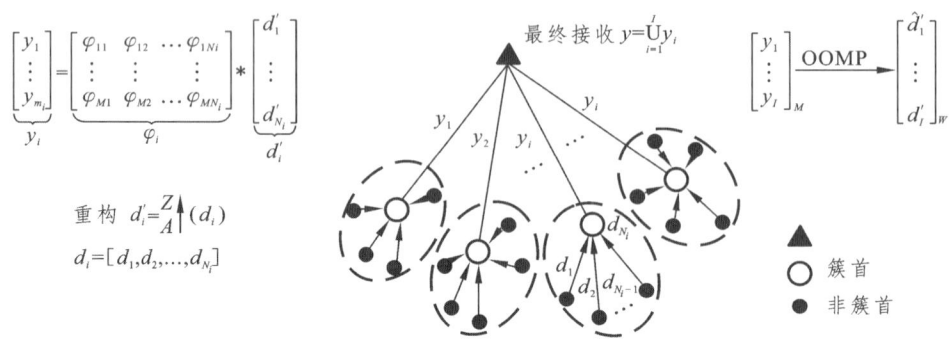

图 3-1 CRCCS 方案的系统结构

按照这种传输方案，假设每个簇具有相同的节点个数 $N_i=N$，每个 CH 传输 m_i 个压缩信息到基站，则整个网络的传输负载为 $I\times(N-1)+I\times m=W+I\times(m-1)$。由于 $m\ll N$，CRCCS 方法的通信能耗远小于 $W\times m$，因此 CRCCS 方法能够通过简单的线性操作获得更加有效的压缩效果。为了降低延时，在该方案中采用了一种改进的 TDMA 调度策略，即 TDMA2 调度策略，该策略包含 3 个阶段。在簇内，每个节点按照 TDMA 方式在规定的时隙内采集数据并传输给其 CH 节点，并且每个簇的簇首可同时收集簇内节点数据。

3.1.2 问题分析

当数据是稀疏或在某些域中是可压缩的条件下，CSCS 可以高概率地从少数观测数据中恢复原始数据。然而，在现实世界中大多数传感信号的稀疏度并不理想。在许多实际情况中，邻近节点的感知数据并不十分均匀，即使它们在物理位置上十分接近。当感知信号不够平滑时，数据本身并不稀疏，即使在变换域中也不够稀疏。例如，图 3-2（a）展示了一个 72 维的无序信号，这个信号具有大量的突变点而且不平滑。可以明显地看出，该信号本身并不稀疏。图 3-2（b），图 3-2（c），图 3-2（d）分别给出了该信号在 3 个不同变换域中的稀疏表示情况。在这里，设置阈值 $h=0.5$，当系数值小于 h 时，将会被置零。统计信号在 TV，DCT，DWT 域中的稀疏度分别为 57，60，51。在这种情况下，利用现有的 CS 方法进行数据收集往往不能取得很好的效果。众所周知，数据重构所需要的观测值个数和信号的稀疏度成正比，在上述情况中要保证重构精度，就需要传输更多的观测值。因此，如果能找到一个合适稀疏基来获得最稀疏表示形式或是能够通过一些简单的预处理提高稀疏度，利用 CS 方法就可以有效地减少观测值个数。

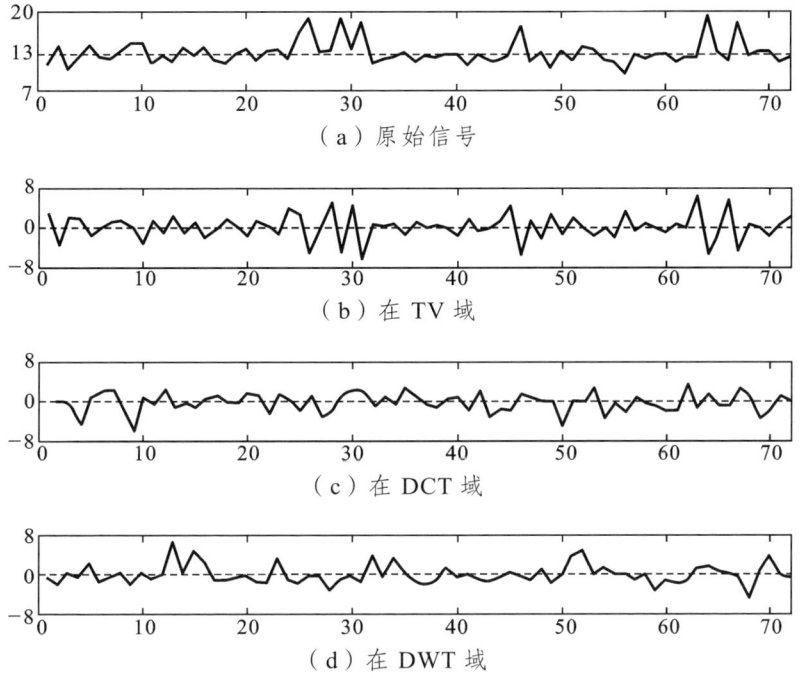

图 3-2　无序信号分别在 TV、DCT、DWT 域中的稀疏情况

通过对传感器信号的研究可以发现，当信号按照幅值大小升序排列时，得到新的信号会变得很平滑，并且在 TV 域中有最稀疏表示，图 3-3 描述了这一特征。图 3-3（a）是将图 3-2（a）中的原始信号进行升序排列的结果，图 3-3（b）中描述的是新信号在 TV 域中的稀疏情况。可以看出，经过排序处理之后的数据十分平滑，绝大多数稀疏系数接近于零，只有 5 个相对较大的值，因此稀疏度为 5。

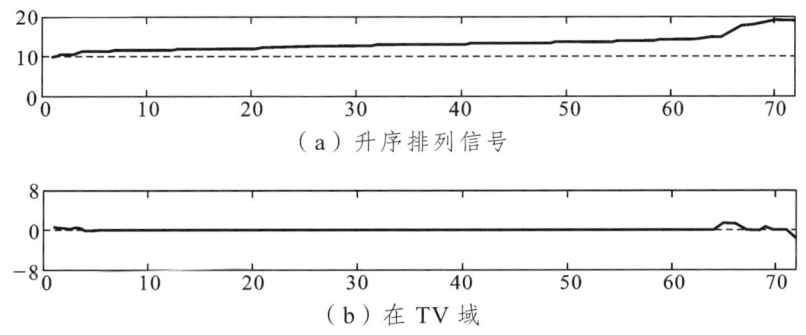

图 3-3　升序排列信号在 TV 域中的稀疏情况

为了进一步验证其他类型的感知数据经过排序之后是否也具有很好的稀疏性，本书计算了光照强度、湿度和电压数据在不同域中的稀疏度。在实验中，每种类型的数据包含 60 组，每组包含 72 个数据，通过计算每组的稀疏度并对所有组的稀疏度取平均作为结果，统计结果如表 3-1 所示。从统计结果可以看出，在所调查的场景下，经

过排序的感知信号的稀疏性总是优于没有任何处理的信号在 TV，DCT 和 DWT 域中的稀疏性。这些实验结果表明，经过排序处理的感知数据在 TV 域中确实具有很好的稀疏性。这就意味着，通过对原始感知数据进行一些简单的预处理能够有效提高数据稀疏性。在本章所提出的数据收集方案中，当簇首 CH 接收到所有的簇内数据后，将通过一个简单的预处理将原始数据按照升序排列，并通过线性压缩投影将预处理的结果压缩发送给汇聚节点。通过预处理和线性压缩操作，每个簇能够有效地减少通信能耗。这个过程是合理的，因为 CH 具有一定的数据处理能力并且增加的计算能耗很小甚至可以忽略不计。

表 3-1 不同类型传感数据在不同变换域中的稀疏度

变换域	稀疏度		
	光照强度/lx	湿度/%	电压/mV
TV	23.583 3	68.03	68.383
DCT	69.216 7	67.85	68.83
DWT	46	66.93	71.95
重组 + TV	8.13	22.916 7	24.05

对于监测应用，在较短时间内感知数据的变化通常很缓慢，换句话说感知数据在短时间内具有优秀的时间稳定性。因此，在一段较短的时间内，当数据按照同种序列组织时，可以认为信号的稀疏性不发生变化。利用这个特点，本书提出的方案根据经验知识对数据进行周期性的排序，而不需要每次采集都排序，从而进一步减少网络的能量消耗。

3.2 基于周期排序的分簇压缩采样方法

3.2.1 基于 LEACH 协议的网络分簇

众所周知，分簇路由结构能够支持更大规模的无线传感器网络。在 CRCCS 方案中，选择 LEACH 协议[107]用于解决平面路由网络受限问题。LEACH 协议是一个自适应分簇路由算法，并且它的执行过程是周期性的，每个周期包含两部分，分别为簇的建立和数据传输。

根据 LEACH 协议，整个网络被划分成 I 个簇，并且每个簇中只有一个簇首。非簇首节点将根据距离关系加入到相应的簇中，并发送加入信息给簇首。

当簇的建立阶段完成后，所有非零节点感知监测区域信息并将感知数据发送给其所在簇的簇首。所有非簇首节点仅与所在簇的簇首直接通信。

第3章 作物环境数据压缩采样与重建方法研究

分簇路由结构非常适合分布式算法的应用,因此它能够用于支持更大规模的网络。除此之外,分簇算法通过周期选择簇首方法,能够有效地平衡整个网络的能量消耗,从而延长网络生命周期。

3.2.2 基于周期排序的分簇压缩采样

由于所有簇内节点数据都发送给 CH,因此可以通过 CS 方法对簇内数据进行压缩。使用压缩感知理论的前提是信号在一定域中是 K 稀疏的,并且观测值的个数 M 和稀疏度 K 成正比。CS 技术能够在保证原数据结构的条件下,将 N 维信号转换成 M($M \ll N$)维信号。如果要在保证数据恢复精度的前提下减少数据传输量,就需要降低数据的稀疏度。通过感知信号分析已知,信号越平滑,在 TV 域中越稀疏,尤其当数据按升序排列时最稀疏。根据信号的这一特点,本章提出基于周期排序的分簇压缩采样算法。该算法包括两部分,数据重组算法和线性压缩投影。首先利用数据重组算法提高数据稀疏性,然后利用压缩感知对预处理结果进行线性压缩投影,减少数据传输量。

1. 数据重组算法

假设 CH 接收到的簇内原始数据序列为 $\boldsymbol{d}_i = [d_1, d_2, \cdots, d_{N_i}]^T$,其中 d_i 表示节点 i 的读数。设置 d_j 为序列 $\boldsymbol{d}$ 中第 j 位置上的元素,从 1 到 N_i 依次比较序列中相邻位置上数据的大小,如果 $d_j > d_{j+1}$,交换 j 和($j+1$)位置上的元素,然后以相同的方式继续和下一个位置上的数据进行比较。当依次比较完后,将会产生一个新的序列 $\boldsymbol{d}'_i$,继续重复以上操作直到序列中的元素满足 $d'_1 < d'_2 < \cdots < d'_{N_{i-1}} < d'_{N_i}$。算法的具体流程如算法 3-1 所示。新序列产生过程如式(3-1)所示。

$$\boldsymbol{d}'_i = {}^Z_A{\uparrow}(\boldsymbol{d}_i) \tag{3-1}$$

其中,${}^Z_A{\uparrow}(\boldsymbol{d}_i)$ 表示重组操作,将向量 $\boldsymbol{d}_i$ 中的元素按升序排列。可以看出,在最坏的情况下,即原始数据序列是反序时,算法需要进行 $N_i(N_{i-1})/2$ 次比较操作和 $N_i(N_{i-1})/2$ 次交换操作。

算法 3-1 数据重组算法

收集簇内节点数据 $\boldsymbol{d}_i = [d_1, d_2, \cdots, d_{N_i}]^T$

 for K=1 to end **do**(K 表示最大比较次数)

  for j=1, $j \in (1, N_i)$

   do 比较相邻位置的节点数据 d_j, d_{j+1}

    if $d_j \leqslant d_{j+1}$

     then 交换 j 和($j+1$)位置上的数据

    else 保持 j 和($j+1$)位置上的数据不变

    end if
   end for
  end for
输出升序信号 $\boldsymbol{d}'_i(t_0)=[d'_1,d'_2,\cdots,d'_{N_i}]^\mathrm{T}$

2. 线性压缩投影

  WSN 数据融合的根本目在于对感知数据进行压缩。每个簇首利用线性压缩投影实现簇内数据的压缩。簇首（CH）完成对数据的预处理之后，每个簇首产生一个高斯随机矩阵 $\boldsymbol{\Phi}_i$，并将此高斯随机矩阵 $\boldsymbol{\Phi}_i$ 与数据向量 $\boldsymbol{d}'_i$ 相乘得到观测向量 $\boldsymbol{y}_i$，其中 $\boldsymbol{d}'_i$ 是预处理后的信号。通过线性压缩投影，数据的维数由 N 维降低到 m（$m\ll N$）维。对整个网络数据进行压缩投影可以表示成如式（3-2）所示的模型。

$$\underbrace{\begin{pmatrix}\boldsymbol{y}_1\\\boldsymbol{y}_2\\\vdots\\\boldsymbol{y}_I\end{pmatrix}}_{\boldsymbol{y}:\,M\times 1}=\underbrace{\begin{pmatrix}\boldsymbol{\Phi}_1 & & & \\ & \boldsymbol{\Phi}_2 & & \\ & & \ddots & \\ & & & \boldsymbol{\Phi}_I\end{pmatrix}}_{\boldsymbol{\Phi}:\,M\times W}\underbrace{\begin{pmatrix}\boldsymbol{d}'_1\\\boldsymbol{d}'_2\\\vdots\\\boldsymbol{d}'_I\end{pmatrix}}_{\boldsymbol{d}':\,W\times 1} \qquad (3\text{-}2)$$

  通过线性压缩投影，每一个 CH 仅需传输各自的观测向量 $\boldsymbol{y}_i$ 给基站，而不是所有数据。从式（3-2）可知，整个网络的压缩信息包含 M 个数据，远远小于网络的原始数据个数 W。利用这种方式进行数据压缩，在重构端可以通过一定的数值方法重构出所有节点的原始数据。

  由于许多类型数据信号如温度、湿度数据在短时间内具有优秀的短时稳定性，以及数据按升序排列具有很好的稀疏性特点，当下一时刻数据按照相同序列进行收集时，可以认为其稀疏性没有发生变化。但是，随着时间的推移，信号将发生变化，其稀疏性也会变差。当稀疏性变得很差时，只有增加观测值的数目才能保证数据重构的精度，否则将导致重构失败。如果每次通过对数据进行排序来获得精确重构的最优观测量，又会带来额外的计算和能耗。为了解决这个问题，我们周期性的对序列进行更新。首先，根据经验值设定一个更新周期 T，在更新周期 T 内，对数据位置值排序一次并保持。下个周期开始时重新对数据进行排序，并按照新的序列进行数据压缩。主要流程如算法 3-2 所示。

算法 3-2 线性压缩投影

  for $i=1$ to I **do**
   收集 t_0 时间点的簇内数据 $\boldsymbol{d}_i(t_0)=[d_1,d_2,\cdots,d_{N_i}]^\mathrm{T}$
   for $t=t_0$ to end **do**
    if $(t-t_0)\%T=0$
     利用算法 3-1 获得升序排列数据 $\boldsymbol{d}'_i(t)=[d'_1,d'_2,\cdots,d'_{N_i}]^\mathrm{T}$

    else
      数据收集的结构不变，将 $d'_i(t-\Delta t)$ 表示成 $d_i(t)$
    end if
    线性压缩投影 $y_i(t)=\Phi_i d_i(t)$ or $\Phi_i d'_i(t)$
  then 将观测数据 $y_i(t)$ 发送给基站
  end for
end for

3.2.3 数据重构

压缩感知理论指出，当观测值个数满足式（3-3）时，一个 K 稀疏的信号可以被精确重构：

$$M \geqslant c \cdot K \cdot \log(N/K) \tag{3-3}$$

式中，c 表示一个常数；N 表示信号长度。从式（3-3）可以看出，K 越小，精确重构所需的观测值个数越少，在实际中，当 $M=3K\sim4K$ 时通常可以满足式（3-3）的条件。基站从每个簇首 CH 接收到所有的观测值后，将负责从这些观测值中恢复出传感数据。因为观测值是通过对原始感知数据进行线性压缩投影获得的，其中包含了用于准确重构的大量信息。由于压缩信息是一个 M 维的向量，而传感数据是一个 N 维的向量，并且 $M<<N$。因此，是一个欠定的方程，无法直接求解。我们发现数据经过排序后在 TV 域中具有很好的稀疏性，将这个先验信息加入到信号模型中，通过求解一个 l_0 最小化问题可以求解出原始感知数据。

$$\begin{aligned}&\min \|x\|_{l_0}\\&\text{s.t.}\quad y=\Phi d'=\Phi\Psi^{-1}x=\Phi'x\end{aligned} \tag{3-4}$$

式中，Ψ 表示系数矩阵；x 表示稀疏系数。求解 l_0 最小化问题可实现准确重构，然而这仍是一个 NP 难问题。为了求解该问题，采用第 2 章的 OOMP 算法，可以实现数据准确重建。

3.3 能量消耗和时延特性分析

3.3.1 能量消耗理论分析

在数据收集过程中，non-CH 节点将感知数据传输给其簇首，簇首（CH）负责对数据进行融合处理并将结果发送给汇聚节点。由于簇首节点是 WSN 中能量消耗的主要承担者,因此这里仅对簇首的能耗进行分析。簇首的全部能耗由两个主要部分组成:数据处理能量消耗 E_{DP},以及数据传输能耗 E_{TR}。因此,簇首的能耗模型可以表示为

$$E_{CH} = (E_{DP} + E_{TR}) \quad (3-5)$$

在接下来的分析中仅简单考虑一个簇的情况。

1. E_{DP} 的分析

已知中央处理器(Central Processing Unit,CPU)的能耗由信号处理所需要的操作数决定,即数据处理所消耗的能量与信号处理过程中执行的操作成正比。在本书提出的 CRCCS 方案中,在簇首处首先利用重组算法对簇内原始数据进行升序排列,然后利用线性压缩投影获得 m 个观测数据。因此,在簇首处用于数据处理的能耗除了读写操作还包括重组算法能耗 E_{DP-RS} 和数据压缩能耗 E_{DP-CS}。

对于重组算法,最多需要 $N(N-1)/2$ 次比较操作和 $N(N-1)/2$ 次交换操作。线性压缩投影将 N 个传感器数据压缩为 m 个随机观测数据,而且线性压缩投影实质上是一个矩阵相乘操作,即一个 $m \times N$ 测量矩阵与一个 N 维的数据向量相乘得到一个 m 维向量的过程,这个过程需要执行次 $m(N-1)$ 加法和 $m \times N$ 次乘法。因此,簇首用于数据处理所消耗的总能量可以表示成如式(3-6)所示的形式:

$$E_{DP} = N\xi_{mrd} + \underbrace{N(N-1)(\xi_{cmp}+\xi_{sft})/2}_{E_{DP-RS}} + \underbrace{mN\xi_{mul} + m(N-1)\xi_{add}}_{E_{DP-CS}} + m\xi_{mwr} \quad (3-6)$$

式中,ξ_{mrd}=9.90 nJ[①],ξ_{cmp}=3.30 nJ,ξ_{sft}=3.30 nJ,ξ_{add}=3.30 nJ,ξ_{mul}=9.90 nJ,ξ_{mwr}=9.90 nJ,分别对应为节点 CPU 中读操作、比较操作、交换操作、加法操作、乘法操作以及写操作执行一次的能耗[49]。如果簇首每隔 T 时间更新一次序列,计算能耗就可以进一步减低[减少(T-1)×E_{DP-RS}],可以表示为

$$E_{DP}(T) = N(N-1)(\xi_{cmp}+\xi_{sft})/2 + T(N\xi_{mrd} + mN\xi_{mul} + m(N-1)\xi_{add} + m\xi_{mwr}) \quad (3-7)$$

2. E_{TR} 的分析

在数据传输阶段,簇首接收簇内所有 non-CH 节点的数据并将压缩信息传输给基站。因此,E_{TR} 的能量消耗包括信息发送能耗 E_{TR-SD} 和信息接收能耗 E_{TR-RE}。这里采用文献[108]提出的无线传输能量消耗模型对 E_{TR} 进行分析。根据发射端到接收端距离的不同,分别使用自由空间模型和多径衰落模型。当收发两端的距离 d 小于 d_0,使用自由空间模型,否则采用多径衰落模型。因此,将 l 比特的数据发送到 d 远处所消耗的能量可表示为

$$E_{TR-SD} = \begin{cases} l \cdot E_{elec} + l \cdot \varepsilon_{fs} \cdot d^2, & d \leq d_0 \\ l \cdot E_{elec} + l \cdot \varepsilon_{mp} \cdot d^4, & d > d_0 \end{cases} \quad (3-8)$$

---

① 1 nJ=10^{-9} J。

而接收 l 比特的数据，节点需要消耗的能量模型如式（3-9）所示：

$$E_{\text{TR-RE}} = l \cdot E_{\text{elec}} \qquad (3\text{-}9)$$

式中，E_{elec} 表示传输电路发送或接受 1 比特数据所消耗的能量；ε_{fs} 和 ε_{mp} 分别表示发射放大器传输 1 比特数据所消耗的能量。在 CRCCS 方案中，假设每个簇中有 N 个节点（1 个 CH 节点和 $N-1$ 个 non-CH 节点），并且每个数据包的大小为 L 字节。CH 从簇中所有 non-CH 节点中接受 $(N-1)\cdot L$ 字节数据，并发送 m 字节数据给基站。根据式（3-8）和式（3-9），在一个数据收集周期内，簇首的传输能量消耗可以表示为

$$E_{\text{TR}} = E_{\text{TR-RE}} + E_{\text{TR-SD}} = \begin{cases} 8L \cdot ((N-1)E_{\text{elec}} + mE_{\text{elec}} + m\varepsilon_{\text{fs}}d^2), & d \leqslant d_0 \\ 8L \cdot ((N-1)E_{\text{elec}} + mE_{\text{elec}} + m\varepsilon_{\text{mp}}d^4), & d > d_0 \end{cases} \qquad (3\text{-}10)$$

从式（3-10）可以看出，在传输距离 d 和簇的大小 N 固定时，数据传输能耗 E_{TR} 仅由观测数据个数 m 决定。在 CRCCS 方案中，已证明通过对原始数据的简单预处理可以很好地提高稀疏性，从而极大地减少观测数据个数。因此，虽然 CRCCS 方案增加了一些额外的计算量，但却极大地减少了数据传输能耗。在接下来的章节中将通过仿真实验对簇首能耗的理论分析进行验证。

3.3.2 延时特性分析

在这一部分中，将对 CRCCS 方案的延时进行分析，分析方法类似于文献[109]。在 CRCCS 方案采用基于 TDMA^2 的调度策略。在这个策略中，同一个簇内的每个节点按照 TDMA-1 发送数据给簇首，所有簇首压缩信号并传输随机观测给基站按照 TDMA-2 方式进行。在一轮中处理过程如图 3-4 所示。

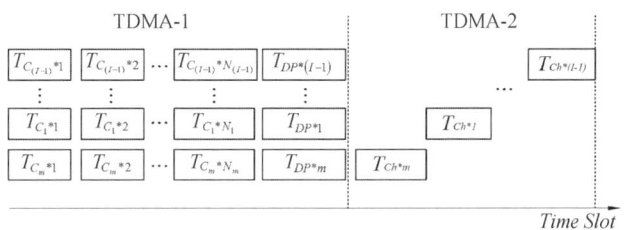

图 3-4　流水线式 TDMA^2 调度策略

为了尽可能减少数据收集的延时，采取流水线式 TDMA^2 调度策略，该策略包括 3 个阶段。

第一阶段：基站发现最大簇 C_m 之后，规定该簇的簇首将首先开始传输压缩数据给基站。

第二阶段：簇内每个节点按照 TDMA-1 方式将数据发送给簇首，当簇首接收到所有节点数据后，利用随机投影对这些数据进行压缩，并且 C_m 的簇首首先开始压缩信息的传输。

第三阶段：当 C_m 的簇首完成压缩信息的传输后，其他簇首按照 TDMA-2 方式将各自压缩信息传输给基站。

定义 1 数据收集的延时 D 定义为当最后一个随机观测数据到基站的时间。基于流水线 TDMA^2 的 CRCCS 方案的延时为

$$D = \sum_{i=1}^{m} T_{C_m \cdot i} + T_{DP \cdot m} + \sum_{i=1}^{I} T_{Ch \cdot i} \quad (3\text{-}11)$$

式中，$T_{C_m \cdot i}$ 是簇 C_m 中节点 i 的时隙长短；$T_{DP \cdot m}$ 是簇 C_m 中的数据处理时间，包括数据重组时间和数据压缩时间；$T_{Ch \cdot i}$ 是簇 C_i 的数据转发时间。给定 t_{sen} 为发送 1 比特数据所需要的时间，t_{proc} 为处理 1 比特数据所消耗的时间，并假定所有簇具有相同的压缩比 c_ratio。如果选择快排，最坏情况的复杂度为 $o(N^2)$，然而基本不会出现这种情况。通常情况一个随机序列能够获得 $o(N \cdot logN)$ 的效果，对应排序复杂度为 $o(N \cdot logN)$。基于以上条件，式（3-11）可以重新写为

$$\begin{aligned} D &= N_m \cdot t_{\text{sen}} + o(N_m \cdot \log N_m) \cdot t_{\text{proc}} + c\_ratio \cdot N \cdot t_{\text{sen}} \\ &= (N_m + M) \cdot t_{\text{sen}} + o(N_m \cdot \log N_m) \cdot t_{\text{proc}} \end{aligned} \quad (3\text{-}12)$$

从式（3-12）可以得出，延时最坏的情况是只有一个簇，最好的情况是被均匀分成 I 个相同大小簇。因此，CRCCS 的延时 D 的取值范围是

$$(N+M) \cdot t_{\text{sen}} + o(N \cdot \log N) \cdot t_{\text{proc}} \leqslant D \leqslant (N/I + M) \cdot t_{\text{sen}} + [o(N \cdot \log N)/I] \cdot t_{\text{proc}} \quad (3\text{-}13)$$

3.4 仿真及结果分析

3.4.1 CRCCS 能量消耗仿真分析

CRCCS 方案能够通过牺牲少量的计算资源有效减少网络能量消耗，而簇首负责数据处理和大部分数据传输，是网络能量消耗的主要承担者。在这一部分，将给出仿真结果验证 CRCCS 方案的有效性。表 3-2 列出了仿真所用到的主要参数。

表 3-2 仿真参数设置

参数名称	默认值
无线电损耗（E_{elec}）	50 nJ/bit
距离阈值（d_0）	80 m
数据包大小（L）	128 byte
ε_{fh}	100 pJ/（bit·m^2）
ε_{mp}	0.015 pJ/（bit·m^4）
簇的大小 r（N）	200

为了研究影响簇首能量消耗的因素，通过数值分析方法分别从数据传输和数据处理两个方面对可能影响簇首能耗的因素进行分析，结果如图 3-5 所示。从图 3-5（a）可以看出，在距离一定的条件下，数据传输的能耗与观测值的个数成正比。当观测值固定时，距离簇首越远，能量消耗得越快，尤其是当距离超过阈值 d_0（这里 d_0=80 m），能量消耗急剧增加。与数据传输损耗不同，数据处理损耗仅与观测值的个数以及簇的大小有关。随着观测值个数和簇的大小增加，簇首的能量消耗也增加。因此可以得出，在距离和簇的大小不变，即网络拓扑不变的条件下，CRCCS 方案能够有效减少观测值个数从而减少能量消耗。

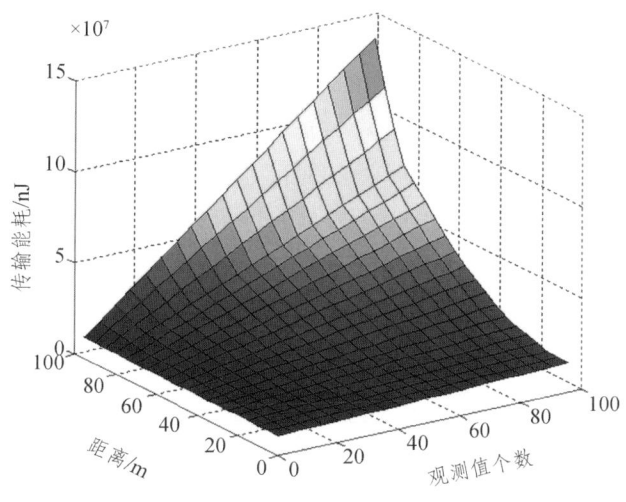

（a）簇首的传输能耗

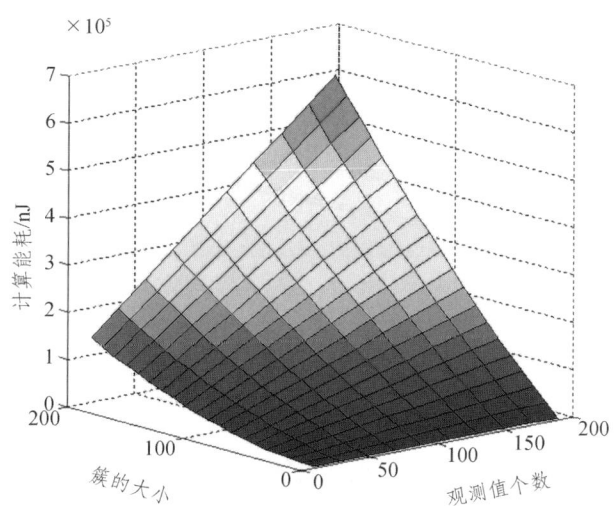

（b）簇首的计算能耗

图 3-5　簇首的传输能耗和计算能耗

注：1 nJ=10^{-9} J。

通过在簇首处对原始数据进行预处理,可以减少观测值的传输量,但同时也增加了一些计算损耗。为了证明 CRCCS 方案的有效性,通过仿真实验证明增加的计算能耗远小于减少的传输能耗。图 3-6 中记录了 CRCCS 方案的传输能耗和计算能耗,以及传统 CS 方法计算能耗。显然随着压缩比增加,传输能耗和计算能耗都增加,然而传输能耗总是远大于计算能耗,在这里压缩比定义为观测值的个数与原始数据个数的比值。接下来将证明 CRCCS 能够在较低的压缩比下获得和传统 CS 方法相同的效果。在实验中,假设 CRCCS 在压缩比 $ratio=0.1$ 的情况下和传统 CS 方法在压缩比 $ratio=0.5$ 的情况下获得相同效果。相比于传统 CS 方法,CRCCS 方法减少的传输能耗和增加的计算能耗分别表示为 $E1$ 和 $E2$,且可以清楚地看出,$E1$(5.652×10^7 nJ)远大于 $E2$(1.313×10^5 nJ),从而可以证明增加的计算功耗相比于减少的传输能耗可以忽略不计。因此,CRCCS 方法的确能极大地减少簇首能耗。

由于许多信号在短时间内具有优秀的时间稳定性,对数据进行周期性排序。需要注意排序操作只发生在簇首,并且只影响簇计算能耗。通过周期排序,CRCCS 的计算能耗降低,与传统 CS 方法的计算能耗很接近,并且随着 T 的增加,两者之间的差值也会不断地减小。从而说明,对数据序列进行周期性更新能够进一步减少网络能耗。

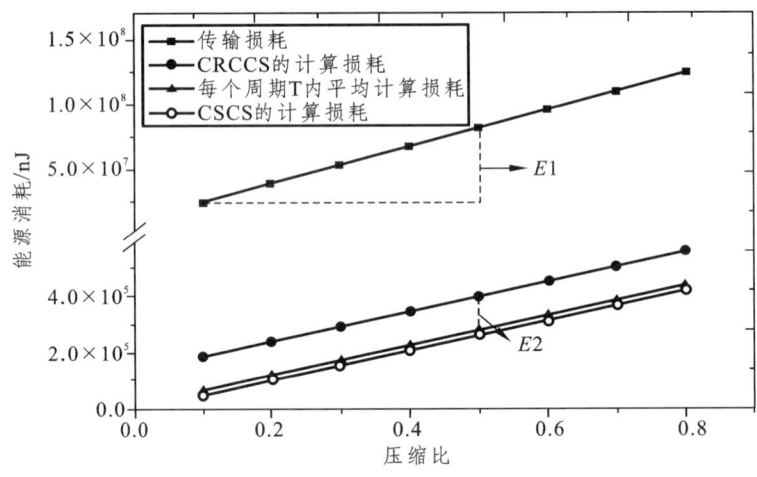

图 3-6 CRCCS 和传统 CS 方法的能量消耗

3.4.2 CRCCS 重构精度仿真分析

为了验证 CRCCS 方案的重构效果,采用以下两种评估标准:均方根误差(Root-Mean-Square Error,RMSE)和峰值信噪比(Peak Signal-to-Noise Ratio,PSNR)。

$$RMSE = \sqrt{\frac{1}{N} \sum_{i=1}^{N} (d_i - \hat{d})^2} \qquad (3-14)$$

$$PSNR = 10 \cdot \log_{10}\left(\frac{d_{pp}^2}{RMSE}\right) \tag{3-15}$$

式中，N 是信号的长度；d_i 是节点 i 的原始数据；$\hat{d}$ 表示重构数据；d_{pp} 表示信号的峰峰值。在实验中，采用真实数据集进行仿真分析。数据集包含 2 666 个湿度数据，分别从 31 个传感器获得。根据压缩感知理论，基站通过一定的算法可以恢复原始数据。

首先比较了 CRCCS 方案和其他数据方案在采集一次的重构性能。图 3-7 和图 3-8 分别表现了 CRCCS、CSCS-OOMP 和 CSCS-TV 在不同丢包率下重构所对应的 RMSE 和 PSNR。文献[110]指出采样率与丢包率成反比，这就意味着低采样率对应高丢包率。在这里，丢包率定义为 1 – 采样率。

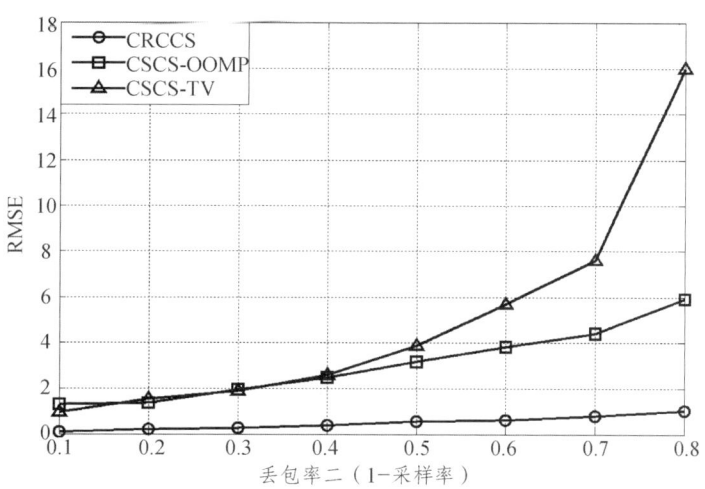

图 3-7　CRCCS，CSCS-OOMP 和 CSCS-TV 方法在 t_0 时刻的 RMSE 值

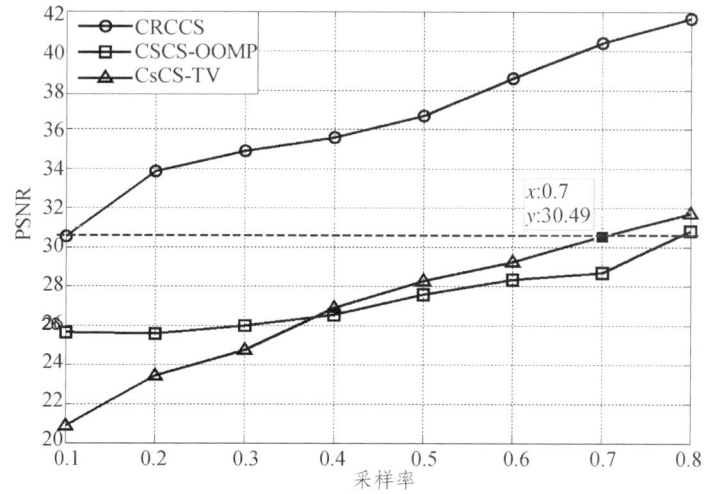

图 3-8　CRCCS，CSCS-OOMP 和 CSCS-TV 方法在 t_0 时刻的 PSNR 值

为了避免波动影响，重构过程重复执行 100 次作为结果。从图 3-7 的结果可以看出，CRCCS 的 RMSE 最小。由图 3-8 可知，随着采样率 r 的增加，3 种方案的重构性能也随之提高，但 CRCCS 方案的 PSNR 增长速度快于其他两种方案，而且在相同采样率条件下，其 PSNR 值远大于其他两种方案的值。例如，在压缩比 $r=0.4$ 时，CRCCS 方案的 PSNR 高于传统 CS 方案 9 dB。给定的 PSNR，CRCCS 所需要的采样率远低于其他两种方案。例如，给定 $PSNR=30.49$，CRCCS、CSCS-OOMP 和 CSCS-TV 所需要的采样率分别是 0.1、0.7、0.8，这是因为传感器读数经过排序后变得平滑并且更加稀疏。这就意味着，为了获得相同的重构效果，CRCCS 方案所需的观测值个数远小于 CSCS-OOMP 和 CSCS-TV 方案。换句话说，CRCCS 方案能够在更低的采样率下获得很好的重构效果。

由于在下一个采样周期按照同样序列进行数据采集时，湿度数据变化很小且平滑如图 3-9 所示，因此当数据在这段时间内按照同种顺序排列时，数据的稀疏度可以看作没有发生变化。但是随着时间的推移，数据信号的平滑性会变差，从而影响到重构精度。为了解决这个问题，CRCCS 根据经验知识对数据进行周期性排序。在一个更新周期内，数据序列只进行一次排序，接下来一直保持这个顺序。通过周期性排序，CRCCS 可以保证数据的稀疏度一直保持在一个合适的范围，从而保证数据重构精度，图 3-10 的结果可以验证该方法的有效性。在仿真实验中，设置重排周期 $T=20$，采样率 $r=0.4$。从仿真结果可以看出 CRCCS 方案的平均 PSNR 为 34，远远高于传统 CS 方案。

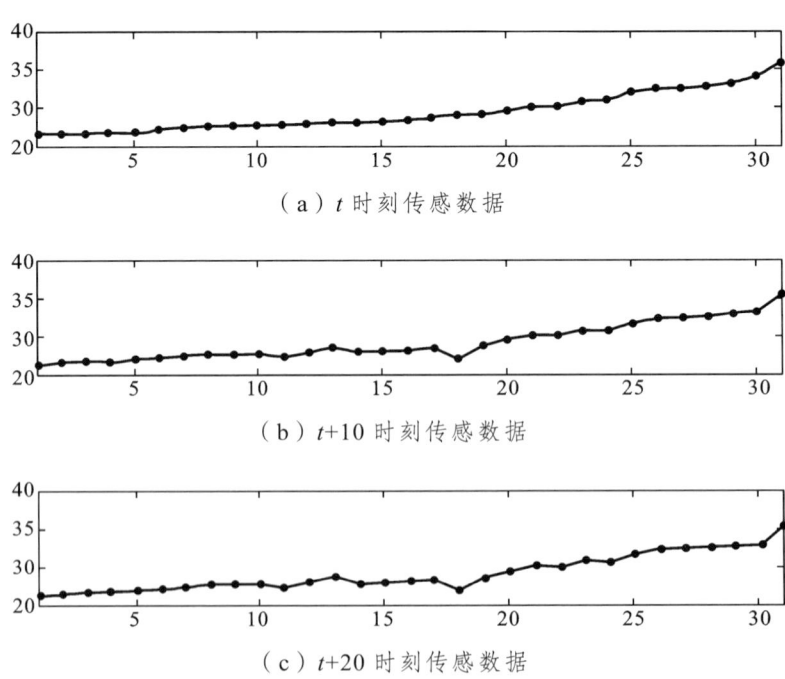

（a）t 时刻传感数据

（b）$t+10$ 时刻传感数据

（c）$t+20$ 时刻传感数据

图 3-9　传感数据在 t，$t+10$ 和 $t+20$ 时刻的变化情况

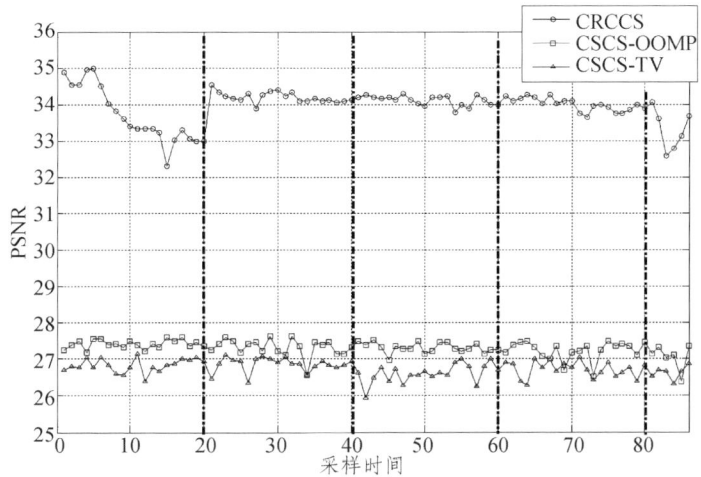

图 3-10 在采样率为 0.4 时的重构效果比较

3.5 本章小结

本章通过对大量不同类型的传感数据的稀疏性分析，发现当传感数据按升序排列时具有很好的稀疏性，提出了一种能量高效的周期排序分簇压缩采样方法。首先，簇首通过一个简单的预处理将原始数据按照升序排列，提高数据稀疏性，从而降低数据传输量，用于预处理所增加的计算能耗很小，甚至可以忽略不计。由于大多数传感信号具有良好的短时稳定性，通过对数据进行周期排序，可以进一步降低网络的能量消耗。为了进一步减少时延，本书对 CRCCS 方案的能耗和延时特性进行了理论分析，并利用真实数据进行仿真实验对 CRCCS 方案的能量高效性和重构精度进行了验证。仿真结果表明，相比于传统的 CS 压缩采样方法，本章提出的 CRCCS 方案能够在保证数据重构精度的同时有效地减少数据传输量，从而降低整个网络的能耗，延长网络生命周期。

第 4 章

基于非参数贝叶斯字典学习的丢失数据插值方法研究

第 4 章　基于非参数贝叶斯字典学习的丢失数据插值方法研究 \

WSN 数据收集的主要目的是获得监测区域目标参数的动态变化，利用 WSN 休眠调度的压缩采样能够有效地降低和平衡网络能耗，但节点休眠必然产生数据丢失。因此，研究数据缺失压缩采样下的数据插值或重构方法，对缺失数据进行准确估计，是 WSN 数据收集亟待解决的关键问题。

目前，存在的基于稀疏表示的数据插值方法通常采用正交基或超完备字典对信号进行稀疏表示。这种固定结构的字典由于缺乏自适应性，难以最优表示稀疏性动态变化的信号，从而影响数据恢复精度，而实际场景中信号的稀疏性通常易受环境影响发生变化。非参数贝叶斯作为一种新兴的统计学习方法，将先验知识与样本信息相结合、依赖关系与概率表示相结合，综合了贝叶斯先验知识的增量学习特性和非参数的模型灵活性，从而使模型能够更好地对信号进行描述，具有很强的自适应性，是不确定知识表示的理想模型。

本章针对数据缺失压缩采样下的数据重建问题进行研究，为保证数据收集的准确性和完整性，利用非参数贝叶斯字典学习对稀疏性动态变化的信号进行最优稀疏表示，结合吉布斯（Gibbs）采样方法对模型推断，利用学习出的最优字典和稀疏系数进行插值，实现缺失数据的准确恢复。由于非参数贝叶斯模型无须事先假定信号服从具体分布，而是通过已知观测数据从无限纬度参数空间中学习出最优模型参数，从而自适应学习信号的稀疏性动态变化，实现最优稀疏表示；而信号重构与稀疏表示是一个对偶过程，利用非参数贝叶斯字典学习插值方法可以复原丢失数据[111]。

4.1　基于非参数贝叶斯字典学习的缺失数据重构

本算法主要包括 3 个部分：非参数贝叶斯稀疏表示、基于非参数贝叶斯字典学习的数据插值以及模型推断。首先，考虑信号稀疏表示的统计模型，利用非参数建模方法分别对模型参数进行建模，利用非参数贝叶斯字典学习方法最优稀疏表示信号；其次，在信号最优稀疏表示建模的基础上，针对数据插值问题建立相应的非参数贝叶斯模型；最后，利用 Gibbs 采样对模型推断，获得包括最优字典和稀疏系数在内的模型参数，并利用学习出的最优字典和稀疏系数进行插值，实现丢失数据恢复。

4.1.1　非参数贝叶斯稀疏表示

在 WSN 的实际应用中，为了保障监测信息的准确性和整个网络的连通度，需要节点分布达到一定的密度，有时甚至使多个节点的监测范围互相交叠。WSN 节点的高密度分布在一定程度上保证了系统的健壮性，但同时也给系统带来了数据冗余，因此传感数据一般具有可压缩性。根据稀疏表示理论，对于信号是稀疏或可压缩的信号，一般可以表示成如式（4-1）所示的形式：

$$X = D\beta \tag{4-1}$$

式中，X 表示信号；D 表示稀疏基或字典；β 为稀疏系数，假如 $\|\beta\|_0 \ll K$，β 认为是稀疏的。

在大多数基于 CS 的应用中，通常假定 D 是已知的正交基（如 DCT、DWT 等）或固定的超完备字典。然而，这些正交基或固定的超完备字典由于缺乏自适应性，不能最优表示稀疏性动态变化的信号，通过字典学习来提高信号的稀疏表示能力是一种有效的方法。但传统的字典学习方法需要预先定义字典的大小以及设置一个稀疏度等级，或是通过一个误差阈值来决定字典中用于稀疏表示的原子个数，当这些设置的参数和实际情况不匹配时，会导致稀疏表示的效果迅速变差。因此，传统的字典学习仍然缺乏自适应性，无法实现稀疏性动态变化信号的最优稀疏表示。为了能够最优表示稀疏性动态变化的信号，我们不再假定给出的正交基或字典是已知的，而是考虑利用一种非参数贝叶斯的统计分析方法进行字典学习，通过挖掘观测数据中结构信息，获得最优得字典和稀疏系数，从而实现信号最优稀疏表示。

考虑 $X = D\beta$ 的统计模型，通过狄利克雷过程（Dirichlet Process，DP）对非参数贝叶斯稀疏表示模型中的字典 D 和稀疏系数 β 赋予层次先验，并在此基础上建立基于非参数贝叶斯字典学习的稀疏表示模型。

1. 字典先验的构建

压缩感知理论指出，对于一个 K 稀疏的信号 x，可以从观测信号 y 中精确重构原始信号 x 的前提条件是过完备字典 D 必须满足有限等距性（Restricted Isometry Property，RIP）条件。相关研究表明，通过某些概率分布，以独立同分布的方式生成的随机矩阵能够以高概率满足约束等距性条件，而且当矩阵为高斯随机矩阵时，可以高概率满足 RIP 条件。因此，我们可以从一个 $N \times \infty$ 的高斯矩阵得到字典，字典矩阵中元素服从独立高斯分布 $N(0, 1/K)$。

2. 稀疏性的非参数建模

对于稀疏系数 $\boldsymbol{\beta}$，可以表示为一个权重系数向量 $\boldsymbol{\omega}$ 和稀疏二进制向量 $z \in \{0,1\}^K$ 的 Hadamard 乘积形式，$\boldsymbol{\beta} = \boldsymbol{\omega} \circ z$，在本式中，$\circ$ 表示相乘。为建模方便，设置权重系数参数 $\boldsymbol{\omega}$ 为高斯分布（具有共轭特征，便于模型求解）。接下来对参数 z 进行先验建模。

二进制向量 z 表示字典 D 中 K 列原子是否用于表示信号 x，如果向量 z 中的第 k 个元素为 1，即 $z_k = 1$，则表示字典中的第 k 个原子将用于信号 x 的稀疏表示。因此，对于数据向量 x 和潜在因子向量 z 存在一定的联系，z 可以用来描述数据的稀疏性特征。为了描述信号稀疏性动态变化的特征，可通过非参数方法来对 z 进行建模。在这里采用狄利克雷过程进行稀疏性建模。

$$\begin{aligned} z &\sim \prod_{k=1}^{K} Bernouli(\theta_k) \\ \theta &\sim G \\ G &\sim DP(\gamma G_0) \\ G_0 &\sim \prod_{k=1}^{K} B(a/K, b(K-1)/K) \end{aligned} \tag{4-2}$$

式中，$DP(\cdot)$ 代表狄利克雷过程，γ 表示集中参数，G_0 为基础分布。由式（4-2）可以看出，向量 z 中元素的取值由参数 θ_k 决定，当 θ_k 很大时，对应的 z_k 为 1 的概率就大，反之 z_k 为 0 的概率就大。而 θ_k 是从狄利克雷过程中获得，并满足 $\sum_{k=1}^{K}\theta_k = 1$，狄利克雷过程的基分布是贝塔过程，从而能产生 0～1 之间的随机数，并且贝塔过程中的超参数 a 和 b 的选取与 z 的稀疏度相关，为尽可能地稀疏表示信号，对 $\frac{a}{b}$ 的初值设置通常满足 $\frac{a}{b} < K$，K 是字典原子个数。这种参数先验概率设置的原则是使大多数 θ_k 的值很小，仅有少数值比较大，从而促进信号的稀疏性。

3. 非参数贝叶斯层次模型

在字典先验和稀疏性建模的基础上，可建立数据的非参数贝叶斯层次模型。

$$\begin{aligned}
&\boldsymbol{X} \sim N(\boldsymbol{D}(\boldsymbol{\omega} \circ \boldsymbol{z}), \sigma_\varepsilon^{-1}\boldsymbol{I}_N) \\
&\boldsymbol{d}_k \sim N\left(0, \frac{\alpha_0}{N}\boldsymbol{I}_N\right) \\
&\boldsymbol{\omega} \sim N(0, \sigma_\omega^{-1}\boldsymbol{I}_K) \\
&\boldsymbol{z} \sim \prod_{k=1}^{K}Bernouli(\theta_k) \\
&\boldsymbol{\theta} \sim DP(\gamma G_0)
\end{aligned} \quad (4-3)$$

式中，d_k 表示字典 D 中的第 k 个原子；I_N 表示一个；N 表示信号长度；α_0 为一常数；σ_ε 和 σ_ω 代表模型噪声和权重误差服从伽马（Gamma）分布，$\sigma_\omega \sim \Gamma(c_0, d_0)$，$\sigma_\varepsilon \sim \Gamma(e_0, f_0)$；$DP(\cdot)$ 代表狄利克雷过程；γ 表示集中参数；G_0 为基础分布。在该层次模型中，信号被表示成稀疏系数和字典原子的组合，并假定其由混合高斯产生，而所选择的原子由狄利克雷过程约束的二进制向量 ω 和具有高斯先验的权重系数向量 s 决定，其模型如图 4-1 所示，更直观地描述了模型中各参数之间的关系。

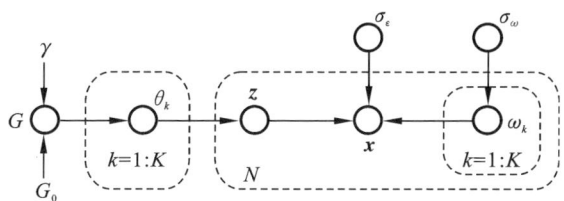

图 4-1 非参数贝叶斯稀疏表示的图模型

4.1.2 基于非参数贝叶斯字典学习的数据插值模型

在数据信号非参数贝叶斯稀疏表示模型的基础上，针对数据插值问题，重新建模讨论。考虑一个包含 N 个节点的 WSN，假设每一个节点同时收集监测区域中的物理参数并通过无线方式发送给基站。如果每一个节点都能成功收集所有的感知数据，那么网络中一个采样周期所采集的感知数据可以表示为一个 N 维向量的形式 $\boldsymbol{X}=[x_1,x_2,\cdots,x_N]^T$，其中下标表示节点的编号。这些数据按照一定传输方式发送给基站，将基站接收到的数据也表示为一个向量的形式 $\boldsymbol{Y}=[y_1,y_2,\cdots,y_N]^T$，当数据传输准确且完整时 $y_i=x_i, i=1,2,\cdots,N$。然而，在数据的采集和传输过程中往往由于外界环境影响，或节点本身问题导致基站只能接收部分数据。假定在接收的数据序列中，系统会自动将缺失数据位置上的值设置为一个固定值，为便于分析，在这里设置为 0。由于数据丢失问题可以视为一种压缩采样过程，故可以建立数据缺失压缩采样模型。

$$\boldsymbol{Y}=\boldsymbol{\Sigma}\boldsymbol{X} \qquad (4\text{-}4)$$

式中，$\boldsymbol{\Sigma}$ 表示稀疏采样矩阵，其形式是一个对角矩阵，如式（4-5）所示，且主对角线上元素 u_i 的取值满足 $u_i \in \{0,1\}^N$。

$$\boldsymbol{\Sigma}=\begin{bmatrix} u_1 & & \\ & \ddots & \\ & & u_N \end{bmatrix} \qquad (4\text{-}5)$$

采样矩阵 $\boldsymbol{\Sigma}$ 中元素的值可以根据基站接收到的数据序列进行确定，当观测数据序列中 $\boldsymbol{Y}$ 的第 i 元素值满足 $y_i=0$ 时，说明第 i 节点的数据丢失，相对应采样矩阵 $\boldsymbol{\Sigma}$ 主对角线上的第 i 元素取值满足 $u_i=0$；反之，当 $y_i \neq 0$ 时，说明节点 i 的数据没有丢失，对应 $u_i=1$。

在稀疏表示建模的基础上，考虑观测数据和丢失数据具有相同的稀疏特征以及稀疏采样模型，重新建立基于非参数贝叶斯字典学习的数据插值模型。

$$\begin{aligned} & \boldsymbol{Y} \sim N(\boldsymbol{\Sigma}\boldsymbol{X}, \sigma_\varepsilon^{-1}\boldsymbol{I}_N) \\ & \boldsymbol{X}=\boldsymbol{D}\boldsymbol{\beta}=\boldsymbol{D}(\boldsymbol{\omega}\circ\boldsymbol{z}) \\ & \boldsymbol{d}_k \sim N\left(0, \frac{\alpha_0}{N}\boldsymbol{I}_N\right) \\ & \boldsymbol{\omega} \sim N(0, \sigma_w^{-1}\boldsymbol{I}_K) \\ & \boldsymbol{z} \sim \prod_{k=1}^{K} Bernouli(\theta_k) \\ & \boldsymbol{\theta} \sim DP(\gamma G_0) \end{aligned} \qquad (4\text{-}6)$$

4.1.3 模型推断

对式（4-6）的求解，采用基于 MCMC（Markov Chain Monte-Carlo）[112]的 Gibbs 采样方法推断模型参数，从而获得最优字典和稀疏表示。MCMC 方法是一种以概率统计理论为基础的统计模拟方法，它将所求解的问题与概率分布相联系，通过统计抽样的方式获得问题的近似解，其实质是利用马尔可夫链进行蒙特卡洛模拟。

在模型推断过程中，首先将最大后验概率问题转化为求联合概率最大问题，根据式（4-6）获得联合概率分布。

$$P(Y, \Sigma, D, \omega, z, \theta, \sigma_\varepsilon, \sigma_\omega)$$
$$= N(Y; \Sigma D(\omega \circ z), \sigma_\varepsilon^{-1} I_N) N(\omega; 0, \sigma_w^{-1} I_K) N\left(d_k; 0, \frac{\alpha_0}{N} I_N\right)$$
$$\prod_{k=1}^{K} B(a/K, b(K-1)/K) \prod_{k=1}^{K} Bernouli(z_k \theta_k)$$
$$\Gamma(\sigma_\omega; c_0, d_0) \Gamma(\sigma_\varepsilon; e_0, f_0) \tag{4-7}$$

在获得联合概率的基础上，求出每个参数的满条件后验概率分布，然后利用 Gibbs 采样算法从一个初始点出发，对所有参数的满条件后验分布进行循环抽样，具体更新过程如下：

1. 更新字典原子 d_k

根据式（4-7）可知 d_k 的条件后验分布：

$$P(d_k|-) \propto N(Y; \Sigma D(\omega \circ z), \sigma_\varepsilon^{-1} I_N) \times N\left(d_k; 0, \frac{\alpha_0}{N} I_N\right) \tag{4-8}$$

对式（4-8）进行化简

$$P(d_k|-) \propto \exp\left\{-\frac{1}{2}[d_k^T \alpha_0^{-1} N I_N d_k + (Y - \Sigma D(\omega \circ z))^T \sigma_\varepsilon (Y - \Sigma D(\omega \circ z))]\right\}$$
$$\propto \exp\left\{-\frac{1}{2}[d_k^T \alpha_0^{-1} N I_N d_k + (\Sigma(\sum_{k=1}^{K} d_k \omega_k z_k))^T \sigma_\varepsilon (\Sigma(\sum_{k=1}^{K} d_k \omega_k z_k)) - 2(\Sigma(\sum_{k=1}^{K} d_k \omega_k z_k))^T \sigma_\varepsilon Y]\right\}$$
$$\propto \exp\left\{-\frac{1}{2}[d_k^T \alpha_0^{-1} N I_N d_k + (\Sigma d_k \omega_k z_k)^T \sigma_\varepsilon (\Sigma d_k \omega_k z_k) + 2(\Sigma d_k \omega_k z_k)^T \sigma_\varepsilon (\Sigma \sum_{j \neq k}^{K} d_j \omega_j z_j) - 2(\Sigma d_k \omega_k z_k)^T \sigma_\varepsilon Y]\right\}$$
$$\propto \exp\left\{-\frac{1}{2}[d_k^T (\alpha_0^{-1} N I_N + \sigma_\varepsilon \omega_k^2 z_k^2 \Sigma^T \Sigma) d_k + 2(\Sigma d_k \omega_k z_k)^T \sigma_\varepsilon (\Sigma \sum_{j \neq k}^{K} d_j \omega_j z_j) - 2(\Sigma d_k \omega_k z_k)^T \sigma_\varepsilon Y]\right\}$$
$$\propto \exp\left\{-\frac{1}{2}[d_k^T (\alpha_0^{-1} N I_N + \sigma_\varepsilon \omega_k^2 z_k^2 \Sigma^T \Sigma) d_k + 2(\Sigma d_k \omega_k z_k)^T \sigma_\varepsilon (\Sigma D(\omega \circ z) - \Sigma d_k \omega_k z_k) - 2(\Sigma d_k \omega_k z_k)^T \sigma_\varepsilon Y]\right\}$$
$$\propto \exp\left\{-\frac{1}{2}[d_k^T (\alpha_0^{-1} N I_N + \sigma_\varepsilon \omega_k^2 z_k^2 \Sigma^T \Sigma) d_k - 2\sigma_\varepsilon \omega_k z_k \Sigma^T [Y - \Sigma D(\omega \circ z) + \Sigma d_k \omega_k z_k] d_k\right\}$$

$$\propto \exp\left[-\frac{1}{2}\frac{\left(\bm{d}_k - \frac{\sigma_\varepsilon \omega_k z_k \bm{\Sigma}^\mathrm{T}[\bm{Y} - \bm{\Sigma D}(\bm{\omega}\circ\bm{z}) + \bm{\Sigma d}_k \omega_k z_k]}{\alpha_0^{-1}N\bm{I}_N + \sigma_\varepsilon \omega_k^2 z_k^2 \bm{\Sigma}^\mathrm{T}\bm{\Sigma}}\right)^2}{(\alpha_0^{-1}N\bm{I}_N + \sigma_\varepsilon \omega_k^2 z_k^2 \bm{\Sigma}^\mathrm{T}\bm{\Sigma})^{-1}}\right] \quad (4\text{-}9)$$

因此，$\bm{d}_k$ 可以从一个多元正态分布采样获得。

$$\begin{cases} P(\bm{d}_k|-) \sim N(\bm{\mu}_{\bm{d}_k}, \bm{\Sigma}_{\bm{d}_k}) \\ \bm{\Sigma}_{\bm{d}_k} = (\alpha_0^{-1}N\bm{I} + \sigma_\varepsilon z_k^2 \omega_k^2 \bm{\Sigma}^\mathrm{T}\bm{\Sigma})^{-1} \\ \bm{\mu}_{\bm{d}_k} = \sigma_\varepsilon \bm{\Sigma}_{\bm{d}_k} z_k \omega_k \tilde{\bm{X}}^{-k} \\ \tilde{\bm{X}}^{-k} = \bm{\Sigma}^\mathrm{T}(\bm{Y} - \bm{\Sigma D}(\bm{\omega}\circ\bm{z}) + \bm{\Sigma d}_k(\bm{\omega}\circ\bm{z})) \end{cases} \quad (4\text{-}10)$$

2. 更新稀疏二进制向量 z_k

根据式（4-7）可知 z_k 的条件后验分布：

$$P(z_k|-) \propto N(\bm{Y}; \bm{\Sigma D}(\bm{\omega}\circ\bm{z}), \sigma_\varepsilon^{-1}\bm{I}_N) Bernouli(z_k; \theta_k) \quad (4\text{-}11)$$

令 $z_k=1$ 的后验概率为 P_1，$z_k=0$ 的后验概率为 P_0，且 $P_0 + P_1 = 1$。

$$\begin{aligned}
P_1 &\propto N(\bm{Y}; \bm{\Sigma D}(\bm{\omega}\circ\bm{z}), \sigma_\varepsilon^{-1}\bm{I}_{\|\Sigma_{fi}\|_0}) Bernoulli(z_k=1; \theta_k) \\
&\propto \theta_k \exp\left\{-\frac{1}{2}[\bm{Y} - \bm{\Sigma D}(\bm{\omega}\circ\bm{z})]^\mathrm{T}\sigma_\varepsilon[\bm{Y} - \bm{\Sigma D}(\bm{\omega}\circ\bm{z})]\right\} \\
&\propto \theta_k \exp\left\{-\frac{1}{2}\left\{-2\sigma_\varepsilon \bm{\Sigma}^\mathrm{T}\bm{D}(\bm{\omega}\circ\bm{z})\bm{Y} + [\bm{\Sigma D}(\bm{\omega}\circ\bm{z})]^\mathrm{T}\sigma_\varepsilon[\bm{\Sigma D}(\bm{\omega}\circ\bm{z})]\right\}\right\} \\
&\propto \theta_k \exp\left\{-\frac{1}{2}\left\{-2\sigma_\varepsilon[\bm{\Sigma}^\mathrm{T}(\sum_{k=1}^K \bm{d}_k\omega_k z_k)]^\mathrm{T}\bm{Y} + [\bm{\Sigma}(\sum_{k=1}^K \bm{d}_k\omega_k z_k)]^\mathrm{T}\sigma_\varepsilon[\bm{\Sigma}(\sum_{k=1}^K \bm{d}_k\omega_k z_k)]\right\}\right\} \\
&\propto \theta_k \exp\left\{-\frac{1}{2}\left\{\sigma_\varepsilon \omega_k^2 z_k^2 \bm{d}_k^\mathrm{T}\bm{\Sigma}^\mathrm{T}\bm{\Sigma d}_k - 2\sigma_\varepsilon \bm{\Sigma}^\mathrm{T}[\bm{Y} - \bm{\Sigma D}(\bm{\omega}\circ\bm{z}) + \bm{\Sigma d}_k\omega_k z_k]\bm{d}_k^\mathrm{T}\omega_k z_k\right\}\right\} \\
&\propto \theta_k \exp\left[-\frac{\sigma_\varepsilon}{2}(\omega_k^2 \bm{d}_k^\mathrm{T}\bm{\Sigma}^\mathrm{T}\bm{\Sigma d}_k - 2\omega_k \bm{d}_k^\mathrm{T}\tilde{\bm{x}}^{-k})\right] \quad (4\text{-}12)
\end{aligned}$$

则 $z_k=0$ 的后验概率 P_0 正比于

$$P_0 = 1 - P_1 \quad (4\text{-}13)$$

则 z_k 可以从一个伯努利分布获得：

$$z_k \sim Bernoulli\left(\frac{P_1}{P_1 + P_0}\right) \quad (4\text{-}14)$$

3. 更新权重系数 ω_k

根据式（4-7）可知 ω_k 的条件后验分布：

$$P(\omega_k|-) \propto N(\boldsymbol{Y}; \boldsymbol{\Sigma D}(\boldsymbol{\omega} \circ \boldsymbol{z}), \sigma_\varepsilon^{-1}\boldsymbol{I}_N) N(\boldsymbol{\omega}; 0, \sigma_w^{-1}\boldsymbol{I}_K) \tag{4-15}$$

对式（4-15）化简

$$\begin{aligned}
P(\omega_k|-) &\propto \exp\left\{-\frac{1}{2}[\boldsymbol{\omega}_k^T \sigma_w \boldsymbol{I}_K \boldsymbol{\omega}_k + (\boldsymbol{Y} - \boldsymbol{\Sigma D}(\boldsymbol{\omega} \circ \boldsymbol{z}))^T \sigma_\varepsilon (\boldsymbol{Y} - \boldsymbol{\Sigma D}(\boldsymbol{\omega} \circ \boldsymbol{z}))]\right\} \\
&\propto \exp\left\{-\frac{1}{2}\left[\boldsymbol{\omega}_k^T \sigma_w \boldsymbol{\omega}_k + (\boldsymbol{\Sigma}(\sum_{k=1}^{K} \boldsymbol{d}_k \omega_k z_k))^T \sigma_\varepsilon (\boldsymbol{\Sigma}(\sum_{k=1}^{K} \boldsymbol{d}_k \omega_k z_k)) - \right.\right.\\
&\qquad\qquad\left.\left. 2(\boldsymbol{\Sigma}(\sum_{k=1}^{K} \boldsymbol{d}_k \omega_k z_k))^T \sigma_\varepsilon \boldsymbol{Y}\right]\right\} \\
&\propto \exp\left\{-\frac{1}{2}\left[\boldsymbol{\omega}_k^T \sigma_w \boldsymbol{\omega}_k + (\boldsymbol{\Sigma} \boldsymbol{d}_k \omega_k z_k)^T \sigma_\varepsilon (\boldsymbol{\Sigma} \boldsymbol{d}_k \omega_k z_k) + \right.\right.\\
&\qquad\qquad\left.\left. 2(\boldsymbol{\Sigma} \boldsymbol{d}_k \omega_k z_k)^T \sigma_\varepsilon (\boldsymbol{\Sigma} \sum_{j \neq k}^{K} \boldsymbol{d}_j \omega_j z_j) - 2(\boldsymbol{\Sigma} \boldsymbol{d}_k \omega_k z_k)^T \sigma_\varepsilon \boldsymbol{Y}\right]\right\} \\
&\propto \exp\left[-\frac{1}{2} \frac{\left(\boldsymbol{\omega}_k - \frac{\sigma_\varepsilon z_k \boldsymbol{\Sigma}^T[\boldsymbol{Y} - \boldsymbol{\Sigma D}(\boldsymbol{\omega} \circ \boldsymbol{z}) + \boldsymbol{\Sigma} \boldsymbol{d}_k \omega_k z_k]}{\sigma_w + \sigma_\varepsilon \omega_k^2 z_k^2 \boldsymbol{\Sigma}^T \boldsymbol{\Sigma}}\right)^2}{(\sigma_w + \sigma_\varepsilon \omega_k^2 z_k^2 \boldsymbol{\Sigma}^T \boldsymbol{\Sigma})^{-1}}\right]
\end{aligned} \tag{4-16}$$

则 ω_k 可以从一个高斯分布获得：

$$\begin{aligned}
P(\omega_k|-) &\sim N(\mu_{\omega_k}, \boldsymbol{\Sigma}_{\omega_k}) \\
\boldsymbol{\Sigma}_{\omega_k} &= (\sigma_w + \sigma_\varepsilon z_k^2 \boldsymbol{\Sigma}^T \boldsymbol{\Sigma} \boldsymbol{d}_k)^{-1} \\
\mu_{\omega_k} &= \sigma_\varepsilon \boldsymbol{\Sigma}_{\omega_k} z_k \boldsymbol{d}_k^T \boldsymbol{\Sigma}^T \boldsymbol{\Sigma} \tilde{\boldsymbol{X}}^{-k}
\end{aligned} \tag{4-17}$$

由于 z_k 的取值为 0 或 1，则 $\boldsymbol{\Sigma}_{\omega_k}$ 和 μ_{ω_k} 可重新表示为

$$\begin{cases}
P(\omega_k|-) \sim N(\mu_{\omega_k}, \boldsymbol{\Sigma}_{\omega_k}) \\
\boldsymbol{\Sigma}_{\omega_k} = \begin{cases} (\sigma_\omega + \sigma_\varepsilon \boldsymbol{d}_k^T \boldsymbol{\Sigma}^T \boldsymbol{\Sigma} \boldsymbol{d}_k)^{-1}, & z_k = 1 \\ \sigma_\omega^{-1} & i, z_k = 0 \end{cases} \\
\mu_{\omega_k} = \begin{cases} \sigma_\varepsilon \boldsymbol{d}_k^T \boldsymbol{\Sigma}^T \boldsymbol{\Sigma} \tilde{\boldsymbol{X}}^{-k}, & z_k = 1 \\ 0, & z_k = 0 \end{cases}
\end{cases} \tag{4-18}$$

4. 更新权重系数 θ_k

根据式（4-7）可知 θ_k 的满条件后验分布：

$$P(\theta_k|-) \propto N(\boldsymbol{Y};\boldsymbol{\Sigma D}(\boldsymbol{\omega} \circ \boldsymbol{z}),\sigma_\varepsilon^{-1}\boldsymbol{I}_N)Bernouli(z_k;\theta_k) \quad (4\text{-}19)$$

对式（4-15）化简

$$\begin{aligned}p(\theta_k|-) &\propto \frac{\Gamma\left[\frac{a}{K}+\frac{b(K-1)}{K}\right]}{\Gamma\left(\frac{a}{K}\right)\Gamma\left(\frac{b(K-1)}{K}\right)} \cdot \theta_k^{\left(\frac{a}{K}-1\right)} \cdot (1-\theta_k)^{\left[\frac{b(K-1)}{K}-1\right]} \cdot \theta_k^{z_k} \cdot (1-\theta_k)^{N-z_k} \\ &\propto \mathrm{const} \cdot \theta_k^{\left[\left(\frac{a}{K}+z_k\right)-1\right]} \cdot (1-\theta_k)^{\left\{\left[\frac{b(K-1)}{K}+N-z_k\right]-1\right\}} \\ &\propto \mathrm{B}\left(\frac{a}{K}+z_k,\frac{b(K-1)}{K}+N-z_k\right)\end{aligned} \quad (4\text{-}20)$$

则 θ_k 可以从一个贝塔分布获得：

$$P(\theta_k|-) \sim \mathrm{B}\left(\frac{a}{K}+z_k,\frac{b(K-1)}{K}+N-z_k\right) \quad (4\text{-}21)$$

5. 更新模型噪声参数 σ_ω

根据式（4-7）可知 σ_ω 的条件后验分布：

$$P(\sigma_\omega|-) \propto N(\boldsymbol{\omega};0,\sigma_w^{-1}\boldsymbol{I}_K)\Gamma(\sigma_\omega;c_0,d_0) \quad (4\text{-}22)$$

对式（4-22）化简

$$\begin{aligned}P(\sigma_\omega|-) &\propto \frac{d_0^{c_0}}{\Gamma(c_0)} \cdot \gamma_s^{c_0-1} \cdot \mathrm{e}^{-d_0\gamma_s} \cdot \prod_{i=1}^N \frac{1}{\sqrt{2\pi\gamma_s^{-1}\boldsymbol{I}_K}}\mathrm{e}^{-\frac{1}{2}s_i^\mathrm{T}s_i\gamma_s} \\ &\propto \frac{d_0^{c_0}}{\Gamma(c_0)} \cdot \gamma_s^{\left(c_0+\frac{1}{2}KN\right)-1} \cdot \mathrm{e}^{-\left(d_0+\frac{1}{2}\sum_{i=1}^N s_i^\mathrm{T}s_i\right)\gamma_s} \cdot \prod_{i=1}^N \frac{1}{\sqrt{2\pi}} \\ &\propto \mathrm{const} \cdot \gamma_s^{\left(c_0+\frac{1}{2}KN\right)-1} \cdot \mathrm{e}^{-\left(d_0+\frac{1}{2}\sum_{i=1}^N s_i^\mathrm{T}s_i\right)\gamma_s}\end{aligned} \quad (4\text{-}23)$$

则 σ_ω 可以从一个伽马分布获得：

$$P(\sigma_\omega|-) \sim \Gamma\left(c_0+\frac{1}{2}KN,d_0+\frac{1}{2}\boldsymbol{\omega}^\mathrm{T}\boldsymbol{\omega}\right) \quad (4\text{-}24)$$

6. 更新权重噪声系数 σ_ε

根据式（4-7）可知 σ_ε 的满条件后验分布：

$$P(\sigma_\varepsilon|-) \propto N(\boldsymbol{Y};\boldsymbol{\Sigma} \circ \boldsymbol{D}(\boldsymbol{\omega} \circ \boldsymbol{z}),\sigma_\varepsilon^{-1}\boldsymbol{I}_N)\Gamma(\sigma_\varepsilon;e_0,f_0) \quad (4\text{-}25)$$

则 σ_ε 可以从一个伽马分布获得：

$$P(\sigma_\varepsilon|-) \sim \Gamma\left(e_0+\frac{1}{2}\|\boldsymbol{\Sigma}\|_0,f_0+\frac{1}{2}\left\|\boldsymbol{\Sigma}^\mathrm{T}(\boldsymbol{Y}-\boldsymbol{\Sigma D}(\boldsymbol{\omega} \circ \boldsymbol{z}))\right\|_{l_2}^2\right) \quad (4\text{-}26)$$

通过 Gibbs 采样可获得包括最优字典 $\hat{D}$ 和稀疏系数 $\hat{\beta}$ 在内的所有模型参数，最后利用 $(\hat{D},\hat{\beta})$ 进行 $\hat{X} = \hat{D}\hat{\beta}$ 变换，可以重构出完整的传感器原始信号，准确恢复休眠节点位置的传感数据，实现在有效减少网络能耗的同时保证信息采集的准确性和完整性。

4.2 仿真及结果分析

为了验证本章提出的数据插值算法的准确性，我们分别采用空间土壤湿度数据和温度数据进行仿真，并以丢失数据的均方根误差作为评价标准。

$$RMSE(\pmb{X},\hat{\pmb{X}}) = \sqrt{\frac{1}{P}\sum_{i=1}^{P}(X_m^j - \hat{X}_m^j)^2} \qquad (4\text{-}27)$$

式中，$\pmb{X}$ 和 $\hat{\pmb{X}}$ 分别表示原始信号和重构出的信号，X_m^j 表示丢失数据中的第 j 个元素，$\hat{X}_m^j$ 对应 X_m^j 的恢复数据，恢复 P 表示信号 $\pmb{X}$ 丢失数据的总个数，即向量 $\pmb{X}$ 的长度。需要注意的是，在这里仅计算丢失数据以及其对应恢复数据的 RMSE 作为结果。

首先，仿真所用的空间数据集来自于 SoilSCAPE 采集的土壤湿度数据[113]，如表 4-1 所示。为便于记录，对实际的节点 ID 进行重新编号。在仿真试验中，采用随机生成的采样矩阵与原始数据序列相乘，模拟数据丢失过程，然后利用本书提出的算法和 IDW 算法对缺失数据进行插值，并对插值结果进行比较分析。表 4-2 表示了两种算法的效果，丢包率分别设置为 5%，10%，20%。

表 4-1 真实土壤湿度数据

节点编号	节点实际 ID	纬度	经度	真实数据
1	1 017	38.389 22	−120.905 098	13.09
2	1 018	38.388 96	−120.904 767	17.98
3	1 019	38.388 334	−120.905 938	22.76
4	1 020	38.388 31	−120.905 261	17.98
5	1 021	38.387 989	−120.905 752	20.09
6	1 022	38.388 001	−120.904 657	21.43
7	1 023	38.387 703	−120.906 039	20.32
8	1 025	38.387 594	−120.904 797	15.98
9	1 027	38.387 216	−120.904 839	22.54
10	1 028	38.387 373	−120.904 604	20.09
11	1 029	38.387 082	−120.904 569	22.32
12	1 030	38.386 735	−120.905 266	22.76
13	1 031	38.386 583	−120.904 494	26.48

表 4-2 两种算法的插值效果比较

对比指标	本书提出的算法			IDW 插值方法		
丢包率	5%	10%	20%	5%	10%	20%
RMSE	0.83	1.454	2.241	1.23	1.892	2.721

从表 4-2 可以看出，随着丢包率的增加，本书提出的算法和 IDW 插值算法的 RMSE 都随之增加，但本书提出的算法的 RMSE 变得相对较慢，从而说明本书算法稳定性优于 IDW 算法。并且在相同的丢包率下，本书提出的算法的 RMSE 值小于 IDW 的 RMSE 值，例如在丢包率为 10% 时，本书算法相比于 IDW 算法具有约 20% 的效果提升。为了更直观地表现本书提出算法的整体插值效果，我们给出了本书算法在不同丢包率下的数据恢复情况，如图 4-2 ~ 图 4-4 所示。

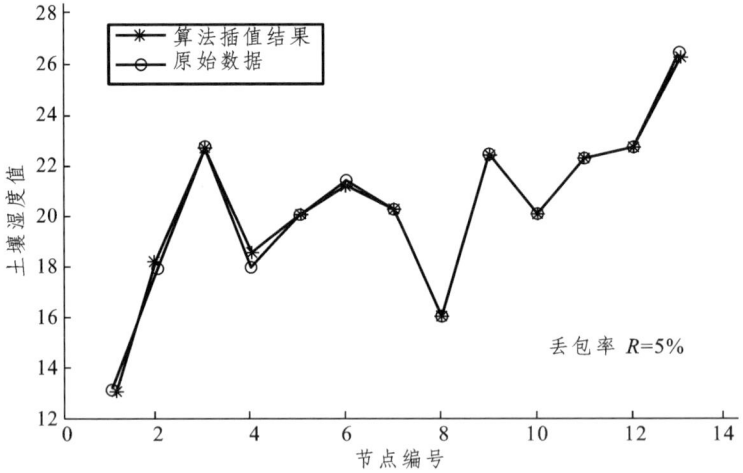

图 4-2 本书提出的算法在丢包率为 5% 时的恢复值

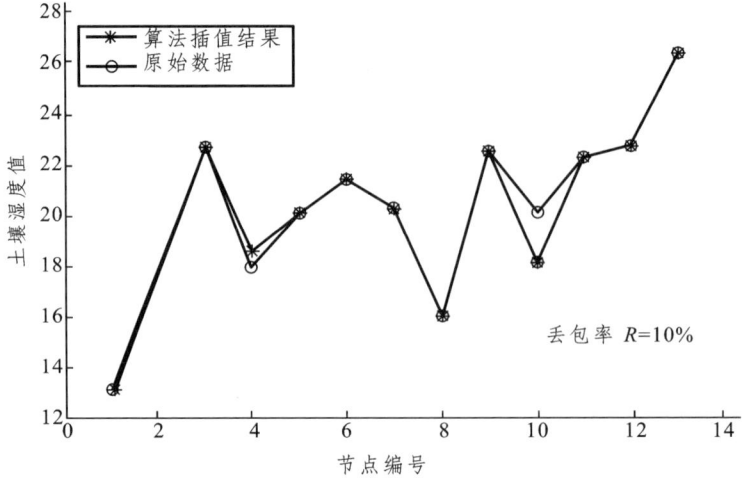

图 4-3 本书提出的算法在丢包率为 10% 时的恢复值

第 4 章　基于非参数贝叶斯字典学习的丢失数据插值方法研究 \

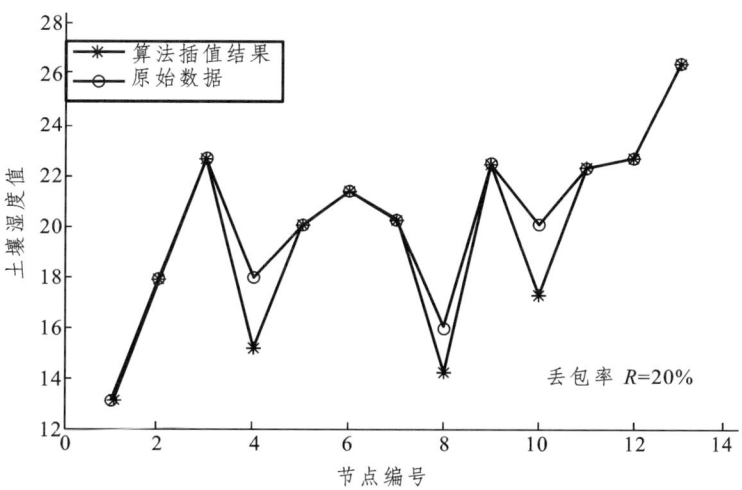

图 4-4　本书提出的算法在丢包率为 20%时的恢复值

为了进一步验证算法的适应性，对每个节点单独数据丢失情况进行仿真，结果如图 4-5 所示。从仿真结果可以看出，本书提出的算法恢复数据的整体走势和原始数据相似，而 IDW 算法整体趋势比较平稳。除此之外，虽然 IDW 算法在有的位置重构效果好，但对于突变比较大的位置恢复效果差，如节点编号 1 和节点编号 8；相反，本书提出的算法却在突变数据的恢复上表现出了很好效果。因此，仿真结果说明本书提出的算法相比于基于空间相关性的 IDW 算法具有更高的自适应性，从而能够适应数据特征动态变化的场景，获得比其他单纯考虑空间距离关系或假定数据特性固定的插值算法更好的数据恢复效果。

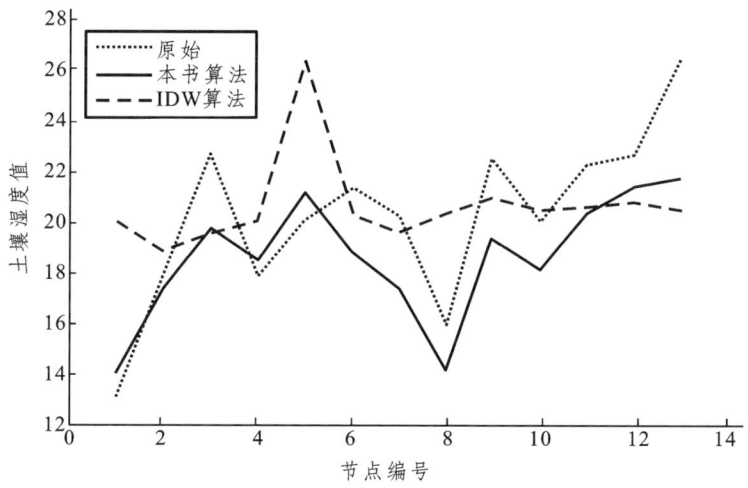

图 4-5　两种算法在每个节点单独丢失时的恢复结果

为了进一步验证本书算法所恢复插值数据的准确性，我们利用其他类型的数据再次进行验证，在这里仿真所采用数据集共包含 66 个温度数据，由 66 个节点在同一个采样周期获得。在仿真过程中，首先随机产生一个与原始信号长度相等且取值仅为 0 和 1 的采样矩阵；其次利用上面相同的方法让采样矩阵与原始信号相乘获得具有数据丢失的观测信号，其中观测信号中值为 0 的节点，表示数据丢失；最后利用本书提出的非参数贝叶斯插值方法对丢失数据进行恢复，得到其插值结果如图 4-6 ~ 图 4-8 所示，其所对应的 RMSE 和 PSNR 如表 4-3 所示。

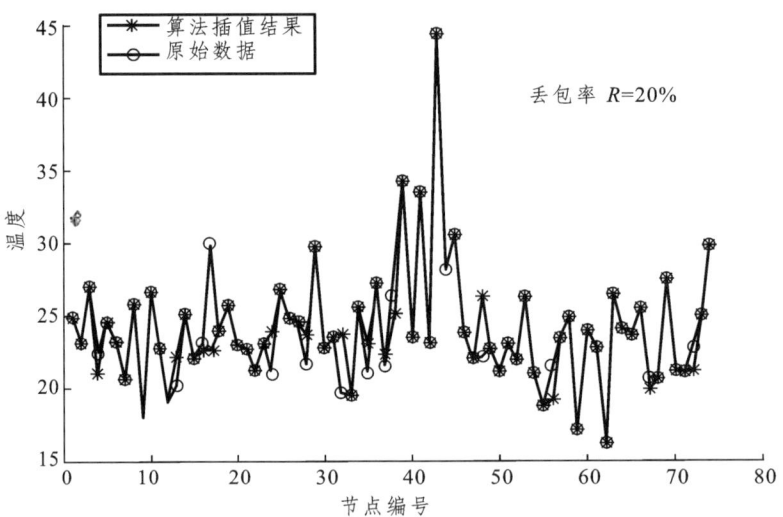

图 4-6　本书提出的算法在丢包率为 20%时的恢复值

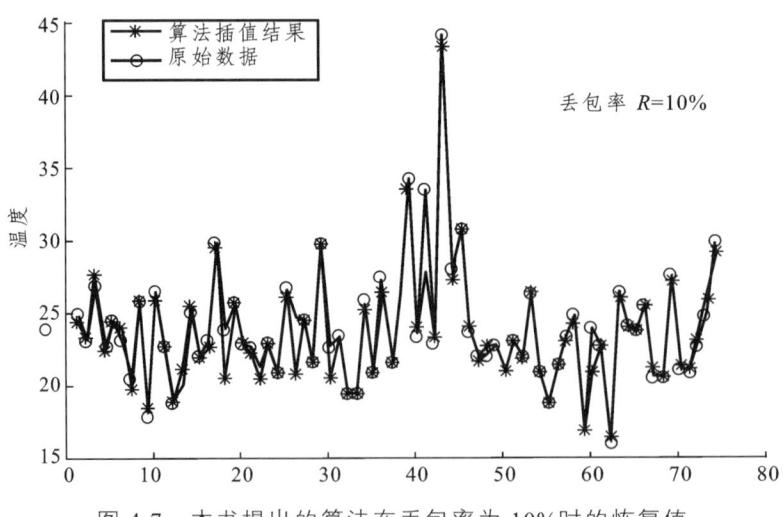

图 4-7　本书提出的算法在丢包率为 10%时的恢复值

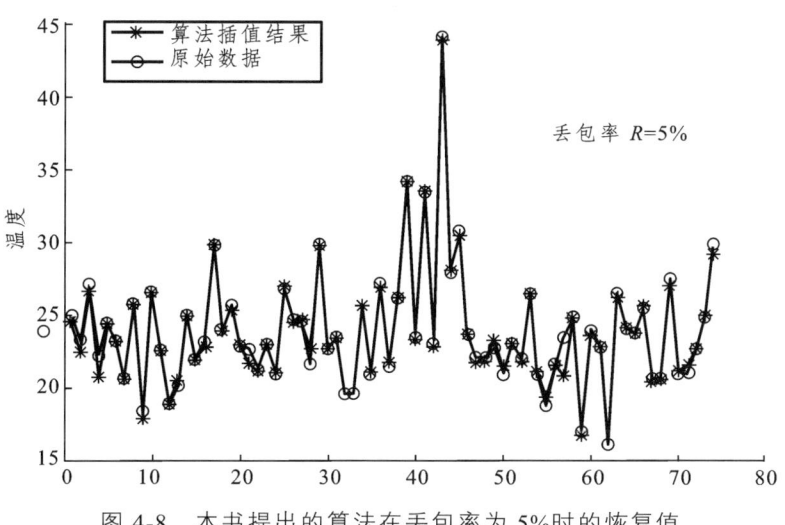

图 4-8 本书提出的算法在丢包率为 5%时的恢复值

表 4-3 丢失数据的恢复精度

对比指标	本书提出算法的插值效果		
丢包率	20%	10%	5%
RMSE	1.293 3	1.011 6	0.395 6
PSNR	30.679 1	32.224 6	39.821 0

图 4-6~图 4-8 分别表示本书算法在丢包率为 20%、10%及 5%时的插值结果，从图中可以直观地看出本书算法插值恢复的值与原始数据的波动范围不大，并且丢包率越低，数据插值效果越精确。表 4-3 表示丢包率在 20%、10%及 5%时的 RMSE 值和 PSNR 值，反映了利用本书算法的整体插值精度，可以看出整体的重构 PSNR 都达到了 30 dB，具有很好的插值效果。因此，利用本书提出的数据插值方法，可以自适应地对丢失数据进行准确恢复，保证无线传感器网络数据收集的完整性和准确性。

4.3 本章小结

本章提出了一种基于非参数贝叶斯的数据插值方法。考虑信号的稀疏表示的统计模型，利用独立高斯分布构造字典先验，并利用狄利克雷过程进行稀疏性建模。在字典先验和稀疏性建模的基础上，建立非参数贝叶斯层次模型，通过非参数贝叶斯字典学习方法实现信号的最优稀疏表示。在信号稀疏表示的基础上，考虑丢失数据和观测数据具有相同的统计特性，将数据丢失过程等效为压缩采样过程，重新建立非参数贝叶斯模型，并通过 Gibbs 采样对模型进行推断，获得最优字典和稀疏系数。最后，利用学习出的最优字典与稀疏系数插值，恢复丢失数据。本书利用真实的土壤数据和温度数据进行仿真验证，结果表明基于非参数贝叶斯的数据插值方法能够对丢失数据准确重构。

第 5 章

基于模型与数据协同驱动的图像压缩感知方法研究

在信号的采集、处理和传输过程中，如何以最少的资源对信号采样并在接收端高质量地重建是值得研究的问题。压缩感知理论致力于解决在低采样频率下尽可能保证重建精度的问题。本书创造性地将深度学习方法和优化理论有机结合，与现有的模型和数据混合驱动的方法相比，深度学习方法能更好地服务于优化算法所需的特征提取、数据自适应等功能，既增强了优化方法的数据拟合、挖掘信号特征的能力，又赋予了深度学习方法更确切的可解释性，真正使两者的独有优势相互促进并全面展现出来，本书称其为模型与数据协同驱动方法。

基于协同驱动方法，本章设计了几种深度图像压缩感知（DCS）模型[114]。具体而言，交替方向乘子法（Alternationg Directon Method of Multipliers，ADMM）是一种效果明显、适用于大规模数据和并行计算的凸优化方法。在 ADMM 的变量分裂和求解过程中会涉及大量线性和非线性运算，考虑到卷积神经网络（CNN）的基本结构——卷积和激活函数本质上可起到线性和非线性计算的作用，故不妨将所涉及的上述两类运算用 CNN 模拟，必将推动整体优化过程更高质量地进行。另外，重建部分会面临矩阵求逆的问题，直接求逆会提升计算复杂度，本书试图在深度学习领域中展开诺依曼级数（Neumann Serics），用多卷积层替代级数的项，从而使矩阵求逆转化为多项式线性累加，等效于多卷积层级联，可有效降低计算负载。对于非线性映射部分，化用卷积稀疏编码中的方法，将稀疏基以卷积字典相替代，将分段线性函数用于稀疏正则化项，便于将稀疏正则化过程融入神经网络而参与模型的整体优化。该模型（DU-ADMM-Net）以端到端训练的方式学习各类不确定的参数、函数，在提高模型健壮性的同时，令数据驱动的深度学习方法与模型驱动的数学先验知识协同发挥作用，一定程度上降低了网络模型的设计难度。

为进一步提升图像重建精度，在零值域分解（Range-Null Space Decomposition，RND）思想的启发下，将深度学习方法与其结合，充分发挥数学先验知识和数据驱动方法在图像压缩感知领域的优势，构建基于零值域分解的深度图像压缩感知模型（RND-Net）。该模型将零值域分解的步骤网络化，以比较新颖的方式获取图像的低频与高频信息，最终重建后的图像在性能指标、视觉效果上均比较出色。此外，在生成零域提取项时，灵活换用在其他领域应用广泛的变分自编码器（Variational Auto Encoder，VAE），这一深度生成模型有助于使解码器的输出结果保留编码器输入信息的更多特征。鉴于此，将训练好的 VAE 模型的解码器用于零域提取项的生成过程，以采样信息作为输入，所得的零域提取项含有更丰富的特征信息，较之输入图像差别很小。值得注意的是，上述网络模型（RV-CSNet）的损失函数要兼顾 RND 和 VAE 的内在约束，将训练 VAE 和整个端到端模型的损失条件都纳入其中，故最终构造的损失函数涵盖了多重约束，与传统的均方误差（Mean Square Error，MSE）损失函数相较更加有效。基于 RND 构造的两种深度学习模型充分利用了数学先验知识和深度学习方法的协同优势，在增强模型可解释性的同时促进了模型性能和图像重建精度的上升，并大大减少单幅图像重建时间，对模型在实际场景中的应用具有积极意义。

第 5 章　基于模型与数据协同驱动的图像压缩感知方法研究 \

5.1 基于深度展开方法执行 ADMM 重建的图像压缩感知模型

5.1.1 ADMM 算法

ADMM 算法[122]是为了解决凸优化问题而提出的。其基本原理是，对于优化问题

$$\min_{x,z} f(x) + g(z) \quad \text{s.t. } Ax + Bz = c \tag{5-1}$$

式中，x、z 为目标变量，且 $x \in \mathbb{R}^n$，$z \in \mathbb{R}^m$；矩阵 $A \in \mathbb{R}^{p \times n}$，$B \in \mathbb{R}^{p \times m}$；向量 $c \in \mathbb{R}^p$。

式（5-1）的优化值可记为

$$p^\star = \inf\{f(x) + g(z) | Ax + Bz = c\} \tag{5-2}$$

其增广拉格朗日函数为

$$L_\rho(x,z,M) = f(x) + g(z) + M^\mathrm{T}(Ax + Bz - c) + (\rho/2)\|Ax + Bz - c\|_2^2 \tag{5-3}$$

式中，$M \in \mathbb{R}^p$，表示对偶变量的拉格朗日乘子；$\rho > 0$，该惩罚参数类似于对偶上升算法中的步长。ADMM 算法交替优化每轮迭代中的 x 和 z，同时更新 M，直至获得最优解，即

$$\begin{cases} x^{k+1} := \underset{x}{\mathrm{argmin}}\ L_\rho(x, z^k, M^k) \\ z^{k+1} := \underset{z}{\mathrm{argmin}}\ L_\rho(x^{k+1}, z, M^k) \\ M^{k+1} := M^k + \rho(Ax^{k+1} + Bz^{k+1} - c) \end{cases} \tag{5-4}$$

式中，k 为迭代索引。

对于一般的图像压缩感知问题，即式（5-5），引入辅助变量 z，则其等价于

$$\min_{x,z} \frac{1}{2}\|Ax - y\|_2^2 + \sum_{l=1}^L \lambda_l g(D_l z) \quad \text{s.t. } x = z \tag{5-5}$$

据式（5-3），其增广拉格朗日函数为

$$L_\rho(x, z, M) = \frac{1}{2}\|Ax - y\|_2^2 + \sum_{l=1}^L \lambda_l g(D_l z) + \langle M, x - z \rangle + \frac{\rho}{2}\|x - z\|_2^2 \tag{5-6}$$

式中，$\langle M, x - z \rangle$ 即为 $M^\mathrm{T}(x - z)$。简便起见，使用一种按比例定义的缩放拉格朗日乘子 α 替换原参数 M、ρ，将其纳入整体求解，即 $\alpha = \dfrac{M}{\rho}$。

由 ADMM 算法的基本原理可得，通过交替优化 x、z、α，解决如下子问题

$$\begin{aligned} x^{(k)} &= \underset{x}{\mathrm{argmin}}\ \frac{1}{2}\|Ax - y\|_2^2 + \frac{\rho}{2}\left\|x + \alpha^{(k-1)} - z^{(k-1)}\right\|_2^2 \\ z^{(k)} &= \underset{z}{\mathrm{argmin}}\ \frac{\rho}{2}\left\|x^{(k)} + \alpha^{(k-1)} - z\right\|_2^2 + \sum_{l=1}^L \lambda_l g(D_l z) \\ \alpha^{(k)} &= \alpha^{(k-1)} + \tilde{\eta}(x^{(k)} - z^{(k)}) \end{aligned} \tag{5-7}$$

式中，$\tilde{\eta}$ 为更新率；$(\cdot)^{(k)}$ 表示变量的第 k 次迭代值。

依据费马引理等可推导出 x 和 z 的闭式解分别为

$$\begin{aligned} X^{(n)}&: x^{(n)} = (A^{\mathrm{H}}A + \rho I)^{-1}[A^{\mathrm{H}}y + \rho(z^{(n-1)} - \alpha^{(n-1)})] \\ Z^{(n)}&: z^{(n)} = \widetilde{\mathcal{G}}(x^{(n)} + \alpha^{(n-1)}) \\ M^{(n)}&: \alpha^{(n)} = \alpha^{(n-1)} + \tilde{\eta}(x^{(n)} - z^{(n)}) \end{aligned} \quad (5\text{-}8)$$

式中，A^{H} 为采样矩阵 A 的伪逆。I 为单位矩阵；$\widetilde{\mathcal{G}}(\cdot)$ 为某种非线性运算，由 λ_l、D_l 和 $g(\cdot)$ 共同约束，$l \in \{1,2,\cdots,L\}$。将各解析解用神经网络结构实现，层层嵌套、多阶段迭代，既能提高重建效果，又克服了纯数据驱动的深度学习方法可解释性不强且缺乏针对性的不足，某种意义上是模型驱动和数据驱动协同方法体系里的较优选择。

5.1.2 模型介绍与分析

为进一步提高图像重建精度，特别是充分利用采样得到的特征信息，提出了基于深度展开方法（deep unrolling）执行 ADMM 重建的图像压缩感知模型，简称 DU-ADMM-Net。其结构如图 5-1 所示。

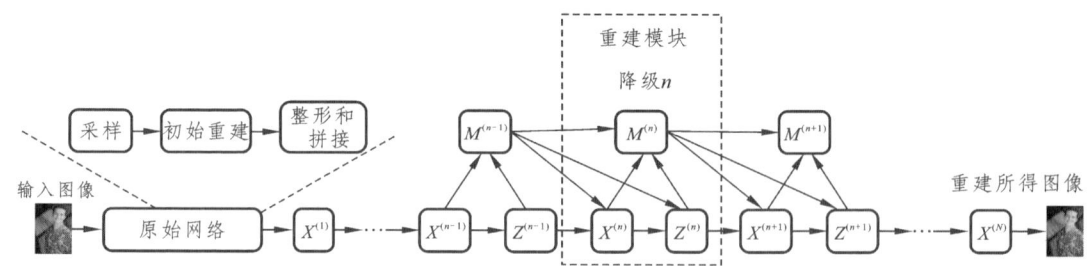

图 5-1 DU-ADMM-Net 模型结构

该模型由初始化网络和 ADMM 重建网络构成。ADMM 重建网络基于上述 ADMM 算法设计，将重建、辅助变量更新以及拉格朗日乘子更新步骤用相应的层结构实现，分别为 X、Z 和 M。经过 n 次迭代后，最终获得视觉效果最佳、评价指标最优的重建图像。初始化网络用于实现采样和初步重建过程，先通过卷积神经网络（CNN）对输入图像提取特征，为降低计算复杂度，沿用惯常的逐块采样方式，卷积层分别对预先划分好的图像块采样，直至完成整个图像的采样过程，该步骤可简称为卷积采样；之后再用由特定尺寸的卷积核组成的卷积层进行初步恢复重建，从低维采样数据中将各图像块的基本纹理结构重建出来，以得到初始恢复图像[115]。事实上，由于该部分可实现与自编码器（Autoencoder，AE）类似的作用，即编码器将原始输入映射至某一隐空间，而解码器可将隐空间中的潜在编码向量[116]重构为某一输出。另一方面，编码器可起到数据维度降低的作用，而解码器与之刚好相反。就这个角度而言，初始化网络中

第 5 章　基于模型与数据协同驱动的图像压缩感知方法研究

的采样和初步重建过程分别对应于 AE 的编码器和解码器，但与传统意义上的 AE 有所不同，这两个阶段非对称，可将初始化网络称为广义自编码器或非传统自编码器。由于经典压缩感知方法在图像块分别采样和初始化重建后随即进行整形和拼接，将各图像块对应的向量重新整合为一个完整图像，以便参与后续的进一步优化重建，考虑到这一点，在 CSNet[117]等所用方法的启发下，通过整形（Reshape）和拼接（Concat）两种操作，输出完整的初始化重建图像。ADMM 重建网络将"Reshape"和"Concat"后的初始化重建值 $\mathbf{A}^{\mathrm{H}}\mathbf{y}$ 作为输入，严格按照式（5-8）所示的迭代步骤进行值传递，最终得到的 $\mathbf{x}^{(n)}$ 即为最终重建图像。值得注意的是，为避免矩阵求逆，降低运算能耗，重建层 X 涉及的 $(\mathbf{A}^{\mathrm{H}}\mathbf{A}+\rho\mathbf{I})^{-1}$ 可用诺依曼级数[118][119]求解，并对每一项采用卷积神经网络结合非线性激活函数处理，这样可充分发挥 CNN 在数据处理上的强大优势，得到最合适的结果。对于辅助变量更新层 Z，用梯度下降方式求解，其中正则化函数 $g(\cdot)$ 选用 l_1 范数，稀疏基 D 可用多个卷积层模拟，这一思路得益于 CS 中的卷积稀疏编码算法的卷积字典[120][121]的启发。训练模型所用的损失函数为平均归一化均方误差函数（Normalized Root Mean Square Error，NRMSE），便于准确判断损失值的收敛情况。

将线性采样过程 $\mathbf{y}=\mathbf{A}\mathbf{x}$ 及初始化重建过程 $\hat{\mathbf{x}}=\mathbf{A}^{\mathrm{H}}\mathbf{y}$ 分别用特定维度的卷积层实现，如图 5-3 所示。$\mathbf{A}^{\mathrm{H}}$ 表示采样矩阵的伪逆运算（即共轭转置），当采样值 $\mathbf{y}$ 为实数时，$\mathbf{A}^{\mathrm{H}}=\mathbf{A}^{\mathrm{T}}$。

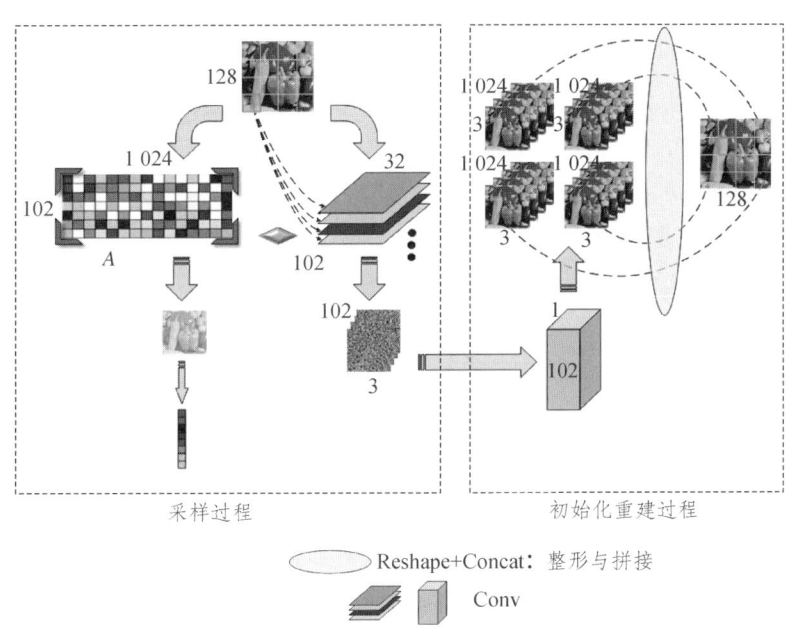

图 5-2　初始化网络结构

逐块采样是先将大小为 $H\times W\times c$ 的原始图像划分为不重叠的图像块，其尺寸为 $B\times B\times c$，本章研究的重点是灰度图像，故通道数 c 取 1；之后，传统 CS 的采样方式是利用某一"扁平"的采样矩阵 $A^{[123]}$ 与图像块对应的像素矩阵相乘，因矩阵行列维度相差悬殊，故能实现降维的效果，即

$$y_i = A_{M \times N} x_i \quad (5-9)$$

式中，$x_i \in \mathbb{R}^{N \times 1}$，$y_i \in \mathbb{R}^{M \times 1}$，$i$ 为图像块索引，$i \in \left\{1, 2, \cdots, \dfrac{HW}{B^2}\right\}$；$N = cB^2$，$M = \mu N = \mu c B^2$ 且 $M \ll N$，$\mu = \dfrac{M}{N}$ 即采样率。分析上述矩阵相乘过程可以发现，采样后得到的输出值 y_i 的每一个元素值由 A 的对应行向量与 x_i 逐元素相乘再求和后得到，若将 A 的每一行视作一个滤波器，则构造 M 个滤波器即可完成对图像块的采样。CNN 具有权值共享的特点，若设计一个含有 M 个卷积核的卷积层，每个卷积核的尺寸为 $B \times B \times c$，即该卷积层的卷积核对应的张量大小为 $B \times B \times c \times M$，则可实现上述采样过程。具体而言，输入一张原始图像，其包含 $\dfrac{HW}{B^2}$ 个子图像块，针对第 i 个图像块，令其对应的像素矩阵与所设计的卷积层的各卷积核作卷积运算，可得该图像块经采样后的值 y_i；设置步长为 $B \times B$，待完成对第 i 个图像块的采样后，卷积层按照所设定的步长平行（或垂直）移动至第 $i+1$ 个图像块，由于图像块尺寸与步长一致，故卷积层可准确完成对每一图像块的完全采样，且由权重值构成的卷积核参数可重复应用，不必额外设置。此外，一般来说，CS 的采样过程是线性的，故当以卷积层模拟时，无须使用激活函数，且偏差项为 0。

CNN 具有强大的数据自适应能力，在挖掘数据特征及其内在联系上有显著的效果。将采样过程用 CNN 实现，能够充分提取图像的结构、纹理、语义等信息，使采样值保留图像最重要的特征，并兼顾对块内信息和块间信息、区域信息和全局信息的利用，这对后续的恢复重建有明显的帮助。某种程度上，图像被采样后涵盖的特征信息越多，重建过程越顺利，最终得到的重建图像质量越好。

至于初始化重建过程 $\tilde{I}$，参照采样过程，也可以使用卷积层实现。本质上，初始化重建是采样的逆过程，等价于上采样，鉴于重建应尽可能复原（Restoration）全部像素点信息，故可将卷积核尺寸设定为 $1 \times 1 \times M$，数量确定为 cB^2。1×1 卷积层与全连接层作用类似，都是对单个像素点进行加权求和，然而，前者输出的特征图数与卷积核个数相等，以张量的形式存储输出结果，不会破坏图像的空间结构，而后者对单幅特征图的输出仅为一个数值，且参数更多。此外，初始化重建需使输出图像的维度与原始输入图像的维度相同，恰好可以利用 1×1 卷积层能够升维的性能，取得比全连接更好的效果。与卷积采样过程类似，初始化重建作为一个线性重建过程，在卷积层后也不使用激活函数。

为便于后续重建过程的展开，尤其是明显减弱逐块采样后常见的块状伪影的干扰，采用最近的 DCS 工作中用到的整形与拼接策略，如图 5-4 所示，其主要作用是将初

化重建输出的结果重构为完整的尺寸为 $H \times W \times c$ 的图像。这两种操作的综合效果类似于图像超分辨中常用的"像素重组"(pixel shuffle)[124][125],但原理较之更为简单,无须卷积层的参与,故实现起来也更方便。"Reshape"和"Concat"旨在将各图像块所恢复的信息整合为一个新的图像,在之后的重建阶段,所有步骤都在这一完整图像上进行,应当能有效规避以往块压缩感知(Block Compressive Sensing,BCS)中常见的因处理图像块而造成的块状伪影。

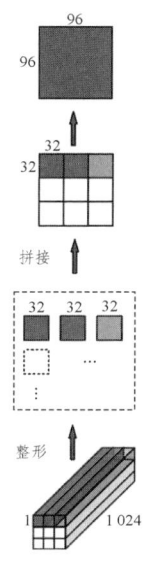

图 5-3 "整形和拼接"示意

该部分可表示为

$$\tilde{\boldsymbol{x}} = c \begin{pmatrix} r(\tilde{I}(\boldsymbol{y}_{11})) & \cdots & r(\tilde{I}(\boldsymbol{y}_{1w})) \\ \vdots & & \vdots \\ r(\tilde{I}(\boldsymbol{y}_{h1})) & \cdots & r(\tilde{I}(\boldsymbol{y}_{hw})) \end{pmatrix} \quad (5\text{-}10)$$

式中,$r(\cdot)$ 为"Reshape"操作,即将 $1 \times 1 \times cB^2$ 的向量转换为 $B \times B \times c$ 图像块;$c(\cdot)$ 指"Concat"操作,目的是将各图像块按其在原图像中的排列次序拼接在一起;$\tilde{I}(\cdot)$ 表示初始化重建;w、h 为图像块在原图像水平及垂直方向上的个数,即 $w = \dfrac{W}{B}$,$h = \dfrac{H}{B}$。

以上过程详细描述了初始化网络。从另一个角度来看,此过程实际上与 AE(更确切地说,是欠完备 AE,简写为 UAE)有异曲同工的作用。UAE 包括编码器和解码器,类似于传统的 PCA 算法,编码器可起到降维的作用,将输入数据映射到隐空间,且维度降低;解码器将隐空间的数据映射至输出空间,并使维度还原。UAE 的编码器和解码器多为对称结构,即编码器由一系列卷积层、池化层或全连接层构成,解码器则包括与之对应的反池化层、反卷积层或全连接层,如图 5-5 所示。

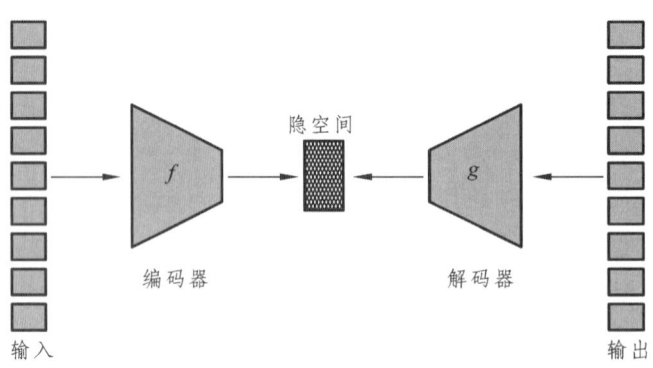

图 5-4　常见的 UAE 模型

若将初始化网络中的采样部分视作编码器,将 y_i 作为隐空间的潜在编码向量,将初始化重建部分视作解码器,将 $\hat{x}_i$ 视作输出结果,则卷积采样和初始化重建可等效为一个 UAE,不同的是,其编解码器为不对称结构,不妨称之为广义自编码器或非传统自编码器。这一模块可从整体上实现采样和初始化重建,能以"即插即用"(plug and play)的方式充当 ICS 的重要组成部分,既便于快速生成合适的神经网络模型,又能充分利用采样信息,达到较好的重建精度,这对于 DCS 的发展有一定的促进作用。

初始化重建后的图像分辨率较低,纹理、边缘信息尚未重建完全,需进行深度重建以提升图像质量。将式(5-8)中的各解析解映射至网络中,构造图像重建层、稀疏层及乘数更新层,以深度学习方法自适应地找出最优解,最终可得到高清晰度的特征信息丰富的重建图像。

1. 图像重建层

式(5-7)中 $x^{(k)} = \underset{x}{\operatorname{argmin}} \frac{1}{2}\|Ax - y\|_2^2 + \frac{\rho}{2}\|x + \alpha^{(k-1)} - z^{(k-1)}\|_2^2$,对其求 x 的偏导数并令之为 0,可得 $x^{(n)}$ 的闭式解

$$x^{(n)} = (A^H A + \rho I)^{-1}[A^H y + \rho(z^{(n-1)} - \alpha^{(n-1)})] \qquad (5\text{-}11)$$

式(5-11)需要对矩阵求逆,显然计算开销较大,可采用其他方法规避该类运算。ADMM-CSNet 在采样矩阵为正交矩阵的前提下,利用特定的数学先验知识对原公式进行重新推导,得到了不含矩阵的逆的闭式解。该方案虽然达到了无须求逆的目的,但算法较复杂,推导过程烦琐,且不易与神经网络模型相结合。为满足本书提出的"协同驱动"的要求,将求逆的部分先用诺依曼级数展开,再将每一子项中的 A、A^H 分别以卷积(Convolution)、反卷积(Deconvolution)神经网络模拟,可在有效解决矩阵求逆问题的同时减少对先验知识的依赖,并实现与深度神经网络的衔接,以充分利用其突出的数据拟合和自适应学习能力求解非线性、不确定问题,从而更便捷地获取对应的最优解。具体而言,诺依曼级数可表示为

$$(I-A)^{-1} = I + A + A^2 + \cdots + A^i + \cdots = \sum_{k=0}^{\infty} A^k \quad (5\text{-}12)$$

则

$$(A^H A + \rho I)^{-1} = I + A^H A + (A^H A)^2 + \cdots \quad (5\text{-}13)$$

若令 $A = D$，$A^H = D^T$，分别表示卷积层、反卷积层，则式（5-13）等价于

$$\begin{aligned}(A^H A + \rho I)^{-1} &= I + A^H A + (A^H A)^2 + \cdots \\ &= I + D^T \text{ReLU}(D) + [D^T \text{ReLU}(D)]^2 + \cdots\end{aligned} \quad (5\text{-}14)$$

式中，ReLU(·)表示整流线性激活函数，可将线性运算转换为非线性。于是，式（5-11）进一步表示为

$$\begin{aligned}x^{(n)} &= (I + D^T \text{ReLU}(D) + (D^T \text{Re}LU(D))^2 + \cdots)T \\ &= T + D^T(\text{ReLU}(D(T))) + D^T \text{ReLU}(D(D^T(\text{ReLU}(D(T))))) + \cdots\end{aligned} \quad (5\text{-}15)$$

式中，$T = A^H y + \rho(z^{(n-1)} - \alpha^{(n-1)})$。该过程如图 5-6 所示。

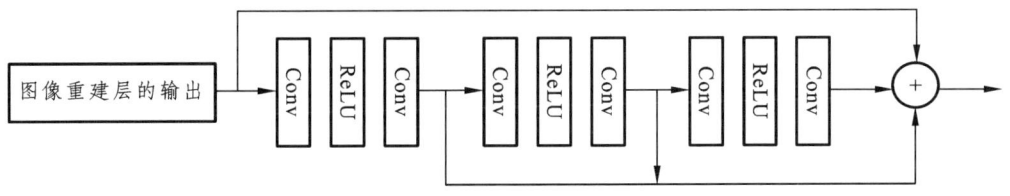

图 5-5 图像重建层网络($X^{(n)}$)

由图 5-6 可得，该网络模型由大量跳跃连接组成，类似于传统的 ResNet，故可发挥 ResNet 在特征提取和特征重建上的显著优势，经多阶段后可得到较高质量的重建图像。

2. 稀疏层

对式（5-7）中的子问题，因稀疏基 D_l 和正则化方法 g 是非线性且不确定的，故通过梯度下降法解该子问题，即

$$z^{(n,k)} = z^{(n,k-1)} - lr \nabla z^{(n,k-1)} \quad (5\text{-}16)$$

式中，∇ 表示梯度算子；lr 为步长。

由式（5-7）可得

$$z^{(n,k-1)} = \underset{z}{\arg\min} \frac{\rho}{2} \left\| x^{(n)} + \alpha^{(n-1)} - z^{(n,k-1)} \right\|_2^2 + \sum_{l=1}^{L} \lambda_l g(D_l z^{(n,k-1)}) \quad (5\text{-}17)$$

对其求梯度，得

$$\nabla z^{(n,k-1)} = \rho z^{(n,k-1)} - \rho(x^{(n)} + \alpha^{(n-1)}) + \sum_{l=1}^{L} \lambda_l D_l^T \nabla g(D_l z^{(n,k-1)}) \quad (5\text{-}18)$$

则

$$z^{(n,k)} = z^{(n,k-1)} - lr(\rho z^{(n,k-1)} - \rho(\boldsymbol{x}^{(n)} + \boldsymbol{\alpha}^{(n-1)}) + \sum_{l=1}^{L} \lambda_l \boldsymbol{D}_l^{\mathrm{T}} \nabla g(\boldsymbol{D}_l z^{(n,k-1)})) \quad (5\text{-}19)$$

采用稀疏正则化方法 g 作用于 $z^{(n,k-1)}$，可得

$$z^{(n,k)} = z^{(n,k-1)} - lr(\rho z^{(n,k-1)} - \rho(\boldsymbol{x}^{(n)} + \boldsymbol{\alpha}^{(n-1)}) + \sum_{l=1}^{L} \lambda_l \boldsymbol{D}_l^{\mathrm{T}} \nabla g(\boldsymbol{D}_l z^{(n,k-1)}) \quad (5\text{-}20)$$

式中，g 为分段线性函数；λ_l、β_l 分别为相应的正则化参数。

分段线性函数（Piecewise Linear Function，PLF）模型首见于 ADMM-CSNet 中，是一种高效的非线性正则化方法。该方法认为，当分段足够小时，分段线性函数可拟合任意连续函数，因此，尽管正则化函数是非线性且未确定的，但可用分段线性函数近似模拟，可见该方法广泛地适用于任意情况。设 u_i 为预定义的 $[-1,1]$ 内均匀分布的点，$v_{l,i}$ 为 z 在第 n 个阶段的第 l 个特征图在 u_i 处的值，该值能够自适应学习，则分段线性函数的解析式为

$$g(x) = \begin{cases} x + v_{l,1}^{(n)} - u_1, & x < u_1 \\ x + v_{l,K}^{(n)} - u_K, & x > u_K \\ v_{l,r}^{(n)} + \dfrac{(x - u_r)(v_{lr+1}^{(n)} - v_{lr}^{(n)})}{u_n - u_1}, & u_1 \leqslant x \leqslant u_K \end{cases} \quad (5\text{-}21)$$

式中，$i \in [1, K]$；K 为 $[-1,1]$ 内预定义的分段总数。分段线性函数模型如图 5-7 所示。

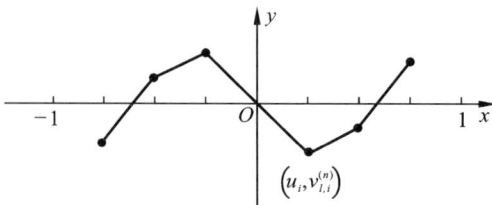

图 5-6　分段线性函数模型

此外，对于式（5-20），可引入卷积稀疏编码（Convolution Sparse Coding，CSC）的思想，即利用字典学习更新 $\boldsymbol{D}_l$，通过卷积神经网络构造卷积字典，从而将深度学习方法融入其中，以更好地解决这一子问题。

对于 $\sum_{l=1}^{L} \lambda_l \boldsymbol{D}_l^{\mathrm{T}} \nabla g(\boldsymbol{D}_l z^{(n,k-1)})$，$\boldsymbol{D}_l$ 与 $\boldsymbol{D}_l^{\mathrm{T}}$ 可分别用卷积字典表示为

$$\begin{cases} \boldsymbol{D}_l = \mathcal{C}_2(\mathrm{ReLU}(\mathcal{C}_1(z))) \\ \boldsymbol{D}_l^{\mathrm{T}} = \mathcal{C}_4(\mathrm{ReLU}(\mathcal{C}_3(z))) \end{cases} \quad (5\text{-}22)$$

式中，C_1、C_2、C_3 和 C_4 表示卷积字典，作用等同于卷积神经网络中的卷积核。

上述过程所反映的稀疏层网络如图 5-8 所示。

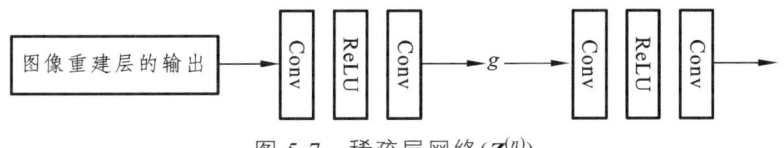

图 5-7　稀疏层网络($\boldsymbol{Z}^{(n)}$)

3. 乘数更新层

如图 5-9 所示，该层主要解决式（5-8）中的 $\boldsymbol{\alpha}$ 子问题，用于更新拉格朗日乘子。将前一阶段生成的 $\boldsymbol{x}$、$\boldsymbol{z}$、$\boldsymbol{\alpha}$ 作为输入，经运算后可得到当前阶段的新的 $\boldsymbol{\alpha}$。

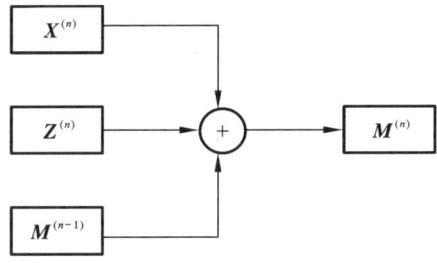

图 5-8　乘数更新层网络($\boldsymbol{M}^{(n)}$)

为由采样值精确重建出图像，需构造损失函数用以衡量重建图像与原始图像间的差异，通过不断训练而缩小这种差异，最终使重建后的图像与采样前的图像最为接近。基于平均归一化均方误差（NRMSE）的观点，建立的损失函数模型为

$$\mathcal{L} = \frac{1}{\Omega} \sum_i \frac{\|\hat{\boldsymbol{x}}_t - \boldsymbol{x}_i\|_2}{\|\boldsymbol{x}_i\|_2} \tag{5-23}$$

式中，Ω 为训练集；$\boldsymbol{x}_i$ 为第 i 个训练图像并作为网络模型的输入；$\hat{\boldsymbol{x}}$ 为网络模型的输出结果，即 $\boldsymbol{x}_i$ 所对应的重建图像；$\|\cdot\|_2$ 表示 l_2 范数，可体现欧几里得距离。

5.1.3　实验与结果分析

实验所用训练集为 BSDS500[126]中的 400 张图像，测试集为 Set5[127]、Set11[128]、Set14[129]、BSDS68 等数据集，训练集和测试集图像均为自然图像。Set5 和 Set14 各自包含的测试图像（均转换为灰度图像）分别如图 5-10 和图 5-11 所示。

图 5-9　Set5 中的图像

\ 作物多模态信息高能效感知与目标检测方法

图 5-10　Set14 中的图像

训练集需将每张图像裁剪为 128×128。对于测试集图像，除 BSDS68 外，其他图像调整原大小为 256×256，而上述测试集经裁剪后的图像尺寸须被 32 整除，以符合训练好的模型结构，如 BSDS68 中的图像尺寸由 321×481 调整为 320×480。

训练时，批次数量迭代次数（epochs）设置为 100，为避免显卡存储不足，批量大小（batch size）设置为 1。优化器选择计算机视觉领域常用的 Adam 优化器，参数保持默认设置，如 $\beta_1=0.9$，$\beta_2=0.999$。初始学习率 lr 设定为 10^{-3}，且在第 30 个 epoch 开始，每隔 10 个 epoch 降为原来的 0.1 倍。采样率（Sensing Rate，SR）取 0.01、0.1、0.2、0.5，其他采样率数值可通过调整初始化网络中的采样过程的卷积核尺寸获得。

实验代码基于 MATLAB 开发环境下的专用卷积神经网络工具箱 MatConvnet 编写。程序在 Windows 10 上运行，CPU 型号为 Intel(R)Xeon(R)Silver 4210R @ 2.40 GHz，GPU 版本为 NVIDIA GeForce RTX 3080。

本章提出的方法 DU-ADMM-Net 与 TVAL3、GSR、ReconNet、ISTA-Net+ 等其他 CS 方法进行对比，分别在客观标准和主观标准两个层面加以比较，前者包括评价指标[峰值信噪比（PSNR）、结构相似性指数（Structure Similarity Index Measure，SSIM）]、重建单幅图像（尺寸为 256×256）所需时间，后者如图像直观视觉效果。本节主要论述各方法的客观比较情况。

表 5-1～表 5-4 分别记录了上述方法在 Set5、Set11、Set14、和 BSDS68 测试集上的图像重建性能指标。各采样率下最高的性能指标用粗体标明，次高的用下画线标明。

表 5-1　DU-ADMM-Net 与部分 CS 算法在 Set5 测试集上的图像重建性能比较

采样率	TVAL3	GSR	ReconNet	ISTA-Net+	DU-ADMM-Net
0.01	15.53/0.455 4	18.87/0.490 9	18.46/0.449 2	18.55/0.440 8	**20.22/0.523 7**
0.1	27.07/0.786 5	29.99/0.865 4	26.89/0.751 8	28.61/0.831 5	**30.24/0.867 5**
0.3	32.75/0.910 7	36.83/0.949 2	31.20/0.873 8	35.45/0.940 8	**36.96/0.949 5**
0.5	36.75/0.954 0	40.65/0.972 4	37.94/0.961 1	38.42/0.980 4	**40.86/0.981 0**
平均值	28.03/0.776 7	31.59/0.819 5	28.62/0.759 0	30.26/0.798 4	**32.07/0.830 4**

注：各单元格中的"/"前后数值分别为 PSNR 和 SSIM。

表 5-2 DU-ADMM-Net 与部分 CS 算法在 Set11 测试集上的图像重建性能比较

采样率	TVAL3	GSR	ReconNet	ISTA-Net+	DU-ADMM-Net
0.01	14.90/0.064 6	16.79/0.452 3	17.54/0.442 6	17.45/0.413 1	**21.75/0.531 7**
0.1	22.45/0.375 8	27.93/0.856 3	24.07/0.695 8	26.49/0.803 6	**28.16/0.858 1**
0.3	29.23/—	34.77/0.946 6	28.72/0.851 7	33.70/0.938 2	**35.06/0.951 2**
0.5	33.55/—	38.76/0.972 1	32.58/0.917 2	38.07/0.970 6	**38.89/0.974 1**
平均值	25.03/—	29.56/0.806 8	25.73/0.726 8	28.93/0.781 4	**30.97/0.828 8**

表 5-3 DU-ADMM-Net 与部分 CS 算法在 Set14 测试集上的图像重建性能比较

采样率	TVAL3	GSR	ReconNet	ISTA-Net+	DU-ADMM-Net
0.01	15.26/0.389 0	17.87/0.433 7	—/—	19.29/0.460 0	**20.57/0.487 4**
0.1	25.24/0.688 7	27.50/0.770 5	24.02/0.641 9	26.49/0.801 0	**27.62/0.810 3**
0.3	30.12/0.842 4	33.74/0.907 1	—/—	33.76/0.934 5	**34.15/0.940 6**
0.5	33.84/0.914 8	37.66/0.952 2	31.47/0.886 9	38.49/0.978 2	**38.63/0.981 3**
平均值	26.12/0.708 7	29.19/0.765 9	27.75/0.764 4	29.51/0.793 4	**30.24/0.804 9**

表 5-4 DU-ADMM-Net 与部分 CS 算法在 BSDS68 测试集上的图像重建性能比较

采样率	TVAL3	GSR	ReconNet	ISTA-Net+	DU-ADMM-Net
0.01	15.98/—	18.55/0.455 8	18.27/0.400 7	19.18/0.420 1	**21.59/0.568 9**
0.1	19.84/—	24.59/0.699 4	24.15/0.671 5	25.33/0.702 2	**27.24/0.796 3**
0.3	—/—	29.85/0.864 9	25.87/0.728 0	30.35/0.878 2	**31.12/0.902 5**
0.5	—/—	33.77/0.934 3	28.01/0.815 0	34.01/0.942 1	**35.67/0.951 6**
平均值	17.91/—	26.69/0.738 6	24.08/0.653 8	27.22/0.735 7	**28.91/0.804 8**

由表 5-1～表 5-4 可得，DU-ADMM-Net 在 5 种方法中性能最好。在 Set5、Set11、Set14 和 BSDS68 上，DU-ADMM-Net 比传统算法中表现最好的 GSR 在平均 PSNR（SSIM）上分别高 0.48 dB（0.010 9）、1.41 dB（0.022 0）、1.05 dB（0.039 0）、2.22 dB（0.066 2）；在低采样率（0.01）下比已有的性能较好的深度学习方法 ISTA-Net+在平均 PSNR 上分别提高 1.67 dB、4.30 dB、1.28 dB、2.41 dB，在平均 SSIM 上分别提高 0.082 9、0.118 6、0.027 4、0.148 8。

在采样率为 0.1 时的重建单幅图像（尺寸为 256×256）所需时间的对比情况如表 5-5 所示。

表 5-5 DU-ADMM-Net 与部分 CS 算法重建尺寸为 256×256 的单幅图像所需时间比较

单位：s

算法	重建单幅图像时间（256×256）	
	CPU	GPU
TVAL3	2.740 5	—
GSR	230.475 5	—
ReconNet	0.525 8	0.019 5
ISTA-Net+	1.375 0	0.047 0
DU-ADMM-Net	—	0.037 2

TVAL3 和 GSR 为传统优化算法，只使用 CPU 训练和测试图像，因执行多步迭代，故耗费时间巨大。DU-ADMM-Net、ReconNet 和 ISTA-Net+ 是基于深度学习的方法，在程序响应时间上本身具有一定优势，若布署于 GPU 上训练，会进一步加快程序运行速度，因而重建图像的时间远远少于传统优化算法。

采样率为 0.1 时，Set5 中的"Butterfly"图像的测试效果如图 5-12 所示。该图显示，DU-ADMM-Net 重建出的图像整体效果较好，从蝴蝶触角的放大图像看，与 ISTA-Net+ 无明显差异，细节重建效果好于 TVAL3 和 GSR。实验结果表明，DU-ADMM-Net 的重建能力在所对比的几种方法中处于首位。

Butterfly
PSNR/SSIM

TVAL3
30.32/0.9005

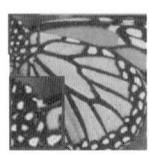
GSR
32.60/0.9239

ReconNet
31.50/0.8867

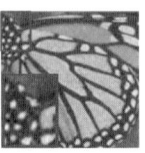
ISTA-Net+
33.28/0.9016

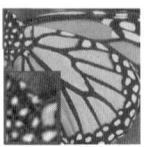
DU-ADMM-Net
33.76/0.9311

图 5-11 DU-ADMM-Net 与部分 ICS 算法在"Butterfly"图像（来自 Set5）上的重建视觉效果比较（采样率为 0.1）

5.2 基于零值域分解的深度图像压缩感知模型

5.2.1 模型介绍与分析

基于零值域分解的深度网络模型（RND-Net）包括采样模块、零域提取项生成模块和零值域分解执行模块 3 部分，如图 5-13 所示。采样模块与零域提取项生成模块基于卷积神经网络（CNN）而实现，零值域分解执行模块将零值域分解方法融入深度学习网络中，充分发挥二者的优势，使重建效果得以提升。具体而言，采样模块利用 CNN 的卷积层所具备的下采样功能，借鉴第 3 章使用的方法，通过卷积块将原图缩小，所构造的张量维度也相应减小，最终达到采样的目的。零域提取项生成模块通过多级残差连接提取图像高级特征，并对采样值的某尺度特征进行重新捕获并多次复用以强化特征细节，得到的零域提取项已基本包含原始图像的特征信息。零值域分解执行模块（Madule of Execubing Range-Null Space Decomposition，ERM）很好地体现了本书提出的"协同驱动"的思路，将零值域分解过程中的 $\boldsymbol{\Phi}$ 和 $\boldsymbol{\Phi}^{\dagger}$ 用具有特定卷积核尺寸的卷积层替代，依照分解后的值域和零域两部分进行网络结构的设计，采用跳跃连接实现零域部分中相减的运算，既可与数学推导过程相嵌合，又能发挥跳跃连接结构的有助于平坦最小化和避免非凸爆炸的优势，并使网络加快收敛。经过整体网络的端到端重建后，将输出图像与原始图像进行比较、建立损失函数的联系，通过多次迭代优化后可得到精度较好的重建图像。

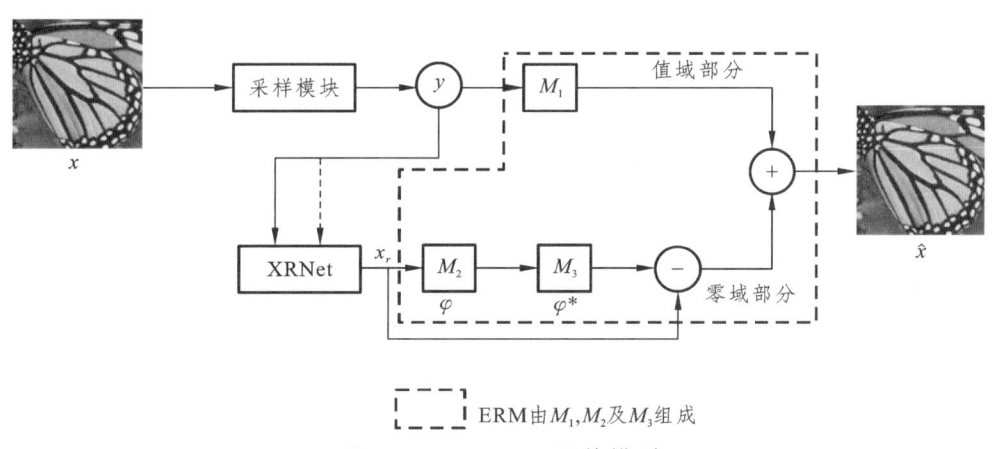

图 5-12　RND-Net 网络模型

零域提取项实则为式（5-24）的等号右边第二项中的 $\boldsymbol{x}$，为便于区分用 x_r 表示，即

$$\boldsymbol{x} = \boldsymbol{\Phi}^{\dagger}\boldsymbol{\Phi}\boldsymbol{x} + (\boldsymbol{I} - \boldsymbol{\Phi}^{\dagger}\boldsymbol{\Phi})\boldsymbol{x}_r \tag{5-24}$$

x_r 可由其他网络模型产生，该生成图像可能边缘细节不够完整、清晰度有待提高，通过对 x_r 施以零域变换处理，可挖掘其本身的高频信息，但人眼对该信息不太敏感，而式（5-24）中的 $\boldsymbol{\Phi}^{\dagger}\boldsymbol{\Phi}\boldsymbol{x}$ 可提取原始图像的低频信息，将其同高频信息融合，可得到具有完整信息的图像。事实上，从前述原理分析，该图像的重建效果较好。

零域提取项生成模块从采样值中提取信息并完成特征重建，如图 5-14 所示。该模块的主要特点是，采样值首先在 1×1 卷积的作用下得到在像素空间实现逐像素重建后的特征图像，其维度已等同于输入图像维度，但此时图像的特征信息还不完善，需要继续在主干网络中进行深度特征重建。主干网络级联多个残差块以完成高级特征的捕捉，通过多级短跳跃或长跳跃连接的方式使中间特征信息得以增强，同时对采样值进行某一尺度的特征再提取，在模块的末端与主干网络得到的特征图进行融合，再经过一个卷积层后输出最终的特征图，即为零域提取项。经实验论证，考察重建性能与计算资源分配的平衡关系，零域提取项生成模块的堆叠数 m 取 8 时，建立的模型的性能最好。

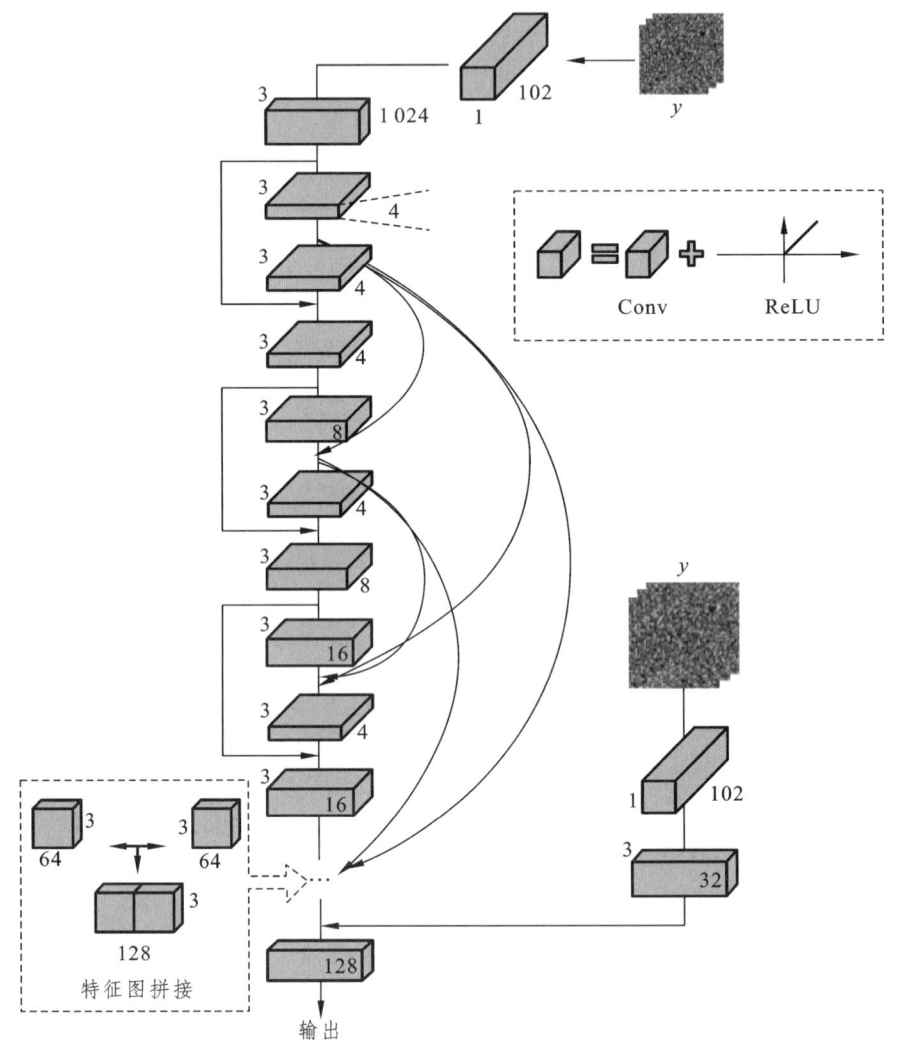

图 5-13 零域提取项生成模块

注：每个卷积块右边标注的数字表示卷积核通道数。

零值域分解执行模块主要完成零值域分解的后续步骤，即依次执行生成值域部分、由零域提取项产生零域部分以及将零值域部分融合为完整图像，如图 5-15 所示。

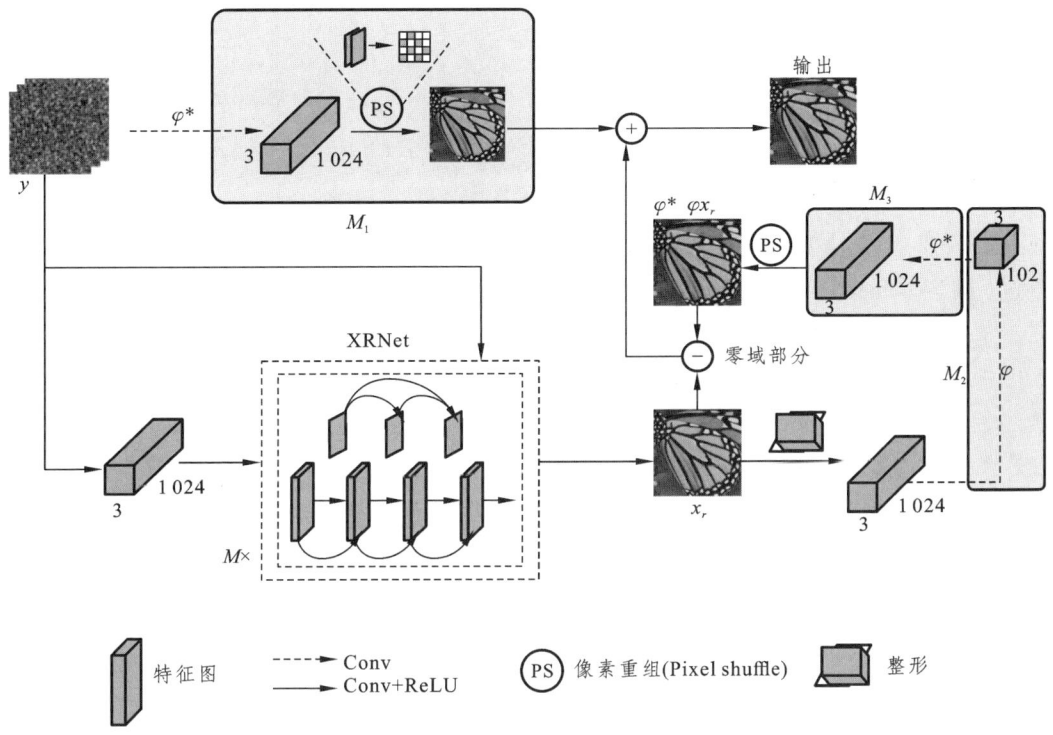

图 5-14 零值域分解执行模块

生成值域部分可视为采样的逆过程，等价于上采样，鉴于值域部分应尽可能复原全部像素点信息，故可将卷积核尺寸设定$1×1×M$，数量确定为cB^2，如图 5-15 中的 M_1 部分。$1×1$ 卷积层与全连接层作用类似，都是对单个像素点进行加权求和，然而，前者输出的特征图通道数与卷积核个数相等，以张量的形式存储输出结果，不会破坏图像的空间结构，而后者对单幅特征图的输出仅为一个数值，且参数更多。此外，值域部分的生成过程需使输出图像的维度与原始输入图像的维度相同，恰好可以利用 $1×1$ 卷积层能够升维的性能，取得比全连接更好的效果。x_r 需经 $\boldsymbol{\Phi}$、$\boldsymbol{\Phi}^\dagger$ 运算，则先将 x_r 的维度整形为特定的输入维度，而后在 $\boldsymbol{\Phi}$ 的作用下 x_r 降维至某一隐空间，再被 $\boldsymbol{\Phi}^\dagger$ 恢复为原始维度，该过程类似于自编码器。x_r 与经"Pixel Shuffle"层上采样后所得的 $\boldsymbol{\Phi}^\dagger\boldsymbol{\Phi}x_r$ 相减，可得到原输入图像的内在高频信息，即为零域部分。在此过程中，如图 5-15 中的 M_2、M_3 部分，使用两个单卷积层分别模拟 $\boldsymbol{\Phi}$ 和 $\boldsymbol{\Phi}^\dagger$，既能实现上述目的，又避免增加过多的参数量，使程序运行更简便省时。之后，将所得到的被"Pixel Shuffle"层调整维度后的值域部分和零域部分相加，输出结果即最终重建图像。值得说明的是，由于 $\boldsymbol{\Phi}$、$\boldsymbol{\Phi}^\dagger$ 发挥线性算子作用，故对应的卷积层不使用激活函数，保持卷积运算的线性性质；其他部分的卷积层后使用的激活函数为 ReLU 函数。

为增强模型健壮性，将多约束条件反映于损失函数中，在提升模型性能的同时加快网络收敛，故 RND-Net 的损失函数涵盖 4 个部分，即

$$l_{\text{total}} = \lambda_1 l_{\text{rec}} + \lambda_2 l_{\text{range}} + \lambda_3 l_{x_r} + \lambda_4 l_{\boldsymbol{\Phi}^\dagger \boldsymbol{\Phi}} \quad (5\text{-}25)$$

式中，l_{total} 为总损失值；l_{rec} 为输出重建图像损失值；l_{range} 为值域部分损失值，l_{x_r} 为零域提取项 $\boldsymbol{x}_r$ 损失值；$l_{\boldsymbol{\Phi}^\dagger \boldsymbol{\Phi}}$ 为约束 $\boldsymbol{\Phi}^\dagger \boldsymbol{\Phi}$ 等价于单位矩阵 $\boldsymbol{I}$ 的损失值；λ_1、λ_2、λ_3 与 λ_4 分别为各损失值对应的正则化因子，均取 0.001。

l_{rec} 体现了输出重建图像与原始输入图像之间的损失关系，务求使二者的差值达到最小，则建立的均方误差（MSE）损失可表示为

$$l_{\text{rec}} = \frac{1}{N} \sum_{n=1}^{N} \left\| \mathcal{T}(\boldsymbol{x}_n; \theta_{\mathcal{T}}) - \boldsymbol{x}_n \right\|_F^2 \quad (5\text{-}26)$$

式中，$\mathcal{T}(\cdot)$ 为整体网络模型，$\boldsymbol{x}_n$ 为输入图像；$\theta_{\mathcal{T}}$ 为 $\mathcal{T}(\cdot)$ 涉及的需训练的参数；N 为训练集的图像数量；$\|\cdot\|_F$ 表示弗罗贝尼乌斯范数，用于在矩阵层面上求取其所有元素的平方和，与向量层面的 l_2 范数作用相近。

类似地，l_{range}、l_{x_r} 分别建立值域部分的输出图像与原始输入图像的均方误差关系、$\boldsymbol{x}_r$ 与原始输入图像的均方误差关系，分别表示为

$$l_{\text{range}} = \frac{1}{N} \sum_{n=1}^{N} \left\| \mathcal{R}(x_n; \theta_{\mathcal{R}}) - \boldsymbol{x}_n \right\|_F^2 \quad (5\text{-}27)$$

$$l_{x_r} = \frac{1}{N} \sum_{n=1}^{N} \left\| \mathcal{XR}(y; \theta_{x\mathcal{R}}) - \boldsymbol{x}_n \right\|_F^2 \quad (5\text{-}28)$$

式中，y 为采样值；$\mathcal{R}(\cdot)$、$\mathcal{XR}(\cdot)$ 分别为生成值域部分网络和零域提取项生成模块；$\theta_{\mathcal{R}}$、$\theta_{\mathcal{XR}}$ 为其涉及的参数。

为满足零值域分解关于采样算子 $\boldsymbol{\Phi}$ 及其伪逆 $\boldsymbol{\Phi}^\dagger$ 所具备的先验条件，即 $\boldsymbol{\Phi}^\dagger \boldsymbol{\Phi} = \boldsymbol{I}$，尽管不易直接构造 $\boldsymbol{\Phi}^\dagger \boldsymbol{\Phi}$ 与 $\boldsymbol{I}$ 之间的损失关系，但不妨对上式左右两边同乘 $\boldsymbol{x}_r$，即

$$\boldsymbol{\Phi}^\dagger \boldsymbol{\Phi} \boldsymbol{x}_r = \boldsymbol{x}_r \quad (5\text{-}29)$$

则可建立 $\boldsymbol{\Phi}^\dagger \boldsymbol{\Phi} \boldsymbol{x}_r$ 与 $\boldsymbol{x}_r$ 间的损失关系，若二者差值最小，则等价于 $\boldsymbol{\Phi}^\dagger \boldsymbol{\Phi}$ 最接近于 $\boldsymbol{I}$，符合所提出的原始先验条件。另一方面，$\boldsymbol{\Phi}^\dagger \boldsymbol{\Phi} \boldsymbol{x}_r$ 实为零值域分解执行模块的某一中间输出结果，则可直接利用其进行损失计算，无须引入额外的运算，不必增加非必要的计算开销和参数量。该步骤的均方误差损失函数为

$$l_{\boldsymbol{\Phi}^\dagger \boldsymbol{\Phi}} = \frac{1}{N} \sum_{n=1}^{N} \left\| \boldsymbol{\Phi}^\dagger \boldsymbol{\Phi} \boldsymbol{x}_r - \boldsymbol{x}_r; \theta_{\boldsymbol{\Phi}^\dagger \boldsymbol{\Phi}} \right\|_F^2 \quad (5\text{-}30)$$

式中，$\theta_{\boldsymbol{\Phi}^\dagger \boldsymbol{\Phi}}$ 为该过程涉及的参数。

5.2.2 实验与结果分析

本章所用数据集为图像压缩感知领域中的通用数据集，均为自然图像。训练集使用 BSDS500 数据集中的 200 张训练图像和 200 张测试图像，共计 400 张图像。测试集为多数 CS 工作均使用的公共测试集，即 Set5、Set8、Set10、Set11、Set12[130]、Set14、BSDS68 以及 BSDS100。这些数据集散见于已发表或公开的工作。值得一提的是，大多数前人工作仅选用其中几个测试集，未报告在全部测试集上的实验结果。本章提出的模型在所有测试集上均验证了效果，并在部分测试集上与前人工作进行对比，以增强模型性能的信服力。

对于训练图像和测试图像，将其从 RGB 三通道颜色空间转换至 YCbCr 亮度空间[131]，并只将 Y 分量作为实验模型的输入值。同时，为提高输入数据的随机性，强化模型的泛化能力，对训练集使用的一定的数据增强技术，即先将训练图像裁剪为 96×96 的子图像块，而后进行随机水平翻转，该操作使训练集的类型更加多样化，在一定程度上促进了数据在馈入模型时的不确定性，有助于模型的训练。此外，对于除 BSDS68、BSDS100 外的测试集图像，需将其尺寸重新调整为 256×256，而由于前述两个测试集的图像尺寸大小不一，应被裁剪为长宽均能被 32 整除的图像，方可与训练好的模型相适应，如将 BSDS68 和 BSDS100 的图像尺寸由原来的 321×481 调整为 320×480。

训练时，设定 batch size、epochs 分别为 4、400，使用 Adam 优化器训练模型，控制指数衰减率的动量因子、衰减权重[132][133]分别为 0.9、0.999，初始学习率 lr 设置为 0.001，且从第 60 个 epoch 开始，每隔 30 个 epoch 将当前学习率降为原来的 1/4。CS 过程的采样，分别取 0.01、0.05、0.1、0.2、0.3、0.4 与 0.5，可通过改变采样模块的卷积核尺寸而灵活调整。零域提取项生成模块 XRNet 中的残差块数量设为 4。

程序基于 Python（版本 3.7）编写，依赖于行业内成熟的开源深度学习框架 Pytorch（版本 1.5.0）搭建神经网络并执行训练过程，选用的 CUDA 版本为 10.2。承担训练任务的服务器平台的 CPU 型号为 Intel（R）Xeon（R）Silver 4114，主频为 2.20 GHz，GPU 版本为 NVIDIA GeForce RTX 2080 Ti，显存大小为 11.0 GB，内存大小为 128 GB。

RND-Net 与 CS 领域中的传统算法如 DWT、TVAL3、GSR 进行对比，分别在客观标准和主观标准两个层面加以详细比较，前者包括峰值信噪比（PSNR）、结构相似性指数（SSIM）、重建单幅图像（尺寸为 256×256）耗费的时间等评价指标，后者可通过对图像的直接观察而得出，从而分析各方法的优劣。

1. 重建性能指标与传统 CS 算法比较

表 5-6 ~ 表 5-9 分别记录了上述方法在 Set5、Set11、Set14 和 BSDS100 4 个测试集上的图像重建效果。各采样率下最高的性能指标用粗体标明，次高的用下画线标明（下同）。

表 5-6　RND-Net 与 3 个传统 CS 算法在 Set5 测试集上的图像重建性能比较

采样率	MH	TVAL3	GSR	RND-Net
0.01	18.08/0.447 2	15.53/0.455 4	<u>18.87</u>/<u>0.490 9</u>	**23.23/0.593 5**
0.05	23.67/0.656 6	23.16/0.667 8	<u>24.95</u>/<u>0.727 0</u>	**28.15/0.783 4**
0.1	28.57/0.821 1	27.07/0.786 5	<u>29.99</u>/<u>0.865 4</u>	**31.24/0.871 5**
0.2	32.08/0.888 1	30.45/0.870 9	<u>34.17</u>/<u>0.925 7</u>	**35.20/0.937 7**
0.3	34.06/0.915 8	32.75/0.910 7	<u>36.83</u>/<u>0.949 2</u>	**38.09/0.963 3**
0.4	35.65/0.933 7	34.89/0.936 3	<u>38.81</u>/<u>0.962 6</u>	**40.16/0.974 8**
0.5	37.21/0.948 2	36.75/0.954 0	<u>40.65</u>/<u>0.972 4</u>	**42.64/0.983 2**
平均值	29.90/0.801 5	28.66/0.797 4	<u>32.04</u>/<u>0.841 9</u>	**34.10/0.872 5**

注：各单元格中的"/"前后数值分别为 PSNR 和 SSIM。

表 5-7　RND-Net 与 3 个传统 CS 算法在 Set11 测试集上的图像重建性能比较

采样率	MH	TVAL3	GSR	RND-Net
0.01	15.29/0.352 6	14.90/0.064 6	16.79/0.452 3	**21.75/0.530 4**
0.05	20.43/0.583 3	—/—	22.79/**0.715 1**	**25.29**/<u>0.691 4</u>
0.1	25.82/0.782 2	22.45/0.375 8	**27.93/0.856 3**	<u>27.37</u>/<u>0.791 3</u>
0.2	—/—	—/—	—/—	**30.59/0.893 6**
0.3	31.55/0.906 3	29.23/—	**34.77/0.946 6**	<u>33.25</u>/<u>0.935 6</u>
0.4	33.31/0.926 8	31.46/—	**38.76/0.972 1**	<u>35.43</u>/<u>0.956 6</u>
0.5	35.03/0.945 5	33.55/—	**38.76/0.972 1**	<u>37.74</u>/<u>0.971 4</u>
平均值	26.91/0.782 7	—/—	<u>29.97</u>/<u>0.819 1</u>	**30.20/0.824 3**

表 5-8　RND-Net 与 3 个传统 CS 算法在 Set14 测试集上的图像重建性能比较

采样率	MH	TVAL3	GSR	RND-Net
0.01	17.23/0.421 8	15.26/0.389 0	<u>17.87</u>/<u>0.433 7</u>	**21.96/0.504 0**
0.05	21.64/<u>0.652 8</u>	22.240.581 5	<u>22.54</u>/0.614 0	**25.90/0.697 3**
0.1	26.38/0.743 3	25.24/0.688 7	<u>27.50</u>/<u>0.770 5</u>	**28.40/0.809 6**
0.2	29.47/0.827 8	28.07/0.784 4	<u>31.22</u>/<u>0.864 2</u>	**31.78/0.903 8**
0.3	31.37/0.873 2	30.12/0.842 4	<u>33.74</u>/<u>0.907 1</u>	**34.39/0.943 3**
0.4	33.03/0.908 4	32.03/0.883 7	**36.89**/<u>0.961 8</u>	<u>36.45</u>/**0.962 6**
0.5	34.52/0.931 4	33.84/0.914 8	<u>37.66</u>/<u>0.952 2</u>	**38.70/0.975 8**
平均值	27.66/0.765 5	26.69/0.726 4	<u>29.63</u>/<u>0.786 2</u>	**31.08/0.828 1**

表 5-9　RND-Net 与三个传统 CS 算法在 BSDS100 测试集上的图像重建性能比较

采样率	MH	TVAL3	GSR	RND-Net
0.01	18.21/0.407 6	15.98/0.399 5	18.90/0.443 1	**23.74/0.607 2**
0.05	21.36/0.516 9	23.05/0.569 0	22.16/0.568 2	**26.58/0.726 6**
0.1	25.16/0.667 3	25.46/0.661 2	25.91/0.707 1	**28.30/0.803 3**
0.2	28.09/0.774 6	27.58/0.755 7	29.18/0.815 6	**30.55/0.877 2**
0.3	29.85/0.830 7	29.27/0.819 1	31.33/0.872 3	**32.48/0.917 2**
0.4	31.35/0.869 5	30.86/0.866 0	33.20/0.909 6	**34.17/0.940 6**
0.5	32.86/0.901 2	32.46/0.901 9	34.94/0.935 9	**36.16/0.958 6**
平均值	27.41/0.709 7	26.38/0.710 3	27.95/0.750 3	**30.28/0.833 0**

由表 5-6～表 5-9 易得，RND-Net 较之基于传统优化算法设计的方法性能更佳。RND-Net 比传统方法中效果最优的 GSR 在 PSNR 上平均高约 2 dB，在 SSIM 上平均高约 0.040 0；与效果一般的 TVAL3 相比，在 PSNR 和 SSIM 平均值上分别超出 5 dB 和 0.100 0。

就采样率为 0.1 时的重建尺寸为 256×256 的单幅图像所需的时间而言，对比情况如表 5-10 所示。

表 5-10　RND-Net 与 3 个传统 CS 算法重建单幅图像时间比较（图像尺寸：256×256）

单位：s

算法	重建单幅图像时间（256×256）	
	CPU	GPU
MH	19.040 5	—
TVAL3	2.740 5	—
GSR	230.475 5	—
RND-Net	—	0.029 8

由于传统优化算法只使用 CPU 训练和测试图像，故重建单幅图像耗费时间巨大，如 GSR 需要逾 230 s 才能重建一幅完整图像。这是由这些算法要执行多步迭代所决定的。RND-Net 作为一种深度学习方法，不必进行繁杂的迭代运算以求得最优解，加之布署于 GPU 上训练，使模型执行速度显著加快，进而重建图像的时间很少，如表 5-10 所示仅不足 30 ms。

2. 图像视觉质量与传统 CS 方法比较

采样率为 0.1 时，Set5 中的"Baby"图像的测试效果如图 5-16 所示。与传统 CS 工作比较，RND-Net 重建出的图像整体效果较好，从重建图像小框中的眼角局部放大图来看，纹理细节稍逊于 GSR，但图像边缘更加平滑，背景清晰，无明显块状伪影。

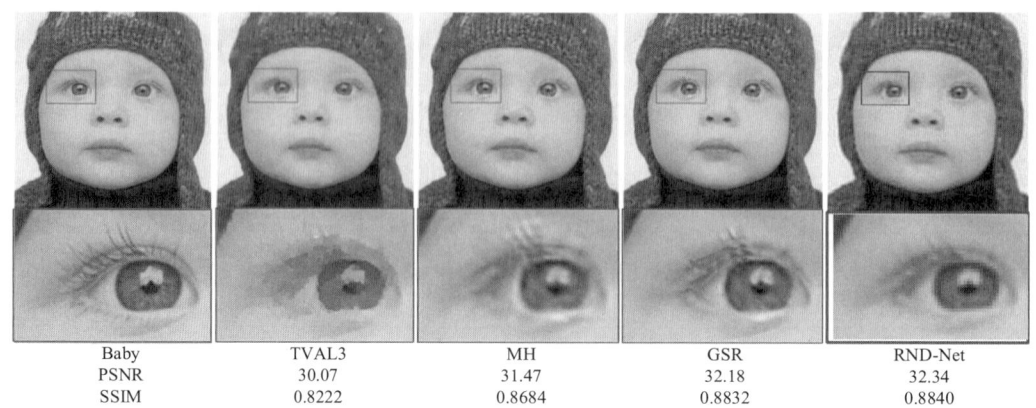

	Baby	TVAL3	MH	GSR	RND-Net
PSNR		30.07	31.47	32.18	32.34
SSIM		0.8222	0.8684	0.8832	0.8840

图 5-15　RND-Net 与传统优化算法在 "Baby" 图像（来自 Set5）上的重建视觉效果比较（采样率为 0.1）

3. 重建性能指标与 DCS 方法比较

RND-Net 与其他基于深度学习的图像压缩感知方法进行了一系列对比分析，包括 SGCSNet[134]、ISTA-Net+[135]、BCS-Net[136] 和 ReconNet[137]。这些应用深度学习执行图像压缩感知任务的算法的计算开销较小，且与传统算法相比，图像重建质量有较大程度的提升。这几种方法与 RND-Net 的对比情况如表 5-11、表 5-12 所示。与在深度展开方法中表现优异的 ISTA-Net+ 相比，在 Set5 测试集上 RND-Net 的平均 PSNR 高 3.24 dB，平均 SSIM 高 0.043 9，而在 BSDS100 测试集上 RND-Net 的平均 PSNR 高 3 dB，平均 SSIM 高 0.078 6。由表 5-11 和表 5-12 可发现 BCS-Net 的性能指标仅次于本书提出的 RND-Net，后者较之于前者在 Set5 上的 PSNR 平均值高 0.1 dB，在 BSDS100 上的 PSNR 平均值高 0.52 dB。

表 5-11　RND-Net 与部分 DCS 算法在 Set5 测试集上的图像重建性能比较

采样率	ReconNet	SGCSNet	ISTA-Net+	BCS-Net	RND-Net
0.01	18.46/0.449 2	20.47/0.220 1	18.55/0.440 8	22.98/0.610 3	23.23/0.593 5
0.1	26.89/0.751 8	28.08/0.658 7	28.61/0.831 5	32.71/0.903 0	31.24/0.871 5
0.2	29.55/0.834 8	31.33/0.742 7	33.12/0.905 8	35.32/0.946 3	35.20/0.937 7
0.3	31.20/0.873 8	34.37/0.785 2	35.45/0.940 8	37.69/0.965 4	38.09/0.963 3
0.4	36.95/0.957 5	35.97/0.851 8	36.94/0.961 2	39.61/0.976 2	40.16/0.974 8
0.5	37.94/0.961 1	—/—	38.42/0.980 4	41.61/0.986 1	42.64/0.983 2
平均值	30.17/0.804 7	30.04/0.651 7	31.85/0.843 4	34.99/0.897 9	35.09/0.887 3

表 5-12　RND-Net 与部分 DCS 算法在 BSDS100 测试集上的图像重建性能比较

采样率	ReconNet	SGCSNet	ISTA-Net+	BCS-Net	RND-Net
0.01	—/—	21.26/0.172 8	20.36/0.460 0	21.95/0.494 2	23.74/0.607 2
0.1	24.06/0.620 1	25.36/0.473 1	24.79/0.672 6	27.84/0.770 9	28.30/0.803 3
0.2	—/—	27.84/0.710 3	27.64/0.790 6	30.59/0.867 2	30.55/0.877 2
0.3	29.01/0.838 7	29.84/0.789 1	29.86/0.858 0	32.64/0.916 0	32.48/0.917 2
0.4	29.72/0.851 6	31.49/0.839 3	31.70/0.900 3	33.44/0.940 5	34.17/0.940 6
0.5	30.34/0.874 0	—/—	33.02/0.951 3	35.83/0.961 1	36.16/0.958 6
平均值	28.28/0.796 1	27.16/0.596 9	27.90/0.772 1	30.38/0.825 0	30.90/0.850 7

表 5-13、表 5-14 展示了 RND-Net 同 LPDNet、GPX-ADMM-Net、COAST、ISTA-Net+、SCS-GNet、CSNet+、AutoBCS、SGCSNet、H-PnP 和 P-DCI 等前人工作在 BSDS68、Set14 测试集上的性能表现。由表 5-13、表 5-14 可得，RND-Net 接近目前图像重建能力最强的 AutoBCS，BSDS68 上的平均 PSNR 值仅低 0.05 dB，但比 DCS 方法中的代表工作 CSNet+的 PSNR 和 SSIM 平均值分别高 0.31 dB、0.000 8。在低采样率（如0.1）下，RND-Net 比次优的 CSNet+在 PSNR 和 SSIM 上分别高 0.51 dB、0.018 3，比 AutoBCS 在 PSNR 上高 0.96 dB。GPX-ADMM-Net 是近年深度展开 ADMM 算法的优秀模型，其在理论推导、网络构造和损失函数设计方面有较大的新意。RND-Net 与之相比，性能有明显的提升。在 BSDS68 上，RND-Net 得出的 PSNR 比 GPX-ADMM-Net 的平均提高 2.97 dB，而在 Set14 上，RND-Net 对于 GPX-ADMM-Net 的平均 PSNR 和 SSIM 增益为 1.17 dB 和 0.049 8。

表 5-13　RND-Net 与部分 DCS 算法在 BSDS68 测试集上的图像重建性能比较

采样率	LPDNet	GPX-ADMM-Net	COAST	ISTA-Net+	SCS-GNet	CSNet+	AutoBCS	RND-Net
0.1	25.47/0.706 7	25.3/—	26.28/0.742 2	25.33/0.702 2	27.54/0.804 1	27.91/0.793 8	27.46/—	28.42/0.812 1
0.2	28.31/0.820 8	27.79/—	29.00/0.841 3	27.94/-	—/—	—/—	—/—	30.73/0.883 7
0.3	30.50/0.880 9	29.32/—	31.06/0.893 4	30.35/0.878 2	31.95/0.920 3	31.75/0.915 3	32.18/—	32.65/0.921 5
0.4	32.35/0.918 5	31.99/—	32.93/0.926 7	32.16/0.915 8	33.68/0.943 4	33.66/0.943 7	34.23/—	34.35/0.943 7
0.5	34.19/0.944 1	33.25/—	34.74/0.949 7	34.01/0.942 1	35.34/0.959 1	35.42/0.961 4	36.34/—	36.36/0.960 8
平均值	30.16/0.854 2	29.53/—	30.80/0.870 7	29.96/0.859 6	32.13/0.906 7	32.19/0.903 6	32.55/—	32.50/0.904 4

表 5-14　RND-Net 与部分 DCS 算法在 Set14 测试集上的图像重建性能比较

采样率		SGCSNet	H-PnP	GPX-ADMM-Net	P-DCI	ISTA-Net+	RND-Net
0.1	PSNR	25.54/0.558 7	26.76/0.782 1	27.62/0.760 0	27.87/0.783 0	26.49/0.801 0	28.40/0.809 6
0.2	PSNR	28.98/0.683 1	30.34/0.876 8	30.66/0.850 0	30.63/0.873 0	30.79/0.895 0	31.78/0.903 8
0.3	PSNR	30.71/0.750 9	32.75/0.919 8	32.96/0.890 0	32.52/0.912 0	33.76/0.934 5	34.39/0.943 3
0.4	PSNR	31.94/0.796 2	34.90/0.945 4	35.12/0.920 0	—/—	36.03/0.954 7	36.45/0.962 6
平均值	PSNR	29.29/0.697 2	31.19/0.881 0	31.59/0.855 0	30.34/0.856 0	31.77/0.896 3	32.76/0.904 8

注：表格中的部分缺失值系因原始文献或引证文献未报告相关的实验数据。

当采样率为 0.1 时，RND-Net 与其他 DCS 方法分别重建尺寸为 256×256 的单幅图像的耗时如表 5-15 所示。可见，RND-Net 的重建图像速度仅次于 CSNet+ 与 COAST，明显快于 GPX-ADMM-Net、CASNet 和 ISTA-Net+。由以上各表综合分析，RND-Net 与多数传统算法或 DCS 算法相比，均能较快地重建出图像，且图像性能保持在一个较高的水平。

表 5-15　采样率为 0.1 时 RND-Net 与其他 DCS 算法重建尺寸为 256×256 的单幅图像所需时间比较

单位：s

算法	重建单幅图像时间（256×256）	
	CPU	GPU
GPX-ADMM-Net	—	0.145
CASNet	—	0.09 737
ISTA-Net+	1.375	0.047
COAST	—	0.027 6
CSNet+	0.902 4	0.025 7
RND-Net	—	0.029 8

4. 图像视觉质量与 DSC 方法比较

在采样率为 0.2 时，对于 Set14 中的"PPT3"图像，RND-Net 与其他方法的重建视觉效果对比如图 5-17 所示。

第 5 章 基于模型与数据协同驱动的图像压缩感知方法研究 \

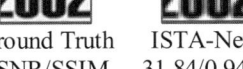

Ground Truth　　ISTA-Net+　　H-PnP
PSNR/SSIM　　31.84/0.9400　　26.24/-

SGCSNet　　RND-Net
28.72/0.7675　　33.81/0.9595

图 5-16　RND-Net 与 DCS 算法在"PPT3"图像（来自 Set14）上的
重建视觉效果比较（采样率为 0.2）

观察图 5-17 中的各图像，由 RND-Net 得到的重建图像在清晰度方面优于 ISTA-Net+等其他算法，且比 ISTA-Net+重建后的图像从肉眼上看视觉质量更好（如印刷字体的边缘细节），结合表 5-15 统计的重建单幅图像时间加以分析，对于重建视觉效果相近的两幅图像，RND-Net 的生成速度最快，总体而言，在所比较的 DCS 算法中居于领先地位。

在本实验中，RND-Net 在偶见于文献的 Set8、Set10 和 Set12 测试集上的图像重建性能也进行了实验验证，结果如表 5-16 ~ 表 5-18 所示。

表 5-16　RND-Net 在 Set8 测试集上的图像重建性能

Set8	PSNR/dB	SSIM	重建单幅图像时间/s
0.01	22.76	0.601 6	0.033 447
0.05	26.67	0.753 3	0.029 577
0.1	28.79	0.829 9	0.040 560
0.2	31.53	0.897 2	0.034 570
0.3	33.95	0.934 9	0.029 703
0.4	36.05	0.956 1	0.026 208
0.5	38.35	0.971 2	0.035 569
平均值	31.16	0.849 2	0.032 805

表 5-17　RND-Net 在 Set10 测试集上的图像重建性能

Set10	PSNR/dB	SSIM	重建单幅图像时间/s
0.01	21.17	0.523 7	0.030 452
0.05	25.15	0.714 3	0.034 844
0.1	27.71	0.821 3	0.026 358
0.2	30.94	0.904 9	0.029 853
0.3	33.38	0.940 0	0.031 350

续表

Set10	PSNR/dB	SSIM	重建单幅图像时间/s
0.4	35.33	0.957 7	0.038 139
0.5	37.35	0.969 7	0.034 745
平均值	30.15	0.833 1	0.032 249

表 5-18　RND-Net 在 Set12 测试集上的图像重建性能

Set12	PSNR/dB	SSIM	重建单幅图像时间/s
0.01	21.97	0.561 1	0.032 782
0.05	26.06	0.738 3	0.027 290
0.1	28.52	0.831 2	0.032 364
0.2	31.52	0.904 6	0.037 024
0.3	33.87	0.937 5	0.032 115
0.4	35.74	0.955 1	0.030 868
0.5	37.74	0.968 4	0.033 862
平均值	30.77	0.842 3	0.032 329

5. 其他实验说明

前面所述的零域提取项生成模块（XRNet）的级联数 m 对实验结果有一定影响，其实验验证过程如图 5-18 所示。

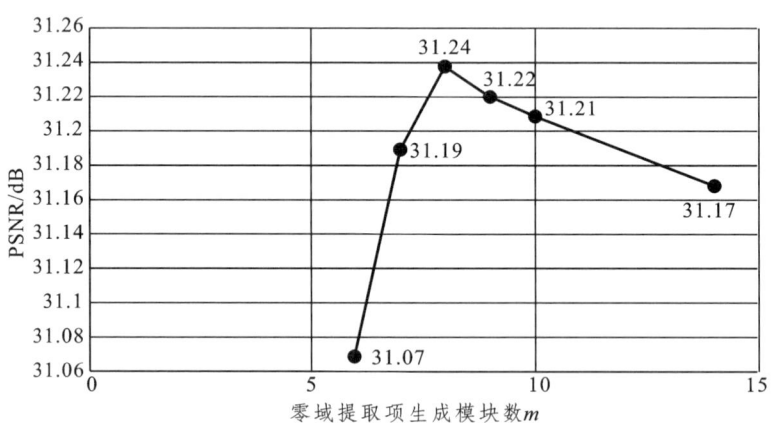

图 5-17　零域提取项生成模块数 m 与 PSNR 的关系

如图 5-18 所示，m 从 6 递增，采样率为 0.1 时对 Set5 生成的重建图像的 PSNR 随之上升，而当 m 高于 8 时，重建图像的 PSNR 不再继续提高，反而从最高点的 31.24 dB 逐步降低为 31.21 dB，至 $m=14$ 时达到较低的 31.17 dB。究其原因，可能是 m 的增多加强了模块的数据拟合能力，但若 m 继续增加，即级联更多的 XRNet 时，会导致过拟合现象的发生，这使网络模型不能很好地捕获测试集图像的特征信息，一定程度上削弱了重建图像的能力。据此，实验中 m 设置为 8。

5.3 基于零值域分解和变分自编码器生成模型的图像压缩感知方法

5.3.1 模型介绍与分析

RV-CSNet 严格在 RND 方法的指导下设计。该网络模型类似于第 4 章提出的 RND-Net 而具有两路分支，其作用分别为从输入图像的采样信息生成值域部分、由零域提取项 x_r 产生值域部分，最后将二者合并为完整的重建图像。在此过程中，x_r 通过 VAE 模型得到。整个模型结构的损失函数需要重新设计，在适配 VAE 自身特点的同时，还需涵盖多个约束条件，如输入图像分别与重建图像、值域部分图像及零域提取项的残差最小，退化算子 $\boldsymbol{\Phi}$ 满足正交性等。图 5-19 的 XRNet 表示零域提取项生成模块，M_1、M_2、M_3 及 $\oplus$（相加）、$\ominus$（相减）共同组成零值域分解执行模块。

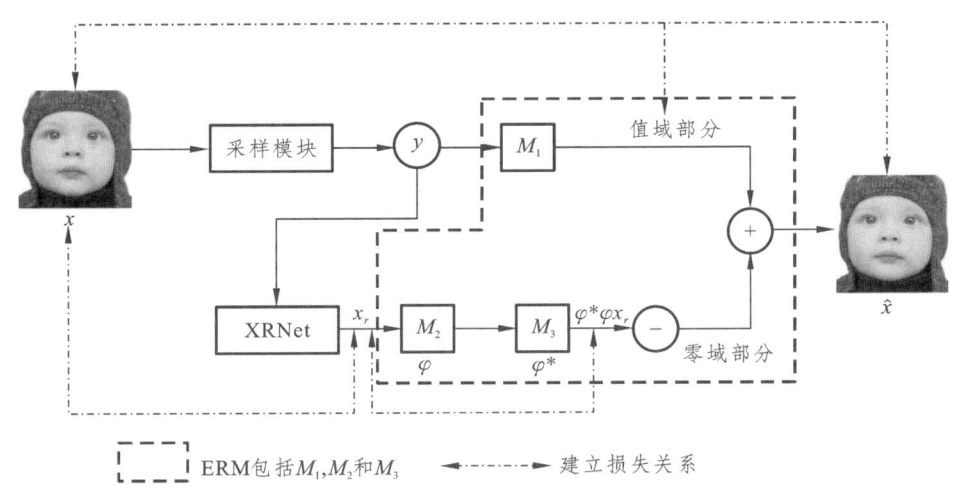

图 5-18 RV-CSNet 网络模型

本章使用 VAE 生成零域提取项 x_r。VAE 作为一种深度生成模型，能将输入数据服从的数学分布的特征学习到位，从而使任意服从该分布的隐变量都可经解码后输出对应的生成信息，并服从类似于输入数据所在分布的数学分布。

1. VAE 基本原理

VAE 包含编码器和解码器，本质是基于现有的数据样本学习其概率分布，可在学习后的概率分布上随机抽样并还原，便可得到具有数据集分布特征和规律的新样本，由此可见该方法对从采样值中生成某一重建图像有较大的作用。简单而言,输入数据通过编码器后得到重参数化的服从高斯混合模型(Gaussian Mixture Model,GMM)的隐变量,再经过解码器后生成相应的输出数据,如图 5-20 所示。对于图像信号,隐变量 z 所处的空间服从高斯分布,其均值 μ 和协方差张量 $\log\sigma^2$ 即为编码器的两个输出结果。为实现梯度下降,以便通过神经网络的反向传播进行参数优化,需构造 z、μ 与 σ 间的线性关系,即

$$z = \mu + \sigma \odot \varepsilon \qquad (5\text{-}31)$$

式中,ε 为使 z 保持随机性的随机噪声。隐变量 z 之后输入解码器网络中,在其升高数据维度的作用下,生成重建图像。VAE 的损失函数由两部分构成,分别为重构损失与 KL 散度损失,前者用于衡量解码器输出图像与编码器输入图像的差异,客观上表现为欧几里得距离的数值,后者是对隐空间高斯混合分布的约束,令其各维度的均值、方差分别近似 0 和 1,以训练 VAE 的生成能力。

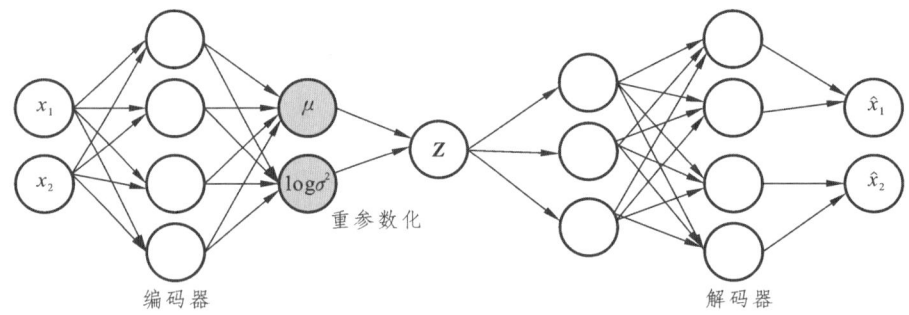

图 5-19　VAE 网络模型

2. 模块说明

由上述原理分析可得,VAE 有助于从采样值中生成零域提取项 x_r。考虑到实验所用的训练集和测试集图像尺寸不一,而传统的 VAE 的内部结构包括一系列输入维度和输出维度固定的全连接层,显然不适用于实际情况,故设计了由卷积层和反卷积层组成的卷积变分自编码器,它可灵活地应对图像大小各异的情况,使训练正常进行。编码器和解码器各层的结构如表 5-19 所示。

表 5-19　编解码器结构

层名	卷积核尺寸	输入维度	输出维度	激活函数
编码器				
Input	—	96×96×1×4	—	—
Conv1	3×3×1×32	96×96×1×4	47×47×32×4	ReLU
Conv2	3×3×32×64	47×47×32×4	23×23×64×4	ReLU
Conv3	3×3×64×128	23×23×64×4	11×11×128×4	ReLU

第 5 章　基于模型与数据协同驱动的图像压缩感知方法研究

续表

层名	卷积核尺寸	输入维度	输出维度	激活函数
编码器				
Conv4	3×3×128×1	11×11×128×4	5×5×1×4	ReLU
Dimension Reshape	—	5×5×1×4	25×4	—
解码器				
Dimension Reshape	—	25×4	5×5×1×4	—
ConvT1	3×3×1×128	5×5×1×4	11×11×128×4	ReLU
ConvT2	3×3×128×64	11×11×128×4	23×23×64×4	ReLU
ConvT3	3×3×64×32	23×23×64×4	47×47×32×4	ReLU
ConvT4	3×3×32×1	47×47×32×4	96×96×1×4	ReLU
Output	—	—	96×96×1×4	—

注：编码器卷积层 stride（s）和 padding（p）分别设置为 $s=2$，$p=0$；解码器反卷积层除 ConvT4 外 stride（s）、padding（p）和 output padding（op）分别设置为 $s=2$，$p=0$，$op=0$；ConvT4 的设置为 $s=2$，$p=0$，$op=1$。

表 5-19 中的维度整形（Dimension Reshape）操作的目的是使编码器输出的均值和方差便于重参数化，因解码器输入的必须是重参数化后的隐变量值。整个零域提取项生成模块如图 5-21 所示。

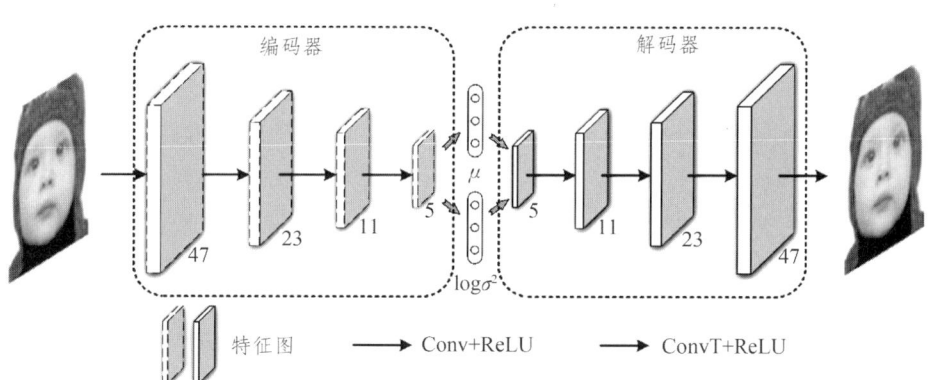

图 5-20　零域提取项生成模块

3. 零值域分解执行模块

如图 5-22 所示，该模块包括由采样值得到值域部分、将采样值转换为 VAE 的解码器的输入值、零域提取项 x_r 与 $\boldsymbol{\Phi}$、$\boldsymbol{\Phi}^\dagger$ 运算后得到零域部分，将值域部分和零域部分求和为最终重建图像。

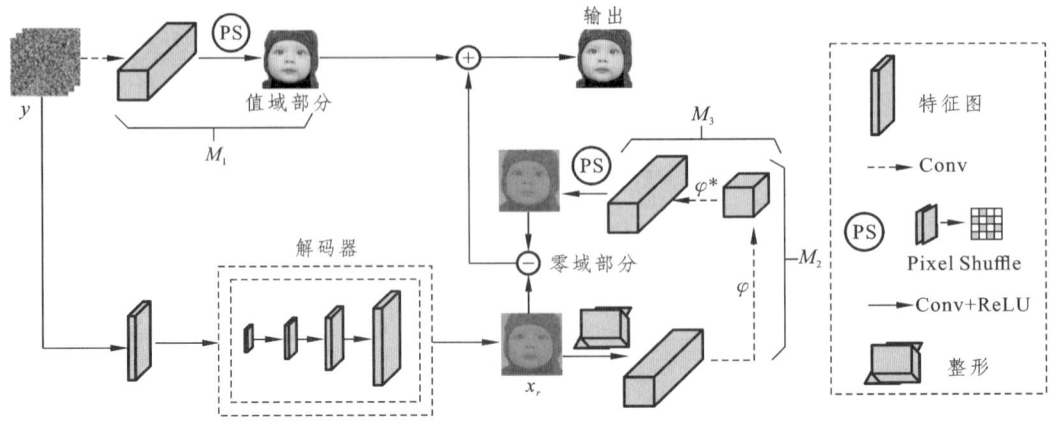

图 5-21 零值域分解执行模块

RV-CSNet 的损失函数分为训练零域提取项生成模块 XRNet（即 VAE 模型）和训练整个网络模型两部分。

训练 VAE 模型的损失函数 l_{VAE} 包括重构损失 l_{VAErec} 和 KL 散度损失 l_{KL}。优化重构损失部分可使 VAE 的输入输出图像之间的欧几里得距离最小，可选用均方误差函数（MSE）；优化 KL 散度损失部分可达到消除 KL 散度损失项的目的。各损失函数表示为

$$\begin{cases} l_{\text{VAErec}} = \dfrac{1}{N}\sum_{n=1}^{N}\left\| \mathcal{XR}(\boldsymbol{x}_n;\theta_{\mathcal{XR}}) - \boldsymbol{x}_n \right\|_{\text{F}}^{2} \\ l_{\text{KL}} = \sum_{i=1}^{Z}(\mathrm{e}^{\sigma_i}-(1+\sigma_i)+\mu_i^{2}) \\ l_{\text{VAE}} = \alpha_1 \cdot l_{\text{VAErec}} + \alpha_2 \cdot l_{\text{KL}} \end{cases}$$

(5-32)

式中，α_1、α_2 为正则化因子，分别取 1、0.01；N 为训练集图像数量；Z 为 VAE 隐空间维度；μ_i 为隐空间第 i 维均值；σ_i 为隐空间第 i 维标准差；$\boldsymbol{x}_n$ 为训练集图像；$\theta_{\mathcal{XR}}$ 为 VAE 网络的待学习参数。

训练整个网络模型的损失函数 l_{total} 由值域部分、零域提取项 $\boldsymbol{x}_r$、最终重建图像各自与原始输入图像的均方误差损失以及约束 $\boldsymbol{\Phi}$ 为正交矩阵的损失条件组成，记为 l_{range}、$l_{\boldsymbol{x}_r}$、l_{rec} 和 $l_{\boldsymbol{\Phi}^{\dagger}\boldsymbol{\Phi}}$，其表达式分别为

$$l_{\text{range}} = \dfrac{1}{N}\sum_{n=1}^{N}\left\| \mathcal{R}(\boldsymbol{x}_n;\theta_{\mathcal{R}}) - \boldsymbol{x}_n \right\|_{\text{F}}^{2}$$

(5-33)

$$l_{\boldsymbol{x}_r} = \dfrac{1}{N}\sum_{n=1}^{N}\left\| \mathcal{DEC}(\boldsymbol{y};\theta_{\text{DEC}}) - \boldsymbol{x}_n \right\|_{\text{F}}^{2}$$

(5-34)

$$l_{\boldsymbol{\Phi}^{\dagger}\boldsymbol{\Phi}} = \dfrac{1}{N}\sum_{n=1}^{N}\left\| \boldsymbol{\Phi}^{\dagger}\boldsymbol{\Phi}\boldsymbol{x}_r - \boldsymbol{x}_r;\theta_{\boldsymbol{\Phi}^{\dagger}\boldsymbol{\Phi}} \right\|_{\text{F}}^{2}$$

(5-35)

$$l_{\text{rec}} = \frac{1}{N} \sum_{n=1}^{N} \left\| \mathcal{T}(\boldsymbol{x}_n; \theta_{\mathcal{T}}) - \boldsymbol{x}_n \right\|_{\text{F}}^2 \quad (5\text{-}36)$$

式中，$\boldsymbol{x}_n$ 为训练集图像；$\boldsymbol{y}$ 为采样值；N 为训练集容量；$\mathcal{R}(\cdot)$、$\mathcal{DEC}(\cdot)$、$\mathcal{T}(\cdot)$ 分别为生成值域部分的网络模型、零域提取项生成模块 XRNet 的解码器、整体网络模型；$\theta_{\mathcal{R}}$、θ_{DEC}、$\theta_{\boldsymbol{\Phi}^\dagger \boldsymbol{\Phi}}$、$\theta_{\mathcal{T}}$ 为各网络结构对应的参数。式（5-35）通过约束 $\boldsymbol{\Phi}^\dagger \boldsymbol{\Phi} \boldsymbol{x}_r$ 与 $\boldsymbol{x}_r$ 近似相等来满足 $\boldsymbol{\Phi}^\dagger \boldsymbol{\Phi} = \boldsymbol{I}$，即 $\boldsymbol{\Phi}$ 为正交矩阵。

总损失函数 l_{total} 为

$$l_{\text{total}} = \lambda_1 l_{\text{rec}} + \lambda_2 l_{\text{range}} + \lambda_3 l_{\boldsymbol{x}_r} + \lambda_4 l_{\boldsymbol{\Phi}^\dagger \boldsymbol{\Phi}} \quad (5\text{-}37)$$

式中，λ_1、λ_2、λ_3 与 λ_4 分别为各项损失对应的权重参数，均取 0.01。

5.3.2 实验与结果分析

实验所用训练集和测试集与第 3 章、第 4 章的基本一致，其中，训练集为 BSDS500 中的 400 张图像，测试集为 Set5、Set8、Set10、Set11、Set12、Set14、BSDS68、BSDS100 和 Urban100[138]等 9 个数据集，各测试集包含的图像数量见于名称中的数字，训练集和测试集图像均为自然图像。

训练集需将每张图像随机裁剪为 96×96 的子图像，并进行随机水平翻转以增强训练图像的多样性。对于测试集图像，除 BSDS68、BSDS100 和 Urban100 外，其他图像调整原大小为 256×256，而上述 3 个测试集经裁剪后的图像尺寸需被 32 整除，以符合训练好的模型结构，如 BSDS100 中的图像尺寸由 321×481 调整为 320×480。

训练时，数据集的批量大小 batch size、批次数量 epochs 设置为 4、400。优化器选择计算机视觉领域常用的 Adam 优化器，其内置参数保持默认设置，如 $\beta_1 = 0.9$，$\beta_2 = 0.999$。初始学习率 lr 设定为 10^{-3}，当训练零域提取项生成模块 XRNet 时，学习率每隔 30 个 epoch 降低为原来的 20%；当训练整体模型时，学习率自第 60 个 epoch 开始每隔 30 个 epoch 降为原来的 80%。采样率在实验中取 0.01、0.05、0.1、0.2、0.3、0.4、0.5，其他采样率数值可通过调整采样模块中的卷积核尺寸获得。

程序基于 Python 中的成熟的深度学习框架 Pytorch 编写。运行程序的服务器的操作系统为 Windows 10，CPU 型号为 Intel（R）Xeon（R）Silver 4114，主频为 2.20 GHz，GPU 版本为 NVIDIA GeForce RTX 2080 Ti，显存大小为 11.0 GB，内存大小为 128 GB。调用 GPU 训练可大大提升程序响应速度，对应的 CUDA 版本为 10.2。本实验训练过程约需 6 h。

在实验过程中，首先训练零域提取项生成模块，损失函数为式（5-32），以将其中的解码器训练至最优状态。待 VAE 训练完毕后，固定该部分参数，将其加入整体模型中重新训练，只优化模型其余部分的权值等参数，相应的损失函数为式（5-37）。

本章提出的方法 RV-CSNet 与 CS 领域中基于传统的凸优化算法、贪婪算法等数学先验知识所形成的 DWT、TVAL3、MH、GSR 进行对比，分别在客观标准和主观标准两个层面加以详细比较，前者包括评价指标（峰值信噪比 PSNR、结构相似性指数 SSIM）、重建单幅图像（尺寸为 256×256）耗费的时间，后者包括图像视觉质量等，从而对各方法作出评判。

1. 客观比较（性能指标）

表 5-20 ~ 表 5-25 分别记录了上述方法在 Set5、Set11、Set14、BSDS68 和 BSDS100 等 5 个测试集上的图像重建效果。各采样率下最高的性能指标用粗体标明，次高的用下画线标明。需要说明的是，为保证数据的可靠性和公平性，各类数据尽可能从原始文献报告的实验结果中摘录，避免因间接引用或多次引用而带入误差；若原论文工作未涉及某些实验内容，再考虑参考其他文献提供的实验数据并相互订正。

表 5-20　RV-CSNet 与 4 个传统 CS 算法在 Set5 测试集上的图像重建性能比较

采样率	DWT	TVAL3	MH	GSR	RV-CSNet
0.01	9.27/0.140 2	15.53/0.455 4	18.08/0.447 2	<u>18.87/0.490 9</u>	**23.24/0.596 7**
0.05	14.27/0.355 9	23.16/0.667 8	23.67/0.656 6	<u>24.95/0.727 0</u>	**28.20/0.788 6**
0.1	24.74/0.768 0	27.07/0.786 5	28.57/0.821 1	<u>29.99/0.865 4</u>	**31.26/0.872 4**
0.2	30.83/0.874 9	30.45/0.870 9	32.08/0.888 1	<u>34.17/0.925 7</u>	**35.04/0.936 4**
0.3	33.61/0.905 0	32.75/0.910 7	34.06/0.915 8	<u>36.83/0.949 2</u>	**37.89/0.962 7**
0.4	35.32/0.924 9	34.89/0.936 3	35.65/0.933 7	<u>38.81/0.962 6</u>	**40.11/0.975 0**
0.5	36.87/0.940 9	36.75/0.954 0	37.21/0.948 2	<u>40.65/0.972 4</u>	**42.02/0.982 5**
平均值	26.42/0.701 4	28.66/0.797 4	29.90/0.801 5	<u>32.04/0.841 9</u>	**33.97/0.873 5**

注：各单元格中的"/"前后数值分别为 PSNR 和 SSIM。

表 5-21　RV-CSNet 与 4 个传统 CS 算法在 Set11 测试集上的图像重建性能比较

采样率	DWT	TVAL3	MH	GSR	RV-CSNet
0.01	—/—	14.90/0.064 6	15.29/0.352 6	16.79/0.452 3	**21.75/0.531 7**
0.05	—/—	—/—	20.43/0.583 3	22.79/**0.715 1**	**25.31**/<u>0.695 4</u>
0.1	—/—	22.45/0.375 8	25.82/0.782 2	**27.93/0.856 3**	<u>27.37</u>/<u>0.791 0</u>
0.2	—/—	—/—	—/—	—/—	**30.53/0.891 7**
0.3	—/—	29.23/—	31.55/0.906 3	**34.77/0.946 6**	<u>33.18</u>/<u>0.935 3</u>
0.4	—/—	31.46/—	33.31/0.926 8	**38.76/0.972 1**	<u>35.43</u>/<u>0.956 9</u>
0.5	—/—	33.55/—	35.03/0.945 5	**38.76/0.972 1**	<u>37.57</u>/<u>0.970 9</u>
平均值	—/—	—/—	26.91/0.782 7	<u>29.97</u>/<u>0.819 1</u>	**30.16/0.824 7**

表 5-22　RV-CSNet 与 4 个传统 CS 算法在 Set14 测试集上的图像重建性能比较

采样率	DWT	TVAL3	MH	GSR	RV-CSNet
0.01	8.97/0.098 9	15.26/0.389 0	17.23/0.421 8	17.87/0.433 7	**21.97/0.505 4**
0.05	14.52/0.293 3	22.240.581 5	21.64/0.652 8	22.54/0.614 0	**25.95/0.703 1**
0.1	24.16/0.679 8	25.24/0.688 7	26.38/0.743 3	27.50/0.770 5	**28.41/0.810 4**
0.2	28.13/0.788 2	28.07/0.784 4	29.47/0.827 8	31.22/0.864 2	**31.69/0.901 9**
0.3	30.38/0.838 9	30.12/0.842 4	31.37/0.873 2	33.74/0.907 1	**34.30/0.942 8**
0.4	31.99/0.875 3	32.03/0.883 7	33.03/0.908 4	**36.89**/0.961 8	36.41/**0.962 5**
0.5	33.54/0.904 4	33.84/0.914 8	34.52/0.931 4	37.66/0.952 2	**38.42/0.975 1**
平均值	24.53/0.639 8	26.69/0.726 4	27.66/0.765 5	29.63/0.786 2	**31.02/0.828 7**

表 5-23　RV-CSNet 与 4 个传统 CS 算法在 BSDS68 测试集上的图像重建性能比较

采样率	DWT	TVAL3	MH	GSR	RV-CSNet
0.01	—/—	15.98/—	16.9/0.378 9	18.55/0.455 8	**23.69/0.618 9**
0.05	—/—	—/—	20.20/0.500 9	21.79/0.586 6	**26.72/0.742 7**
0.1	—/—	19.84/—	23.97/0.655 9	24.59/0.699 4	**28.42/0.812 5**
0.2	—/—	—/—	—/—	—/—	**30.72/0.883 6**
0.3	—/—	—/—	28.79/0.827 6	29.85/0.864 9	**32.67/0.922 4**
0.4	—/—	—/—	30.38/0.868 2	31.86/0.905 6	**34.43/0.944 8**
0.5	—/—	—/—	31.94/0.900 6	33.77/0.934 3	**36.29/0.960 6**
平均值	—/—	—/—	25.36/0.688 7.	26.74/0.741 1	**30.42/0.840 8**

表 5-24　RV-CSNet 与 4 个传统 CS 算法在 BSDS100 测试集上的图像重建性能比较

采样率	DWT	TVAL3	MH	GSR	RV-CSNet
0.01	9.63/0.106 7	15.98/0.399 5	18.21/0.407 6	18.90/0.443 1	**23.74/0.607 9**
0.05	14.81/0.293 5	23.05/0.569 0	21.36/0.516 9	22.16/0.568 2	**26.66/0.733 2**
0.1	23.46/0.634 3	25.46/0.661 2	25.16/0.667 3	25.91/0.707 1	**28.30/0.804 2**
0.2	27.26/0.751 6	27.58/0.755 7	28.09/0.774 6	29.18/0.815 6	**30.57/0.877 1**
0.3	29.23/0.810 8	29.27/0.819 1	29.85/0.830 7	31.33/0.872 3	**32.48/0.917 6**
0.4	30.72/0.852 4	30.86/0.866 0	31.35/0.869 5	33.20/0.909 6	**34.23/0.941 6**
0.5	32.17/0.886 2	32.46/0.901 9	32.86/0.901 2	34.94/0.935 9	**36.10/0.958 5**
平均值	23.90/0.619 4	26.38/0.710 3	27.41/0.709 7	27.95/0.750 3	**30.30/0.834 3**

由表 5-20～表 5-24 易得，RV-CSNet 较之基于优化算法设计的方法性能更佳。RV-CSNet 比传统方法中效果最优的 GSR 在 PSNR 上平均高约 2 dB，在 SSIM 上平均高约 0.062 5。

就采样率为 0.1 时的重建尺寸为 256×256 的单幅图像所需的时间而言，对比情况如表 5-25 所示。

表 5-25　RV-CSNet 与 4 个传统 CS 算法重建尺寸为 256×256 的单幅图像所需时间比较

单位：s

算法	重建单幅图像时间（256×256）	
	CPU	GPU
DWT	10.553 9	—
TVAL3	2.740 5	—
MH	19.040 5	—
GSR	230.475 5	—
RV-CSNet	—	0.007 6

DWT 等 4 个传统优化算法只使用 CPU 训练和测试图像，从表 5-25 可见耗费时间巨大。这是由这些算法要执行多步迭代决定的。作为深度学习方法，RV-CSNet 无须进行计算量庞大的数值迭代，使程序运行速度大大加快，因而重建图像的时间极少，仅不足 10 ms。

2. 主观比较（图像视觉质量）

采样率为 0.1 时，Set5 中的"Baby"图像的测试效果如图 5-23 所示。该图表明，RV-CSNet 重建出的图像整体效果较好，纹理细节稍逊于 GSR（见各图框中的眼角局部放大图），但比 DWT、TVAL3 和 MH 重建得到的图像边缘更加平滑，且无明显块状伪影。

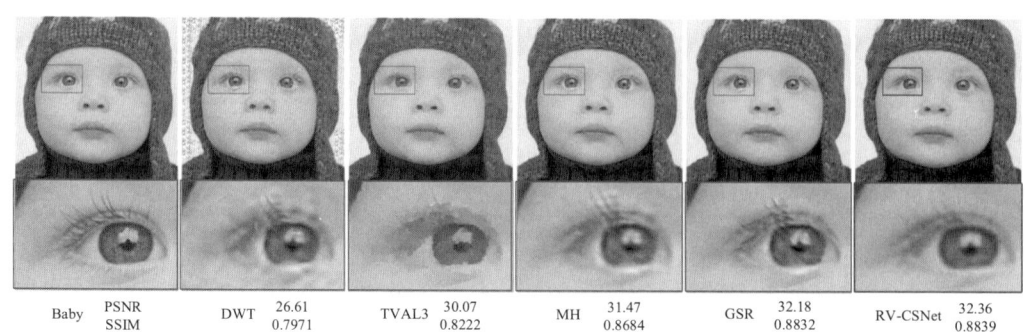

图 5-22　RV-CSNet 与传统优化算法在"Baby"图像（来自于 Set5）上的重建视觉效果比较（采样率为 0.1）

3. 与 DCS 方法的客观比较（性能指标）

RV-CSNet 与其他基于深度学习的图像压缩感知方法进行了一系列对比分析。选定的 DCS 方法有 SGCSNet、NeumNet[139]、ISTA-Net+、BCS-Net 和 ReconNet 等。这些应用深度学习执行图像压缩感知任务的算法对于不同采样率下图像重建质量的提升有较大的贡献，且计算复杂度较低。这几种方法与 RV-CSNet 的对比情况见表 5-26、5-27。各表格中的每个采样率下的最优指标和次优指标分别用粗体和下画线标出，后续实验同理。

表 5-26 RV-CSNet 与部分 DCS 算法在 Set5 测试集上的图像重建性能比较

采样率	ReconNet	NeumNet	SGCSNet	ISTA-Net+	BCS-Net	RV-CSNet
0.01	18.46/0.449 2	—/—	20.47/0.220 1	18.55/0.440 8	22.98/0.610 3	**28.20**/**0.788 6**
0.1	26.89/0.751 8	26.91/0.790 7	28.08/0.658 7	28.61/0.831 5	**32.71**/**0.903 0**	31.26/0.872 4
0.2	29.55/0.834 8	—/—	31.33/0.742 7	33.12/0.905 8	**35.32**/**0.946 3**	35.04/0.936 4
0.3	31.20/0.873 8	32.04/0.890 8	34.37/0.785 2	35.45/0.940 8	37.69/0.965 4	**37.89**/0.962 7
0.4	36.95/0.957 5	33.61/0.914 5	35.97/0.851 8	36.94/0.961 2	39.61/**0.976 2**	**40.11**/0.975 0
0.5	37.94/0.961 1	34.71/0.935 7	—/—	38.42/0.980 4	41.61/**0.986 1**	**42.02**/0.982 5
平均值	30.17/0.804 7	31.82/0.882 9	30.04/0.651 7	31.85/0.843 4	34.99/0.897 9	**35.75**/**0.919 6**

表 5-27 RV-CSNet 与部分 DCS 算法在 BSDS100 测试集上的图像重建性能比较

采样率	ReconNet	NeumNet	SGCSNet	ISTA-Net+	BCS-Net	RV-CSNet
0.01	—/—	—/—	21.26/0.172 8	20.36/0.460 0	21.95/0.494 2	**23.74**/**0.607 9**
0.1	24.06/0.620 1	23.35/0.530 9	25.36/0.473 1	24.79/0.672 6	27.84/0.770 9	**28.30**/**0.804 2**
0.2	—/—	—/—	27.84/0.710 3	27.64/0.790 6	**30.59**/0.867 2	30.57/**0.877 1**
0.3	29.01/0.838 7	27.89/0.787 2	29.84/0.789 1	29.86/0.858 2	32.64/0.916 0	**34.30**/**0.942 8**
0.4	29.72/0.851 6	—/—	31.49/0.839 3	31.70/0.900 3	33.44/0.940 5	**34.23**/**0.941 6**
0.5	30.34/0.874 0	28.92/0.810 1	—/—	33.02/0.951 3	35.83/**0.961 1**	**36.10**/0.958 5
平均值	28.28/0.796 1	26.72/0.709 4	27.16/0.596 9	27.90/0.772 1	30.38/0.825 0	**31.21**/**0.855 4**

从表 5-27 可得，在 Set5 测试集上，RV-CSNet 比次优的 BCS-Net 在 PSNR 和 SSIM 上平均高 0.75 dB、0.021 7，比 ISTA-Net+在两项指标上分别高 3.90 dB、0.076 2，而与首次在 ICS 中应用 CNN 的 ReconNet 相较性能优势更为突出，比 ReconNet 的平均 PSNR 和 SSIM 分别提升 5.58 dB、0.114 9。在 BSDS100 测试集上，RV-CSNet 在多个采样率下均优于 BCS-Net，如在采样率为 0.01 时，前者比后者在 PSNR 和 SSIM 上分别高 1.79 dB、0.113 7，在所有采样率下的平均 PSNR 和 SSIM 指标上，RV-CSNet 比 BCS-Net 高 0.83 dB 和 0.030 4。

RV-CSNet 在其他常用测试集上同 COAST 等前人工作相比也有一定竞争力。表 5-28、表 5-29 示出了各方法在 BSDS68、Set14 测试集上的性能表现。

表 5-28　RV-CSNet 与部分 DCS 算法在 BSDS68 测试集上的图像重建性能比较

采样率	LPDNet	GPX-ADMM-Net	COAST	MAC-Net	SCS-GNet	MADUN	CSNet+	AutoBCS	RV-CSNet
0.1	25.47/0.706 7	25.3/—	26.28/0.742 2	25.70/—	27.54/0.804 1	26.83/0.762 0	27.91/0.793 8	27.46/—	**28.42/0.812 5**
0.2	28.31/0.820 8	27.79/—	29.00/0.841 3	28.23/—	—/—	—/—	—/—	—/—	**30.72/0.883 6**
0.3	30.50/0.880 9	29.32/—	31.06/0.893 4	30.1/—	31.95/0.920 3	31.87/0.906 8	31.75/0.915 3	32.18	**32.67/0.922 4**
0.4	32.35/0.918 5	31.99/—	32.93/0.926 7	31.89/—	33.68/0.943 4	33.81/0.937 6	33.66/0.943 7	34.23	**34.43/0.944 8**
0.5	34.19/0.944 1	33.25/—	34.74/0.949 7	33.37/—	35.34/0.959 1	35.82/0.958 7	35.42/**0.961 4**	**36.34**	36.29/0.960 6
平均值	30.16/0.854 2	29.53/—	30.80/0.870 7	29.86/—	32.13/**0.906 7**	32.08/0.891 3	32.19/0.903 5	**32.55**	32.51/0.904 8

表 5-29　RV-CSNet 与部分 DCS 算法在 Set14 测试集上的图像重建性能比较

采样率	SGCSNet	H-PnP	GPX-ADMM-Net	P-DCI	ISTA-Net+	RV-CSNet
0.1	25.54/0.558 7	26.76/0.782 1	27.62/0.760 0	27.87/0.783 0	26.49/0.801 0	**28.41/0.810 4**
0.2	28.98/0.683 1	30.34/0.876 8	30.66/0.850 0	30.63/0.873 0	30.79/0.895 0	**31.69/0.901 9**
0.3	30.71/0.750 9	32.75/0.919 8	32.96/0.890 0	32.52/0.912 0	33.76/0.934 5	**34.30/0.942 8**
0.4	31.94/0.796 2	34.90/0.945 4	35.12/0.920 0	—/—	36.03/0.954 7	**36.41/0.962 5**
平均值	29.29/0.697 2	31.19/0.881 0	31.59/0.855 0	30.34/0.856 0	31.77/0.896 3	**32.70/0.904 4**

注：表格中的部分缺失值系因原始文献或引证文献未报告相关的实验数据。

分析 BSDS68 上的各模型重建性能可以发现，RV-CSNet 大幅超越许多 DCS 的代表工作，如 CSNet+，在采样率为 0.3 时，RV-CSNet 比其在性能指标上高 0.92 dB（PSNR）和 0.007 1（SSIM）；又如 SCS-GNet，RV-CSNet 比其在 PSNR 和 SSIM 上高出 0.88 dB 和 0.008 4（采样率为 0.1）。当测试集为 Set14 时，RV-CSNet 的性能最佳，ISTA-Net+ 次之。在采样率为 0.1 时，RV-CSNet 相比于 ISTA-Net+ 在 PSNR 和 SSIM 上分别提高

1.92 dB、0.009 4；H-PnP 是 DCS 中基于深度展开的代表模型，可解释性较强，但重建性能劣于本章提出的 RV-CSNet，在 0.1 的采样率下的 PSNR 和 SSIM 数值明显低于 RV-CSNet，差值为 1.65 dB、0.028 3，在平均 PSNR 和 SSIM 上分别较 RV-CSNet 低 1.51 dB 和 0.023 4。

当采样率为 0.1 时，RV-CSNet 与其他 DCS 方法分别重建尺寸为 256×256 的单幅图像的耗时如表 5-30 所示。RV-CSNet 与多数传统算法或 DCS 算法相比，均能最快地重建出图像，且具有明显的优势。

表 5-30 RV-CSNet 与其他 DCS 算法重建尺寸为 256×256 的单幅图像所需时间比较

单位：s

算法	重建单幅图像时间（256×256）	
	CPU	GPU
GPX-ADMM-Net	—	0.145 0
CASNet	—	0.097 4
ISTA-Net+	1.375 0	0.047 0
COAST	—	0.027 6
CSNet+	0.902 4	0.025 7
TransCS	0.221 0	0.023 0
AutoBCS	—	0.020 0
ReconNet	0.525 8	0.019 5
PSCS-Net	0.224 1	0.013 2
AMS-Net	—	0.011 0
RV-CSNet	—	0.007 6

RV-CSNet 与 DU-ADMM-Net、RND-Net 在采样率为 0.05 时的重建效果比较如表 5-31 所示，RV-CSNet 与 RND-Net 在采样率为 0.4 时的重建效果比较如表 5-32 所示。

表 5-31 RV-CSNet 与 DU-ADMM-Net、RND-Net 在 Set5、Set11、Set14、BSDS68 和 BSDS100 测试集上的图像重建性能比较（采样率为 0.05）

数据集	DU-ADMM-Net	RND-Net	RV-CSNet
Set5	21.45/0.600 2	<u>28.15/0.783 4</u>	**28.20/0.788 6**
Set11	23.05/0.673 7	<u>25.29/0.691 4</u>	**25.31/0.695 4**
Set14	21.28/0.551 3	<u>25.90/0.697 3</u>	**25.95/0.703 1**
BSDS68	22.84/0.657 1	<u>26.65/0.736 8</u>	**26.72/0.742 7**
BSDS100	22.41/0.631 9	<u>26.58/0.726 6</u>	**26.66/0.733 2**

表 5-32　RV-CSNet 与 RND-Net 在 BSDS68 和 BSDS100 测试集上的
图像重建性能比较（采样率为 0.4）

BSDS68		
评估指标	RND-Net	RV-CSNet
PSNR	34.35	**34.43**
SSIM	0.943 7	**0.944 8**
BSDS100		
评估指标	RND-Net	RV-CSNet
PSNR	34.17	**34.23**
SSIM	0.940 6	**0.941 6**

由表 5-31、表 5-32 可得，在低采样率下，RV-CSNet 比 DU-ADMM-Net 的图像重建能力有明显的提升，也优于 RND-Net。在同等条件（如采样率和测试集均相同）下，RV-CSNet 比不使用深度生成模型的 RND-Net 的性能更好。

4. 与 DSC 方法的主观比较（图像视觉质量）

在采样率为 0.2 时，针对 Set14 中的"PPT3"图像的重建视觉效果对比如图 5-24 所示。

Ground Truth

ISTA-Net+
31.84/0.9700

H-PnP
26.24/-

SGCSNet
28.72/0.7675

RV-CSNet
31.95/0.9716

图 5-23　RV-CSNet 与 DCS 算法在"PPT3"图像（来自于 Set14）上的
重建视觉效果比较（采样率为 0.2）

仔细观察图 5-24 中的各重建图像，不难发现由 RV-CSNet 得到的重建图像在清晰度方面略胜于 ISTA-Net+，图像质量明显优于 H-PnP、SGCSNet。进一步分析可得，若重建视觉效果相近的两幅图像，RV-CSNet 的生成速度最快，总体而言，在所比较的 DCS 算法中居于领先地位。

此外，RV-CSNet 在不常用的 Set8、Set10、Set12 和 Urban100 测试集上的图像重建性能也进行了实验验证，结果存放于表 5-33 ~ 5-36 中。

表 5-33　RV-CSNet 在 Set8 测试集上的图像重建性能

Set8	PSNR/dB	SSIM	重建单幅图像时间/s
0.01	22.77	0.603 0	0.005 367
0.05	26.68	0.756 9	0.006 739
0.1	28.78	0.829 6	0.006 615
0.2	31.46	0.895 1	0.005 991
0.3	33.87	0.934 6	0.006 114
0.4	36.06	0.956 3	0.005 741
0.5	38.17	0.970 6	0.006 115

表 5-34　RV-CSNet 在 Set10 测试集上的图像重建性能

Set10	PSNR/dB	SSIM	重建单幅图像时间/s
0.01	21.17	0.524 7	0.004 693
0.05	25.21	0.719 8	0.006 590
0.1	27.72	0.822 3	0.006 389
0.2	30.87	0.903 0	0.004 992
0.3	33.33	0.939 7	0.004 892
0.4	35.33	0.957 8	0.005 292
0.5	37.18	0.969 3	0.006 689

表 5-35　RV-CSNet 在 Set12 测试集上的图像重建性能

Set12	PSNR/dB	SSIM	重建单幅图像时间/s
0.01	21.97	0.562 2	0.004 992
0.05	26.13	0.743 3	0.004 491
0.1	28.51	0.831 2	0.004 493
0.2	31.47	0.903 1	0.004 909
0.3	33.80	0.937 1	0.009 568
0.4	35.74	0.955 4	0.006 489
0.5	37.55	0.967 8	0.005 242

表 5-36　RV-CSNet 在 Urban100 测试集上的图像重建性能

Urban100	PSNR/dB	SSIM	重建单幅图像时间/s
0.01	20.26	0.479 4	0.033 212
0.05	23.23	0.646 3	0.032 368
0.1	25.00	0.742 5	0.035 164
0.2	27.36	0.835 0	0.032 797
0.3	29.32	0.886 6	0.036 042
0.4	31.05	0.917 3	0.033 926
0.5	32.81	0.939 5	0.034 265

5. 其他实验说明

在实验过程中,发现训练时学习率的衰减度 γ 对图像重建性能有一定影响,当 γ 适当增大时,图像重建效果逐步提升,具体情况如图 5-25 所示。

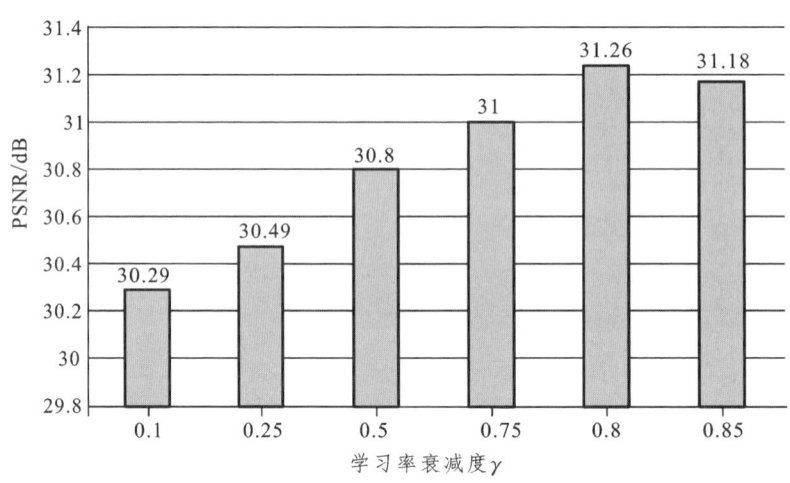

图 5-24　学习率衰减度 γ 与 PSNR 的关系

由图 5-25 可得,当学习率衰减度 γ 从 0.1 逐步增加时,生成的重建图像的 PSNR 随之上升,而当 γ 高于 0.8 时,重建图像的 PSNR 不再继续提高,反而有所降低。其原因可能是 γ 的增加使训练时梯度下降的步长避免过大,能避免参数优化过程过早地陷入局部最优中,然而,γ 不能无限增加,否则会使步长很小,致使梯度下降过程难以持续进行,最终学习到的参数不是最优解,则经端到端训练后的模型输出的重建图像也不处于性能最好的状态,其 PSNR 自然会减小。据此,本章实验 γ 设定为 0.8。

5.4 本章小结

本章围绕深度图像压缩感知重建方法展开研究，提出了一套基于协同驱动策略的创新框架。该方法将数学优化理论与深度学习深度融合，有效解决了传统优化算法计算复杂度过高、重建图像存在块状伪影，以及纯深度学习模型可解释性差等关键问题。

在技术实现层面，通过三项核心创新构建了完整解决方案：首先，将交替方向乘子法（ADMM）中的线性/非线性运算转化为卷积神经网络模块，利用诺依曼级数替代矩阵求逆操作，显著降低计算复杂度。同时创新性地采用卷积字典模拟稀疏基，结合分段线性函数实现稀疏正则化，构建出端到端可训练模型，在提升重建效率的同时增强了模型可解释性。其次，基于零值域分解（RND）理论构建三阶段网络架构。全局卷积采样模块（GCSM）采用多级小卷积核级联结构，突破传统逐块采样限制，从根源上消除块状伪影；零域提取模块（XRNet）通过多级残差连接与特征复用机制，深度挖掘采样数据中的多层次特征；分解执行模块（ERM）则利用线性卷积模拟退化算子及其伪逆运算，实现值域与零域信息的高效融合。创新设计的四层次损失函数——同步约束值域一致性、零域真实性、最终重建精度及算子正交性，驱动模型逼近全局最优解。

针对多尺度图像重建需求，创新设计卷积变分自编码器（VAE）架构。其卷积编解码结构突破传统全连接限制，可自适应处理任意尺寸输入；采用"预训练-微调"两阶段策略，先独立优化 VAE 生成质量，再端到端协同训练整体模型；通过重构损失与 KL 散度损失的联合优化，确保零域特征的高保真提取。经 Set5、Set14、BSDS68 等标准测试集验证，本方法在采样率 0.1 条件下，PSNR 指标较 AutoBCS 提升 1.02 dB，SSIM 提高 0.051 dB，单图重建时间仅需 0.0401 s，综合性能显著领先于传统优化算法与主流深度学习方法。

第6章

基于智能算法和深度神经网络的农业物联网休眠调度与时序预测算法研究

第6章 基于智能算法和深度神经网络的农业物联网休眠调度与时序预测算法研究

6.1 基于遗传算法和多层次数据重建模型的休眠调度策略

6.1.1 冗余传感器节点的优化选择模型

遗传算法源于达尔文的进化理论和孟德尔的遗传理论，模拟生物种群遗传、变异和进化的自然过程，将种群视为优化问题中的一组解，通过将类似生物的遗传操作应用于当前的种群不断地迭代优化寻找问题的近似最优解，直至种群逐渐收敛到包含近似最优解的状态。

在本书中，为了优化冗余传感器节点的选择，将每种休眠策略视为种群的个体，每个选择策略中的所有传感器的状态被编码成仅包含 0 和 1 的矩阵。考虑到遗传算法中的世代交叠和每个世代中的个体数量众多，如果使用参数量庞大的复杂深度学习模型来计算重建精度，每次迭代都将消耗大量的训练时间和计算资源。因此，我们采用简单的低秩矩阵补全模块，将其嵌入到遗传算法中验证冗余传感器休眠后感知数据中包含的特征信息的完整性是否受到损害。冗余传感器节点选择得越正确，数据的特征信息就越完整，低秩矩阵补全的误差就越小。作为冗余传感器节点最优选择模型的自适应遗传算法如图 6-1 所示。

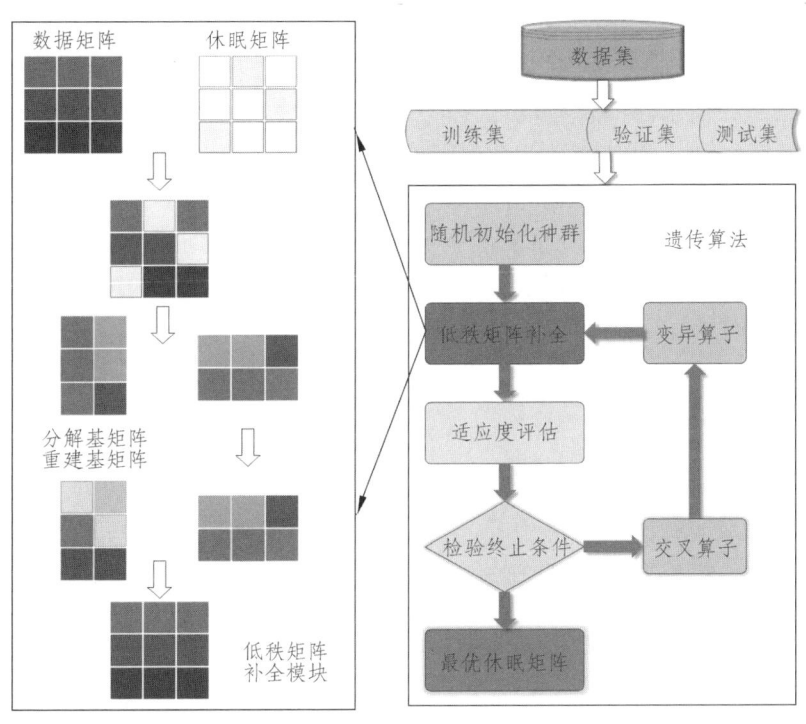

图 6-1 冗余传感器节点的优化选择模型

6.1.2 低秩矩阵补全模块

低秩矩阵补全（Low-rank Matrix Completion）可以看作针对一阶数据的压缩感知理论在二阶情形下的推广，其中矩阵的秩可看作数据二阶稀疏性的一个度量。在很多实际应用问题中，由于数据的本征维度很低，其对应矩阵的二阶稀疏性很高，即为低秩矩阵。利用数据的低秩性，可有效地从有缺失或受污染的数据矩阵中找到其低维度的本征空间，并通过求解相关优化问题对原始数据矩阵进行补全[140]。低秩矩阵补全已经在人脸聚类、视频分析、图像处理、个性化内容推荐等多领域有了成功的应用[141][142]。

类似于压缩感知中 l_0-范数极小化问题，可以得出将矩阵的秩作为二阶稀疏正则的优化模型：

$$\min_{X} \mathrm{rank}(X) \\ \mathrm{s.t.}\ b = \phi(X) \qquad (6\text{-}1)$$

式中潜在的目标矩阵 $X \in \mathbb{R}^{n \times h}$ 为低秩矩阵；$\phi: \mathbb{R}^{n \times h} \to \mathbb{R}^d$ 为线性算子。而矩阵的秩作为函数来说，是非凸且离散的，因此问题（6-1）是一个 NP 难问题。基于矩阵的核范数为矩阵秩的最佳凸逼近这一性质[143]，文献[144]采取了用矩阵的核范数对上述问题进行转化求解的思路，对如式（6-2）所示的凸优化问题进行了研究：

$$\min_{X} \|X\|_* \\ \mathrm{s.t.}\ b = \phi(X) \qquad (6\text{-}2)$$

而对问题的研究有两个关键要点：一是在什么条件下，问题（6-1）和问题（6-2）的解等价；二是如何求解凸优化问题（6-2）。在算法层面，由于核范数的定义，对矩阵低秩性质的研究转化为其特征值向量稀疏性的研究，因此压缩感知中的向量恢复算法在低秩矩阵补全中也得到了相应的拓展。但这些算法都需要对矩阵进行奇异值分解，这一操作在迭代中很消耗运算时间[140]。因此，文献[145]提出了基于矩阵分解的低秩矩阵补全算法，其思路为利用两个大小合适的矩阵做乘积运算来逼近要求解的低秩矩阵，将原问题转化为求解问题（6-3）：

$$\min_{B,H,X} \frac{1}{2}\|BH - X\|_F^2 \\ \mathrm{s.t.}\ b = \phi(X) \qquad (6\text{-}3)$$

因此，假设原始的完整数据为 $X \in \mathbb{R}^{n \times h}$，无线传感器网络根据遗传算法中每个个体所代表的休眠矩阵 L 进行稀疏采样，得到有缺失的数据矩阵 $M \in \mathbb{R}^{n \times h}$。然后，为了补全因为传感器休眠所产生的缺失数据，通过可迭代训练学习的分解基矩阵 $B \in \mathbb{R}^{n \times i}$，将 M 分解并映射到包含其完整特征信息的隐藏本征空间 $H \in \mathbb{R}^{i \times h}$，其中 $i \ll n$，再通过另一个可迭代训练学习的重建基矩阵 $\bar{B} \in \mathbb{R}^{n \times i}$ 进行补全，并尽可能的使补全后的数据矩阵 $\bar{X}$ 逼近原始数据 X。因此，整个数据矩阵的分解和重构过程可以表示为

$$M = X \times L \qquad (6\text{-}4)$$

$$M = BH \qquad (6\text{-}5)$$

$$\bar{B}H = \bar{X} \approx X \qquad (6\text{-}6)$$

通过对分解基矩阵和重建基矩阵的迭代训练，低秩矩阵补全模块的目标函数可以表示为

$$\min_{B,\bar{B}} \mathcal{L}(X, \bar{X}) = \frac{1}{2} \left\| X - \bar{B}B^{-1}M \right\|_{\text{F}}^{2} \qquad (6\text{-}7)$$

式中，$X - \bar{B}B^{-1}M$ 是补全误差，表示由于部分传感器的休眠而导致数据完整性受损坏的程度，数值越小，说明数据保存得越完整。

6.1.3 适应度函数

遗传算法主要是鉴于自然界中适者生存的原则，基于实际优化问题设计相应的适应度函数，选择适应性强的亲本将基因遗传到子代。

本书主要需要考虑两个优化目标：无线传感器网络的总能耗以及感知数据的精度。多目标优化问题与单目标相比，其本质区别在于解并非唯一。多目标优化问题中各个优化目标之间通常是相互影响的，改善一个目标可能会使其他目标的性能下降，因此基本上不可能同时实现多个目标的最优值，只能进行协调和折中处理，尽可能地使每个目标都达到最优化[143]。在本书研究的多目标优化场景中，网络总能耗随着休眠传感器节点数的增加而降低，而重建数据的误差不仅和休眠的冗余传感器节点数相关，还涉及冗余传感器节点的准确选择，因此，这两个优化目标之间并不仅仅是简单的正、负相关的关系。适应度函数的具体设计过程如下。

假设求解问题的当前种群集合为 $L = \{L_1, L_2, \cdots, L_p\}$，种群中每个个体 $L_m (1 \leqslant m \leqslant p)$ 代表一种可行的休眠调度策略，调度策略中第 i 个传感器在第 k 时刻所处状态记为 $l_k^i (1 \leqslant i \leqslant n, t \leqslant k \leqslant t+h)$，基于该策略执行所消耗的网络总能量记为 $E_m (1 \leqslant m \leqslant p)$，$E_m$ 可根据具体调度方案 L_m 和能耗模型计算求得。此外，为了防止传感器节点由于过度的信息收集而过早死亡，本书引入了归一化的剩余能量矩阵 $R \in \mathbb{R}^{n \times h}$ 来直观地表现每个传感器节点当前的剩余能量。通过剩余能量矩阵 R 对能耗计算公式进行加权，传感器节点的剩余能量越少，其权重越小，就越容易被选中进行休眠。因此，当前调度策略所消耗的加权总能耗计算为

$$E_m = \text{sum}(L_m \times E) = \sum_{i=1}^{n} \sum_{k=t}^{t+h} \frac{C_k^i}{R_k^i} \times l_k^i \qquad (6\text{-}8)$$

根据式（6-7）中的低秩矩阵补全算法计算可得到当前的重建误差 ε，综合考虑无线传感器网络总消耗以及感知数据的重建精度，本书所设计的适应度函数 V 可表示为

$$V = f(E, R, L) = \min_{L} \sum_{i=1}^{n} \sum_{k=t}^{t+h} \frac{C_k^i}{R_k^i} \times l_k^i + \lambda \left\| X - \bar{B}B^{-1}M \right\|_{\text{F}}^{2} \qquad (6\text{-}9)$$

6.1.4 适应度算法

算法 6-1 描述了冗余传感器节点的优化选择模型的整个过程。X_n 表示根据用于训练的休眠矩阵大小而划分为 n 个滑动窗口的数据集。然后将数据集 X_n、能耗计算矩阵 E 和归一化的剩余能量矩阵 R 输入到模型中。首先,随机初始化第一世代中的种群 $L = \{L_1, L_2, \cdots, L_p\}$,其中 p 表示种群的数量。其次,根据每个个体表示的休眠矩阵 L_i 模拟稀疏采样以获得缺失数据矩阵 M,并输入低秩矩阵补全模块 D 中进行训练以计算当前数据完整性。再次,根据适应度函数评价个体的优秀程度,如式(6-9)所示。最后,根据适应度 V_i,选择部分优秀个体作为亲本,通过交叉算子和变异算子产生子代,补全下一代种群。重复上述步骤直到最后一代,并选择最优秀的个体作为最优休眠矩阵 $\hat{L}$。因此,最终获得最优休眠矩阵 $\hat{L}$、总能耗 $\hat{E}$、以及训练完成的分解基矩阵 B 和重构基矩阵 $\bar{B}$。

算法 6-1
输入:
数据集 $X = X_1, X_2, \cdots, X_n$;
能耗计算矩阵 E;
归一化的剩余能量矩阵 R;
世代数 g; 种群大小 p;
适应度函数 f;
低秩矩阵补全模块 D;
损失函数 $\mathcal{L}$;
流程:
1: 随机初始化第一代中的种群个体 $L = L_1, L_2, \cdots, L_p$
2: for $l=1$ to g do
2:    for $i=1$ to p do
3:       for $k=1$ to n do training
4:          $M = X_k \times L_i$
5:          $\bar{X} = D(M) = \bar{B}B^{-1}M$
6:          $\hat{E} = \text{sum}(E \times L_i)$; $\varepsilon = \mathcal{L}(X, \bar{X})$
7:          $V_i = f(E, R, L_i, \varepsilon)$
8: 根据评估结果 V_i 选择种群中保留的个体
9: 通过交叉和变异操作补全种群作为下一代
10: 从最后一个世代中选择评估结果最好的个体作为最优休眠矩阵 $\hat{L}$

6.1.5 多层次数据重建模型

在前一节中,我们解决了冗余传感器节点的优化选择问题,获得了时间间隔 $t + h$ 期

第 6 章　基于智能算法和深度神经网络的农业物联网休眠调度与时序预测算法研究

间的最优休眠矩阵 $\hat{L}$，并根据其中的低秩矩阵补全模块初步重建了感知数据 $\bar{X}$。然而，由于计算资源和训练时长的限制，我们选择了计算方便快捷的低秩矩阵补全，而不是复杂的深度学习模型，因此感知数据的深层时空相关性并没有得到充分的利用。为了能够确保感知数据的精确性，本节将低秩矩阵补全模块作为初步重建模型，在此基础采用基于 LSTM 和注意力机制的 Seq2Seq 模型来充分提取感知数据中的时间和空间相关特征，进一步优化初步重建数据，具体模型结构如图 6-2 所示。

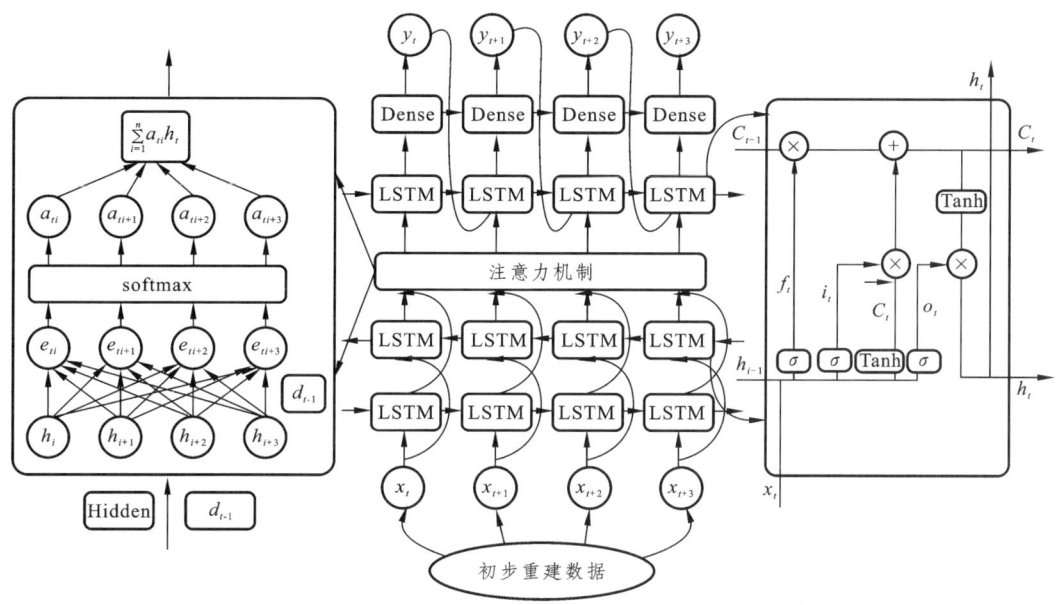

图 6-2　基于 LSTM 和注意力机制的 Seq2Seq 模型

Seq2Seq 模型包含 3 个重要组件：编码器、解码器和注意力机制。编码器处理输入的时空数据并将其映射到高维特征空间。注意力机制根据不同输入和不同输出之间的相关性，对高维空间中不同位置的隐藏特征进行加权。然后，解码器从高维特征空间中提取加权后的隐藏特征向量，并解码生成连续的输出序列。

1. 双向 LSTM 编码器

由于低秩矩阵补全模型不能充分利用感知数据中的时空相关性，本书选择双向 LSTM（Bi-LSTM）[147]作为编码器的基础单元，通过其固有的时序特征提取能力对初步重建数据进行特征提取。Bi-LSTM 扩展自 LSTM，通过在正向和反向上使用两个单独的 LSTM 处理输入数据序列来同时利用数据的过去和未来的时间依赖性。LSTM 的输入通常为时间序列 $x = \{x_1, x_2, \cdots, x_t\}$，其中 $x_i \in \mathbb{R}^n$，n 表示每个时间索引 i 中的特征。在每个时间索引中，LSTM 通过内部隐藏状态 h_t 存储所需信息，其更新如式（6-10）~式（6-15）所示：

$$f_t = \sigma(W_f[\boldsymbol{h}_{t-1}, \boldsymbol{x}_t] + b_f) \tag{6-10}$$

$$i_t = \sigma(W_i[\boldsymbol{h}_{t-1}, \boldsymbol{x}_t] + b_i) \tag{6-11}$$

$$\overrightarrow{C_t} = \tanh(W_c[\boldsymbol{h}_{t-1}, \boldsymbol{x}_t] + b_c) \tag{6-12}$$

$$C_t = f_t \cdot C_{t-1} + i_t \cdot \overrightarrow{C_t} \tag{6-13}$$

$$o_t = \sigma(W_o[\boldsymbol{h}_{t-1}, \boldsymbol{x}_t] + b_o) \tag{6-14}$$

$$h_t = o_t \cdot \tanh(C_t) \tag{6-15}$$

式中，i、f 和 o 分别表示输入门、遗忘门和输出门，而 C，σ，tanh 和 · 分别表示细胞状态、sigmoid 激活函数、tanh 激活函数和元素乘法。

在 Bi-LSTM 中，不再只有一个隐藏状态序列 $\boldsymbol{h}$，而是通过两个独立的 LSTM 分别从正、反两个方向读取输入序列来输出两个隐藏状态序列：前向隐藏状态 $\overrightarrow{h} = \{\overrightarrow{h_1}, \overrightarrow{h_2}, \cdots, \overrightarrow{h_n}\}$ 和后向隐藏状态 $\overleftarrow{h} = \{\overleftarrow{h_1}, \overleftarrow{h_2}, \cdots, \overleftarrow{h_n}\}$。因此，编码器的最终输出是具有与输入序列 $\boldsymbol{x}$ 相同长度的级联隐藏状态 $\{\boldsymbol{h_1}, \boldsymbol{h_2}, \cdots, \boldsymbol{h_n}\}$，其中时间索引 i 时的级联隐藏状态 h_i 表示如式（6-16）所示：

$$\boldsymbol{h}_i = [\overrightarrow{h_i}; \overleftarrow{h_i}] \tag{6-16}$$

2. 注意力机制

注意力机制的目的是找到当前时刻的输出与输入序列中每个时间索引处数据之间的相关性，并根据相关性为对应的隐藏状态分配不同的权重。对应于每个隐藏状态 $\boldsymbol{h}_i$ 的权重 α_{ti} 可由式（6-17）~式（6-18）计算得到。

$$e_{ti} = attn(d_{t-1}, \boldsymbol{h}_i) \tag{6-17}$$

$$\alpha_{ti} = softmax(e_{ti}) \tag{6-18}$$

式中，d_{t-1} 是 LSTM 解码器在时间索引 $t-1$ 处的隐藏状态；e_{ti} 表示 d_{t-1} 和隐藏状态 $\boldsymbol{h}_i$ 之间的相关性；$attn$ 是用于计算对应隐藏状态的注意力权重的前馈网络。然后应用 $softmax$ 激活函数以确保所有注意力权重的总和归一化为 1。因此，注意力加权向量 $\boldsymbol{c}_t$ 可以按照式（6-19）描述为从编码器获得的隐藏状态 $\boldsymbol{h}_t$ 的加权和：

$$\boldsymbol{c}_t = \sum_{i=1}^{n} \alpha_{ti} \boldsymbol{h}_t \tag{6-19}$$

3. LSTM 解码器

解码器负责从注意力加权向量 $\boldsymbol{c}_t$ 中提取特征信息，并递归地生成输出序列 $\boldsymbol{y} = \{y_1, y_2, \cdots, y_t\}$。考虑到输出序列的连续性，在 LSTM 层的顶部添加具有线性激活函数的完全连接层，以生成连续的输出值。时间索引 t 处的输出值 y_t 可以按如式（6-20）~式（6-21）所示计算：

$$d_t = LSTM(\boldsymbol{y}_{t-1}, d_{t-1}, \boldsymbol{c}_t) \tag{6-20}$$

第 6 章　基于智能算法和深度神经网络的农业物联网休眠调度与时序预测算法研究 \

$$y_t = Linear(W[\boldsymbol{d}_t;\boldsymbol{c}_t]+b) \tag{6-21}$$

直观地来说，在编码器和解码器之间添加的注意力机制可以确定在生成当前输出值时，输入序列的哪个部分应该被给予更多的关注。

6.1.6　云边协同计算框架

为了减轻传统物联网中云端的计算压力和传输负担，并确保物联网数据处理和传输的高效性和安全性，本节引入了边缘计算节点，并将整个网络铺设于云边协同计算框架，如图 6-3 所示。

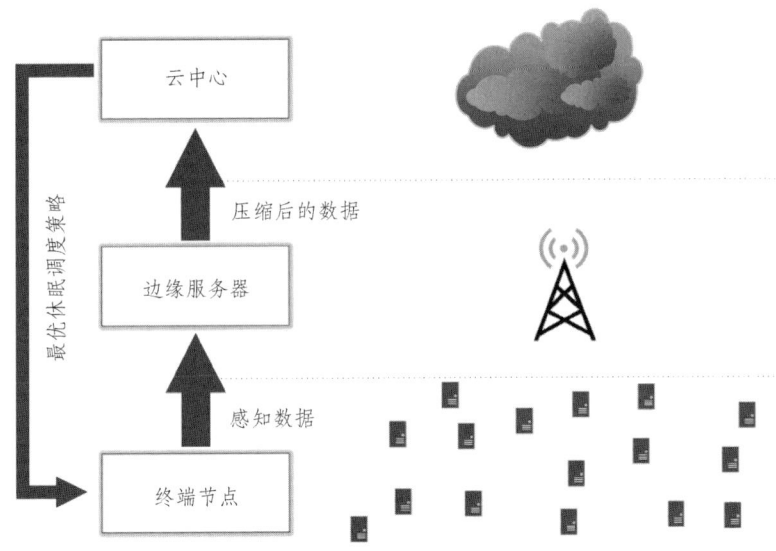

图 6-3　云边协同计算框架

整个过程如下：

（1）在云中心，通过 6.1.1 节中冗余传感器节点的最优选择模型，确定当前时间 t 和 $t+h$ 之间的最优休眠矩阵 $\hat{\boldsymbol{L}}$ 和分解基矩阵 $\boldsymbol{B}$，然后分别发送到终端传感器节点和边缘服务器。

（2）终端传感器节点根据最优休眠矩阵 $\hat{\boldsymbol{L}}$ 进行数据采集和休眠，并将感知数据传输到边缘服务器。

（3）边缘服务器根据式（6-5）中通过分解基矩阵 $\boldsymbol{B}$ 将接收到的数据矩阵分解为比原始尺寸小得多的隐藏特征矩阵 $\boldsymbol{H}$，并将 $\boldsymbol{H}$ 上传至云中心。

（4）云端计算中心根据重建基矩阵 $\bar{\boldsymbol{B}}$ 初步重建感知数据，并通过 6.1.5 节的多层次数据重建模型进一步优化重建缺失数据。

通过结合云边协同计算框架，一些云端计算任务被卸载到边缘服务器中，减少了终端传感器节点的数据传输距离，原始感知数据矩阵被分解为更小的隐藏数据矩阵，减轻了边缘端的传输压力。

6.1.7 实验分析

1. 冗余传感器节点的优化选择模型

为了更好地理解和评估冗余传感器节点的优化选择模型的效率,将其结果与 3 组随机对照和未嵌入低秩矩阵补全模块的传统遗传算法作为基准进行比较。根据表 6-1 中给出的具有参数变化的性能指标结果显示,实验组 F 产生了最佳平衡结果。较大的突变概率和当前世代中最佳个体的保留率得到了更好的收敛结果和最优输出的平衡。

表 6-1 优化选择模型的性能指标对比

模型	能耗比	MAE	RMSE
实验组 A	27.80%	0.032 634	0.045 212
实验组 B	35.61%	0.026 609	0.037 420
实验组 C	42.81%	0.020 927	0.029 277
实验组 D	39.88%	0.024 889	0.034 673
实验组 E	36.03%	0.024 788	0.033 818
实验组 F	29.61%	0.025 304	0.034 995
实验组 G	36.34%	0.022 522	0.030 989
实验组 H	37.30%	0.024 798	0.033 764
传统遗传算法	38.33%	0.037 860	0.050 337
随机对照组 1	26.67%	0.056 868	0.067 131
随机对照组 2	72.78%	0.021 676	0.029 201
随机对照组 3	57.22%	0.038 075	0.047 483

注:能耗比为当前休眠策略下的总能量消耗与所有传感器都处于激活状态时总能量消耗的比例。

与随机对照组相比,本书所提出的模型对于相似的能量消耗表现出更高的重建精度,对于相似的重建精度表现出更低的能量消耗。此外,在相同的参数下,传统的遗传算法虽然可以优化冗余传感器节点的选择降低 WSN 的总能耗,但它无法准确选择能够在低能耗和高数据精度之间平衡的最优冗余传感器节点子集。因此,数据的完整性结构不可避免地受到影响,导致得到比我们所提出的方法更高的重建误差。同时,由于我们嵌入遗传算法中的低秩矩阵补全模块的计算相对简单,只需要很少的训练资源,因此每次迭代只需要 90 s,并不会造成额外的计算负担。因此,可以证实,我们所提出的模型可以在保持数据特征信息完整性的约束下降低网络占空比,有效地解决最优冗余传感器节点子集选择问题,在减少 WSN 的总能耗,在延长网络寿命的同时确保数据完整性。

此外,遗传算法在能量消耗和重建精度之间的平衡的优化过程如图 6-4 所示。每个点表示当前种群中的一个个体,不同的深浅度表示不同世代种群的进化。由于第一代的种群是随机产生的,初始个体在 x 轴上随机分布。经过世代交替和种群进化,最后几代的个体逐渐收敛到一个集中的区域并保持稳定。

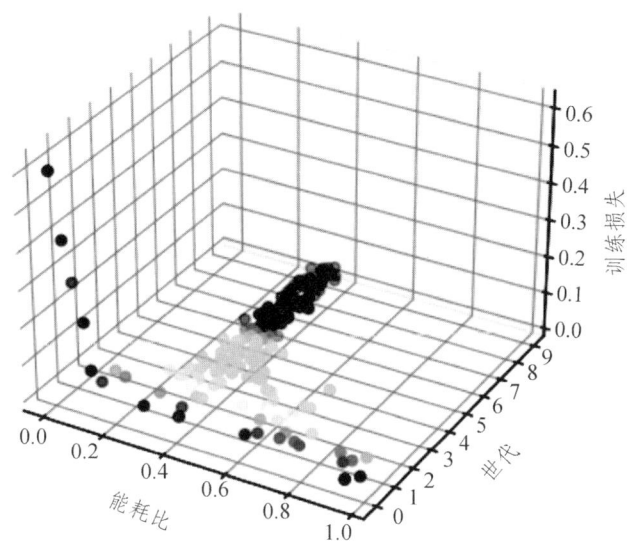

图 6-4 遗传算法中的种群优化过程

2. 多层次数据重建模型

图 6-5 比较了具有不同参数的实验模型之间的 MAE 训练损失曲线。显然,模型 E 达到了最佳结果。随着隐藏的 LSTM 单元的数量增加,特征提取的能力变得更强,并且在达到 512 之后趋于饱和。表 6-2 表明,模型 E 在最终重建精度中实现了最低的 MAE 和 RMSE 损失值。因此,在权衡了精度和参数数量之间的平衡后,本书采用模型 E 的参数设置。

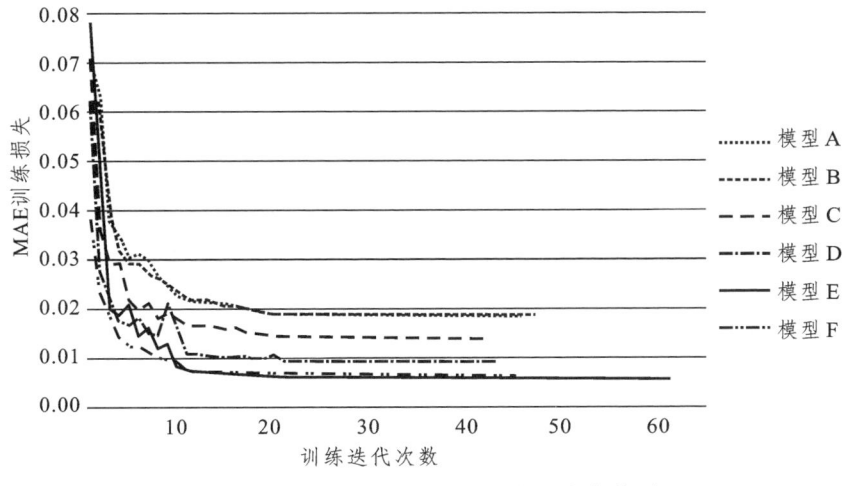

图 6-5 模型 A~F 的 MAE 训练损失曲线对比

表 6-2　不同参数性能指标的比较

模型	MAE	RMSE
A	0.017 945	0.024 298
B	0.015 244	0.019 440
C	0.012 859	0.016 585
D	0.008 759	0.011 530
E	0.005 847	0.007 887
F	0.006 095	0.008 205

为了更好地理解和评估我们所提出的多级数据重建模型的效果，将结果与作为基线模型的传统矩阵补全（Matrix Completion，MC）、LSTM 和 Seq2Seq 模型以及根据性能度量的 MC+LSTM 多级重建模型进行了比较。为了进一步评估模型的健壮性，随机选择了名为 DS（A~E）的 5 个不同真实传感器数据集来测试这些方法，误差结果如表 6-3 所示。为了清楚地展示这些算法之间的性能差异，将表 6-3 中的结果展示为三维直方图，如图 6-6 所示。可以观察到，综合所有土壤温度数据集中的所有评价指标，我们所提出的多级重建模型都显著地优于所有其它基线算法。

表 6-3　数据集 A~E 上的各个方法性能指标对比

模型	数据集	MAE	RMSE
MC	DS-A	0.025 307	0.034 995
	DS-B	0.023 194	0.031 137
	DS-C	0.023 345	0.032 718
	DS-D	0.026 593	0.036 727
	DS-E	0.024 999	0.034 653
LSTM	DS-A	0.022 474	0.038 581
	DS-B	0.030 155	0.038 974
	DS-C	0.027 682	0.043 071
	DS-D	0.027 422	0.037 165
	DS-E	0.027 925	0.038 762
MC+LSTM	DS-A	0.017 490	0.027 686
	DS-B	0.011 082	0.015 685
	DS-C	0.012 953	0.018 175
	DS-D	0.010 785	0.015 621
	DS-E	0.013 866	0.019 735

续表

模型	数据集	MAE	RMSE
Seq2Seq	DS-A	0.010 558	0.015 395
	DS-B	0.008 269	0.010 857
	DS-C	0.008 450	0.010 985
	DS-D	0.008 349	0.011 554
	DS-E	0.013 113	0.016 072
多层次数据重建模型	DS-A	0.005 847	0.007 887
	DS-B	0.004 943	0.006 946
	DS-C	0.005 635	0.008 257
	DS-D	0.006 804	0.008 694
	DS-E	0.005 419	0.007 428

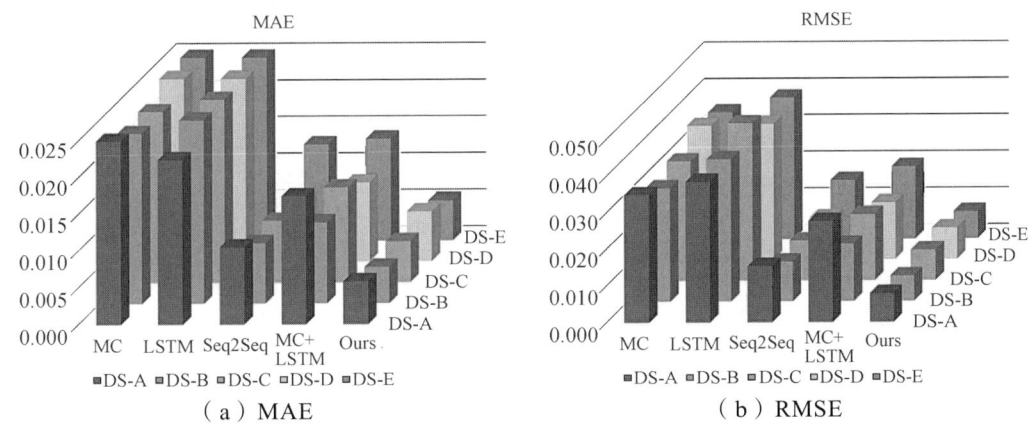

图 6-6 数据集 A~E 中各个方法 MAE 和 RMSE 的对比

具体而言，在数据集 DS-B 上模型表现出了最佳的 MAE 和 RMSE 值。可以清楚地看到，在冗余传感器节点休眠导致大量数据丢失的情况下，MC 以非常少的训练参数实现了接近传统 LSTM 的重建精度（MC 的参数总数为 384，而 LSTM 为 3 185 153）。这一结果有力地证明了我们提出的冗余传感器节点优化选择模型的意义，该模型可以有效地利用传感器数据低秩和冗余的特征来恢复其潜在结构。然而，由于 MC 的结构简单，传感器数据之间的复杂时空相关性无法得到充分利用，因此无法完整、准确地重建出整个缺失数据。对此，我们选择了 Seq2Seq 结构，以低秩矩阵补全作为初步重建模型，并结合双向 LSTM 和注意力机制来构建 Seq2Seq 模型，充分提取初步重建数据中的复杂时空相关性进一步优化重建数据。结果表明，由于添加了低秩矩阵补全模块作为初步重建模型以确保数据完整性并恢复缺失数据的结构特征，我们提出的多级模型将精度提高了约 40%，而总参数和计算时间仅增加了不到 1%（Seq2Seq 的参数总数为 15 056 921，每次迭代大约需要 3 min 30 s，而相比之下我们的多级结构仅添加了一个参数量为 384 的 MC 结构，每次迭代仅增加了 3 s）。这些结果清楚地表明，我们所提出的方法能够以令人满意的精度重建所有测试样本的缺失数据。

6.2 结合时序分解和物理信息约束的非线性时序预测模型

6.2.1 时序预测问题描述

时间序列预测通常建模为利用历史数据预测未来的变化趋势，按照输入变量的维度分为单变量和多变量预测，按照预测的未来时间步长则分为单步或多步预测。顾名思义，单变量时序预测是根据单一的历史时间序列预测该变量未来的值，而多变量时序预测则是输入多个变量的历史时间序列。而单步预测与多步预测的区别则在于预测值和历史输入值之间的时间间隔[148]。在当前大数据时代下，收集到的时间序列数据一般都是多变量时间序列，在这种情况下，每个变量之间都是互相关联的，数据间不仅存在复杂时间相关性，还存在较强的空间相关性。其多变量的数据矩阵可以表示为

$$\boldsymbol{X} = \begin{bmatrix} x_1^1 & x_2^1 & \cdots & x_T^1 \\ x_1^2 & x_2^2 & \cdots & x_T^2 \\ \vdots & \vdots & & \vdots \\ x_1^N & x_2^N & \cdots & x_T^N \end{bmatrix} \in \mathbb{R}^{N \times T} \tag{6-22}$$

式中，$\boldsymbol{X}_t = (x_t^1, x_t^2, x_t^3, \cdots, x_t^N)$ 为 N 个相关变量在历史时刻 t 时的观测值，$\boldsymbol{X}^n = (x_1^n, x_2^n, x_3^n, \cdots, x_t^n)$ 则表示第 n 个相关变量在历史时刻 T 的观测值序列。假设映射模型函数为 F，则预测模型可表示为

$$Y = F(\boldsymbol{X}) \tag{6-23}$$

式中，预测值 $Y = (\hat{x}_{T+1}, \hat{x}_{T+2}, \cdots, \hat{x}_{T+h})$，$\hat{x}_{T+h}$ 表示其对应时刻的预测值，h 为预测窗口大小。

6.2.2 基于时序分解的 SD-LSTM

为了克服循环神经网络存在的长期依赖问题，Hochreiter 等人[149]在 1997 年提出了循环神经网络的一种新型变体结构——长短期记忆（LSTM）神经网络。标准的 RNN 结构中只有一个神经元，一个激活函数进行反复的循环学习，而 LSTM 引入了"门"这一结构，通过将隐藏层的神经元替换成 3 个各司其职的"门"来对细胞状态中留存的信息进行添加或删除，从而解决了梯度消失、梯度爆炸等问题。

LSTM 引入了 3 个门，即输入门、输出门和遗忘门，用来控制细胞状态中存储的信息。输入门将部分信息写入细胞状态中，遗忘门从细胞状态中遗忘冗余信息，由这两个门协同更新细胞状态中的信息编码，而输出门将细胞状态的信息转化为输出信息。但是，由于现实中的时间序列往往被认定为一个非线性、非平稳的过程，而 LSTM 中

第 6 章 基于智能算法和深度神经网络的农业物联网休眠调度与时序预测算法研究

的"门"只是一个简单的门控结构,难以捕捉数据中的非平稳变化,对于较复杂的序列进行预测时效果并不佳。

因此,针对时序预测问题中复杂的时间模式,本书采用了分解的思想,将时间序列分解为长期趋势分量和季节周期分量。这两个分量分别反映了该序列的长期趋势性和季节波动性。因为未来必须是未知的,直接分解包含相对当前属于未知数据的完整序列是不可行的,本书选择将时序分解模块作为深度学习模型的一个内部操作,如图 6-7 所示,它可以逐步从中间隐变量中提取序列的长期平稳趋势。本书选择移动平均线来平滑周期性波动,突出长期趋势。其过程如式(6-24)~式(6-25)所示:

$$t = AvgPool(Padding(x)) \tag{6-24}$$

$$s = x - t \tag{6-25}$$

式中,t、s 分别表示提取的长期趋势分量和季节周期分量。下面将采用 $t, s = SeriesDecomp(x)$ 来概述上述过程。

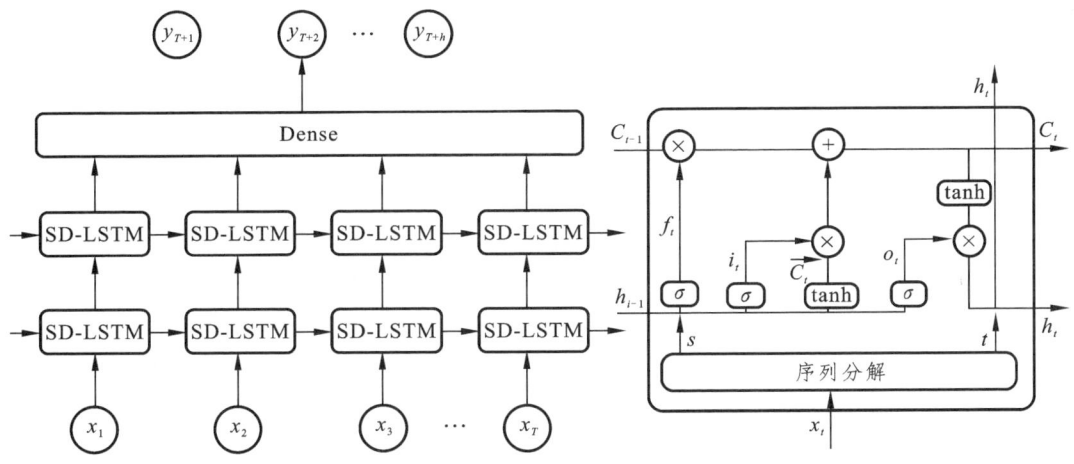

图 6-7 SD-LSTM 结构

分解出的长期趋势分量 t 是一个相对平稳、简单的序列,因此并不需要在 LSTM 结构内通过大量的参数进行复杂的非线性映射来拟合,而是将其直接输入到隐藏向量 h_t 中。SD-LSTM 内部的计算公式如式(6-26)~式(6-32)所示:

$$t, s = SeriesDecomp(x_t) \tag{6-26}$$

$$f_t = \sigma(W_f[h_{t-1}, s] + b_f) \tag{6-27}$$

$$i_t = \sigma(W_i[h_{t-1}, s] + b_i) \tag{6-28}$$

$$\overrightarrow{C_t} = \tanh(W_c[h_{t-1}, s] + b_c) \tag{6-29}$$

$$C_t = f_t \cdot C_{t-1} + i_t \cdot \overrightarrow{C_t} \tag{6-30}$$

$$o_t = \sigma(W_o[h_{t-1}, s] + b_o) \quad (6\text{-}31)$$

$$h_t = W[o_t \cdot \tanh(C_t), t] \quad (6\text{-}32)$$

式中，x_t 代表当前层 t 时刻的输入；i_t、f_t、o_t 分别代表输入门、遗忘门、输出门；W 代表权重矩阵；b 代表偏置矩阵；$\overrightarrow{C_t}$ 代表 t 时刻的候选向量；C_t 代表 t 时刻的细胞状态；h_t、h_{t-1} 分别代表 t、$t-1$ 时刻的隐藏向量；tanh 是双曲正切激活函数。

6.2.3 添加物理信息约束的 SD-LSTM-P

为了增强模型的可解释性，本节采用将科学原理（如偏微分方程、边界条件）纳入深度神经网络，提出了 SD-LSTM-P 结构，将可用的物理信息作为额外的约束添加到 SD-LSTM 的最终输出层，提高可行解空间内的收敛速度和学习精度，具体结构如图 6-8 所示。

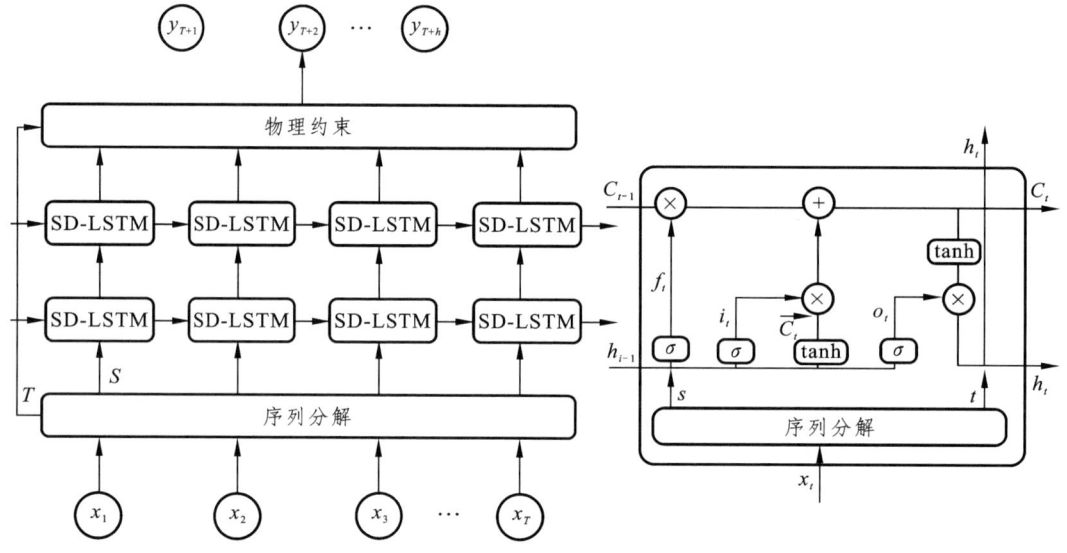

图 6-8 SD-LSTM-P 结构

首先对于输入序列 $X = \{x_1, x_2, \cdots, x_T\}$ 进行平滑分解，分解出长期趋势分量 T 和季节周期分量 S。然后将其中较为复杂的季节周期分量 S 输入到 SD-LSTM 结构，通过复杂的非线性映射进行拟合。而变化相对简单的长期趋势分量 T 则通过直接输入到最后的物理约束层：

$$T, \ S = SeriesDecomp(X) \quad (6\text{-}33)$$

$$X_{\text{out}} = SDLSTM(S) \quad (6\text{-}34)$$

对于时序分解后得到的长期趋势性和季节周期性，本书分别采用不同的可解释的物理约束作为归纳偏置来替换模型最后的全连接层进行拟合。长期趋势性的一个经典的特征为，大多数时候它是一个单调函数，或者至少是一个缓慢变化的函数。为了模拟这种行为，本书采用一个在预测窗口内缓慢变化，较小层级的多项式约束：

$$\hat{Y}_t = \sum_{i=0}^{p} Tt^i \tag{6-35}$$

式中，时间向量 $t = [0,1,2,\cdots,h]^T / h$ 被定义在一个从 0 到 $(h-1)/h$ 的离散网格上，h 表示预测步长。

而季节周期性的典型特征则规律、反复、呈周期状的波动。因此，为了模拟季节周期性，本书采用周期类函数约束，选用傅里叶级数作为基对周期函数进行建模：

$$\hat{Y}_s = \sum_{i=0}^{h/2-1} X_{\text{out}} \cos(2\pi i t) + X_{\text{out}} \sin(2\pi i t) \tag{6-36}$$

最后，将拟合的长期趋势分量和季节周期分量相加就可以得到预测输出，即

$$\hat{Y} = PC(T, X_{\text{out}}) = \hat{Y}_t + \hat{Y}_s \tag{6-37}$$

6.2.4　SD-Seq2Seq 预测模型

基于编码器-解码器结构的序列生成模型（Sequence to Sequence Model，Seq2Seq）已广泛应用于时间序列预测任务[150]。目前，主流的 Seq2Seq 模型主要是基于 LSTM 的编码器-解码器结构。在编码器-解码器模型中，编码器部分将来自整个输入序列的信息压缩成一个高维隐藏特征向量，再由解码器对这个隐藏特征向量进行解码，提取特征信息输出预测值。然而，上述任务都是基于 LSTM 本身的特征或在此之上增加一些辅助的特征处理操作，并没有关注或增强 LSTM 本身对于复杂序列的非线性特征提取能力。

本章对基于传统 LSTM 的 Seq2Seq 模型进行了扩展，SD-Seq2Seq 模型采用多层 SD-LSTM 结构构建编码器，利用 SD-LSTM 的渐进分解能力充分提取序列中的复杂非线性时序信息，然后采用注意力机制对编码出的高维隐藏向量进行加权，以获得全局加权特征向量，再以 SD-LSTM-P 作为解码器，通过嵌入的相应物理信息约束使可行解空间内的收敛加速，提高预测精度，增加模型可解释性。图 6-9 显示了 SD-Seq2Seq 的具体结构，编码器由两层堆叠的 SD-LSTM 组成，相应的解码器由两层堆叠的 SD-LSTM-P 组成，中间部分则是对高维隐藏向量进行全局特征加权的注意力机制。

整个 SD-Seq2Seq 模型流程如下：

首先，通过一个时序分解模块对原始输入序列进行分解，得到长期趋势分量 T 和季节周期分量 S。将变化规律较为简单的长期趋势分量 T 直接输入最后的物理约束层，而变化更为复杂的季节周期分量 S 则输入由多层的 SD-LSTM 组成的编码器中提取其时序相关特征，生成一个高维隐藏向量 **Hidden**。

$$T, S = SeriesDecomp(X) \tag{6-38}$$

$$\textbf{\textit{Hidden}} = Encoder(S) \tag{6-39}$$

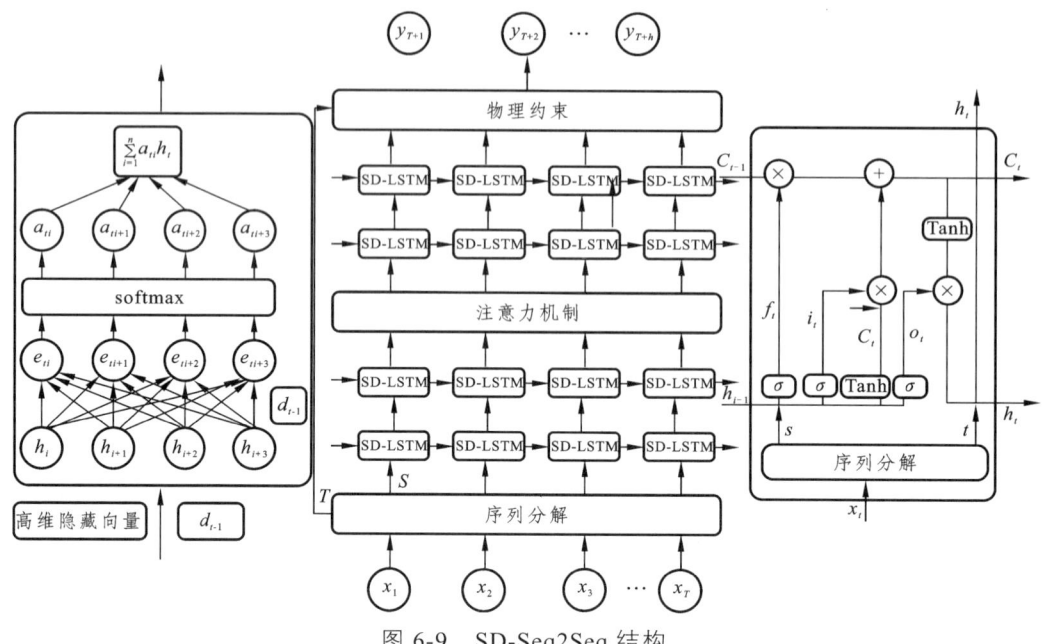

图 6-9 SD-Seq2Seq 结构

其次，通过注意力机制对 **Hidden** 进行全局注意力特征加权，根据权重决定解码器当前重点关注输入特征的哪一部分，得到加权隐藏向量 **Weighted**。

$$e_{ti} = attn(d_{t-1}, h_i) \tag{6-40}$$

$$\alpha_{ti} = softmax(e_{ti}) \tag{6-41}$$

式中，d_{t-1} 表示解码器在 $t-1$ 的隐藏状态；h_i 表示高维隐藏向量 **Hidden** 的各个部分；e_{ti} 代表了 d_{t-1} 和 h_i 之间的相关性；$attn$ 则是一个前馈神经网络，用来计算隐藏向量之间的注意力权重值；$softmax$ 激活函数用来对注意力权重值进行归一化，确保所有的注意力权重值之和为 1。因此，注意力加权隐藏向量 **Weighted** 可以表示为所有隐藏向量 h_t 的加权和：

$$\textbf{\textit{Weighted}} = \sum_{i=1}^{n} \alpha_{ti} \textbf{\textit{h}}_t \tag{6-42}$$

最后的预测阶段，由多层 SD-LSTM-P 组成的解码器根据加权隐藏向量 **Weighted**，解码输出象征着原始序列季节周期特征的 S_{out}，与最初分解出的长期趋势分量 T 一起输入物理约束层，分别对这两个特征进行约束求解得到最终的预测值。

$$S_{out} = Decoder(\textbf{\textit{Weighted}}) \tag{6-43}$$

$$\hat{Y} = PC(T, S_{out}) \tag{6-44}$$

6.2.5 实验分析

为了验证所提出的预测模型的科学性和有效性，本章将传统的 LSTM、SD-LSTM

和 SD-LSTM-P 进行了实验对比分析，所有模型均使用过去 96 h 的历史环境数据作为模型的输入序列，对未来 24 h 的土壤温度数据进行预测，并且对每个模型分别设置堆叠层数为 1，2 和 4 层时的情况分别进行对比，模型定量分析评价结果如表 6-4 所示。

由表 6-4 可以看出，对于传统 LSTM 预测模型，在本次真实环境数据影响因素众多、呈现复杂非线性、非平稳的时间序列预测中，单纯地堆叠 LSTM 层数并不能更好地提取输入序列的非线性特征，神经网络层数的增加导致参数量变大，不仅使得训练时间变长、难以收敛，而且内部复杂的非线性映射产生严重过拟合现象，导致预测精度不升反降。

表 6-4 各模型预测精度评价分析

模型	MAE	RMSE
LSTM-1	0.049 902	0.059 164
LSTM-2	0.051 434	0.060 634
LSTM-4	0.051 658	0.060 899
SD-LSTM-1	0.045 341	0.054 113
SD-LSTM-2	**0.043 871**	**0.052 578**
SD-LSTM-4	0.044 038	0.052 258
SD-LSTM-P-1	0.043 346	0.051 760
SD-LSTM-P-2	**0.041 860**	**0.049 199**
SD-LSTM-P-4	0.041 965	0.049 233

而与传统 LSTM 模型相比，SD-LSTM 模型所添加的时序分解模块使得模型对输入数据的复杂时间模式具备渐进分解能力。通过分解解开时间序列不同模式之间的纠缠，突出时间序列的固有特性，而数据特征的逐层渐进分离，能够缓解复杂模式带来的干扰[151]，使得 SD-LSTM 不仅能够得到相较传统 LSTM 更高的预测精度，而且在模型层数堆叠时也能继续保持更好的表现。而 SD-LSTM-P 模型则是在 SD-LSTM 的基础上添加了一个最终输出层的物理信息约束作为归纳偏置，对于分离出的不同数据模式进行相对应的处理，促进模型在可行解空间内的收敛，一定程度上防止过拟合现象的发生，因此相较 SD-LSTM 模型又取得了更好的效果，其预测精度也最好，同时让深度模型更具备可解释性。

在堆叠 2 层的情况下，SD-LSTM 模型的 MAE、RMSE 分别达到了 0.043 871、0.052 578；较传统 LSTM 模型分别提升了 15%、13%；而 SD-LSTM-P 模型的 MAE、RMSE 则分别达到了 0.041 860、0.049 199；较 SD-LSTM 模型又分别提升了 5%、6%。由此可以看出，时序分解模块的添加有效地提高了 LSTM 模型的预测精度，内部渐进分解的思路使得复杂非线性特征的提取变得更简单，而物理信息的约束又进一步使得模型的效果更加理想化，使拟合的结果符合现实世界物理规律，具备可解释性，能够更好地拟合出环境数据的变化趋势。

图 6-10 所示为传统 LSTM 模型、SD-LSTM 模型和 SD-LSTM-P 模型训练时 MSE 误差收敛对比。SD-LSTM 基于内部渐进的时序分解模块，将复杂非线性序列分解为变化较简单的长期趋势分量和较复杂但具备周期波动的季节周期分量，并只对较复杂的季节周期分量进行复杂的模型拟合，而对较简单的长期趋势分量进行简单的拟合，这一举措使得原本复杂烦琐的计算变得更精简有效，在不增加网络参数的情况下提高了模型的精度。而 SD-LSTM-P 则分别针对长期趋势分量的单调缓慢变化特性和季节周期分量的周期规律波动特性添加相对应的额外物理信息约束，进一步促进可行解空间内的收敛速度加速。

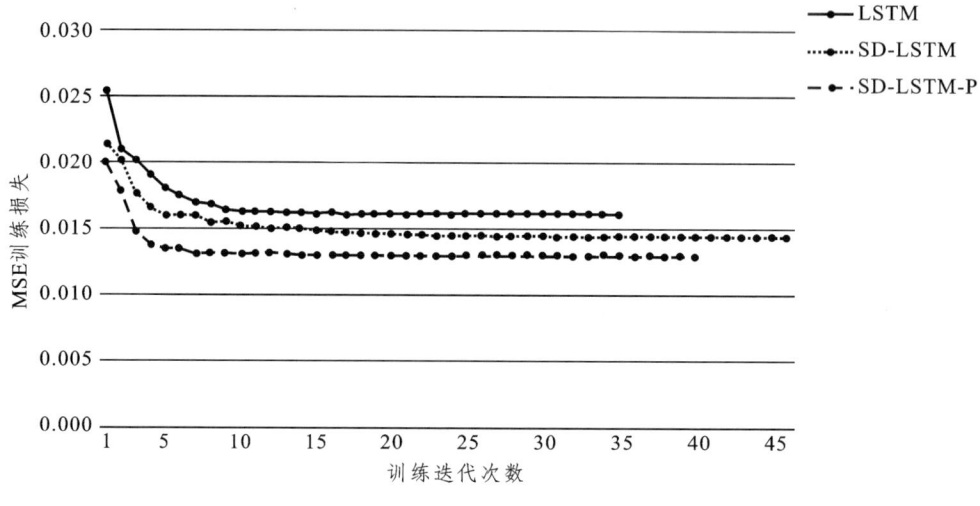

图 6-10　各模型训练 MSE 误差收敛对比

为了进一步评估模型的健壮性，本书随机选择了放置在不同区域的 5 个传感器数据集，命名为 DS（A～E），对模型进行消融对比测试，预测精度结果如表 6-5 所示。为了清楚地展示这些算法之间的性能差异，将表 6-5 中的结果以三维直方图的形式展示，如图 6-11 所示。可以清楚地看出，不管在哪个数据集，时序分解模块的添加都使得 SD-LSTM 模型的预测精度相较于传统 LSTM 模型而言得到了显著的提升。虽然数据集的差异导致数据的变化特性也随之不同，使得引入物理信息约束的 SD-LSTM-P 模型所带来的提升相较于时序分解模块并没有那么显著，但仍清晰可见。这是源于不同数据集导致数据的变化特性不同，而统一的物理信息约束对不同变化趋势的拟合程度也有所不同，所以有的数据集提升较为明显，而有的数据集中提升没那么明显。但总地来说，这一消融实验的结果证明了时序分解模块和物理信息约束能在不增加网络总体参数量的情况下促进可行解空间内的收敛，使模型在有更高的预测精度和更快的收敛速度的同时，具有更明确的物理意义和可解释性，从而提高训练模型的健壮性，实现更精确的预测。

第6章 基于智能算法和深度神经网络的农业物联网休眠调度与时序预测算法研究

表 6-5 各数据集下模型预测精度评价分析

数据集	模型	MAE	RMSE
DS-A	LSTM	0.058 587	0.069 861
	SD-LSTM	0.052 351	0.063 452
	SD-LSTM-P	**0.051 089**	**0.062 205**
DS-B	LSTM	0.038 148	0.047 041
	SD-LSTM	0.036 015	0.043 641
	SD-LSTM-P	**0.034 430**	**0.041 623**
DS-C	LSTM	0.046 984	0.055 889
	SD-LSTM	0.042 125	0.050 649
	SD-LSTM-P	**0.040 378**	**0.048 128**
DS-D	LSTM	0.042 767	0.051 480
	SD-LSTM	0.038 943	0.045 575
	SD-LSTM-P	**0.037 460**	**0.044 538**
DS-E	LSTM	0.046 692	0.055 137
	SD-LSTM	0.042 114	0.049 863
	SD-LSTM-P	**0.037 927**	**0.045 176**

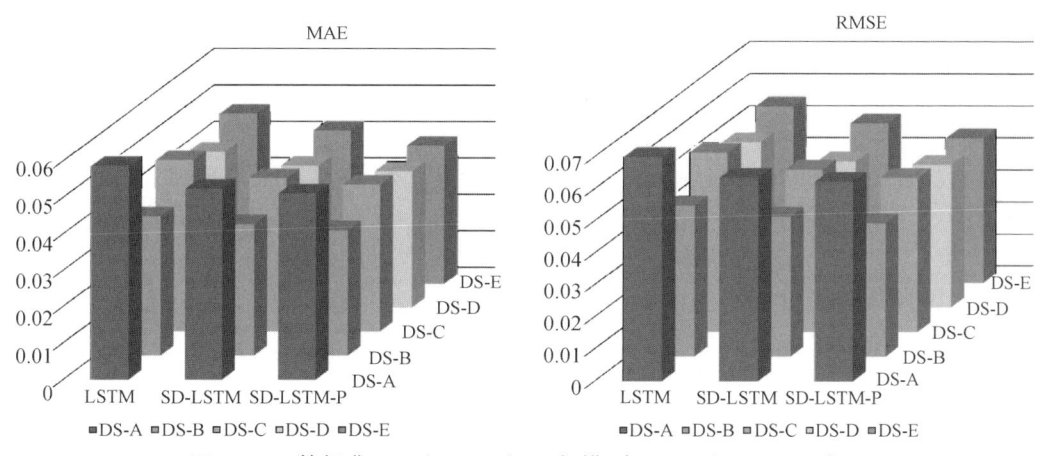

图 6-11 数据集 DS（A～E）下各模型 MAE 和 RMSE 对比

接着为了验证 SD-LSTM 和 SD-LSTM-P 结构的有效性和泛用性，将 SD-LSTM 作为编码器，SD-LSTM-P 作为解码器，结合注意力机制构建 Seq2Seq 模型，并与采用传统 LSTM 的 Seq2Seq 模型进行对比，实验结果如图 6-12 所示。相较于传统 LSTM，采用 SD-LSTM 和 SD-LSTM-P 对数据特征进行提取和拟合，使模型能得到更低的训练误差、更精准的预测结果，其预测精度提升了约 27%。而且传统 Seq2Seq 模型在第 10

次迭代时开始逐渐收敛，直到第 52 次迭代才收敛结束，而基于 SD-LSTM 和 SD-LSTM-P 的 Seq2Seq 模型在第 7 次迭代就开始准确收敛，并在第 44 次迭代时收敛结束，这一结果更是验证了我们对复杂时间模式进行分解，并针对性添加物理信息约束进行拟合思路的可行性与正确性，证明了 SD-LSTM 和 SD-LSTM-P 这两个结构的有效性和泛化性，确实能进一步加速可行解空间内的收敛。

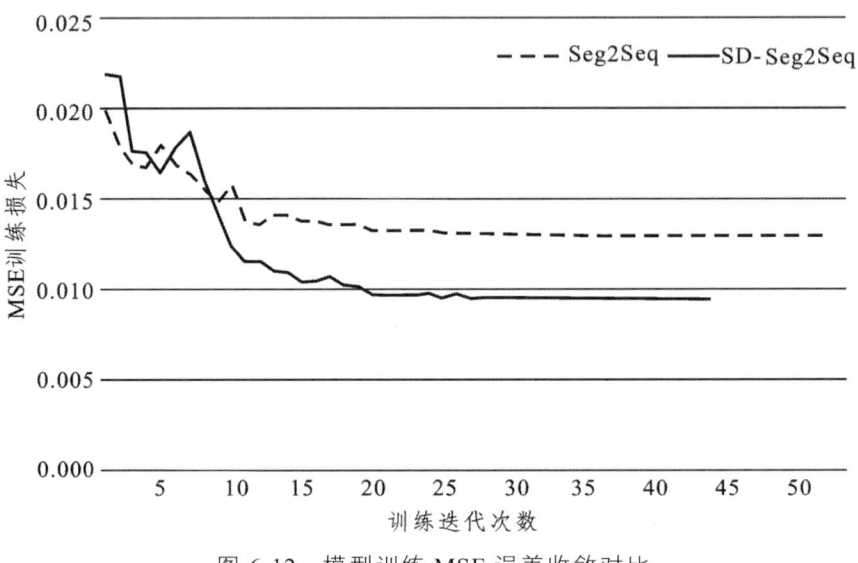

图 6-12 模型训练 MSE 误差收敛对比

6.3 本章小结

本书在过往农业物联网休眠调度、数据重建和时序预测的研究基础上，首先对能量受限系统中如何在确保感知数据完整性的前提下进行休眠调度、降低网络总能耗展开了研究，结合低秩矩阵补全和深度神经网络构建多层次数据重建模型，对传感器休眠调度产生的缺失数据进行精确重建。然后，针对时序预测问题中复杂非线性数据难以拟合、不可解释等问题，结合时序分解和物理信息约束构建深度神经网络，对物联网中采集的复杂非线性环境数据进行未来多步预测。

第 7 章

基于通道剪枝的深度神经网络压缩方法研究

随着深度学习和 GPU 技术的发展，计算机视觉相关任务变得越来越普遍，可以更好地实现与布署。深度卷积神经网络在各个领域备受关注，如分类识别和目标检测等任务。然而，出于对任务识别精度的要求，卷积神经网络的层数不断增加，其变得更深、更复杂，导致参数量与计算量成倍增长，将神经网络布署于存储资源和计算资源不足的设备中会严重影响其模型性能。这就限制了高性能的深度神经网络模型在低成本、低功耗和小内存的嵌入式设备上直接的应用。

针对上述矛盾，本章对深度神经网络压缩方法中的通道剪枝进行了研究[152]，观察到不同滤波器（也称通道）之间对模型性能有不同贡献度的特点，通过研究通道剪枝和紧凑结构设计对网络进行压缩，减少网络的冗余度来轻量化神经网络，同时要求模型的精度不下降。

7.1 基于滤波器弹性的通道剪枝压缩算法

在众多剪枝算法中，主要的不同点在于如何评价卷积核（滤波器）或者特征图（feature map）的重要性程度。为此，本章提出一种基于网络通道剪枝的算法进行融合剪枝，把剪枝问题中的滤波器重要性程度定义为弹性，并提出迭代剪枝策略，对模型训练过程中的剪枝速度与剪枝效果进行优化。网络瘦身（networking slimming）利用网络原有的批归一化（batch normalization，BN）层的参数 γ 进行通道重要性评估，对网络使用一个先验阈值，将重要性评估大小低于阈值的 feature map 去除完成剪枝，防止剪枝率过高对网络结构完整性的破坏，本章增添层间局部动态阈值对其进行改进。在此基础上，利用滤波器的弹性来度量每个滤波器对模型最终性能的贡献程度，并提出迭代裁剪框架优化剪枝过程中的矛盾，最后与改进的网络瘦身算法结合进行融合通道剪枝。

7.1.1 重要性评价与 L1 稀疏训练改进

对于通道剪枝来说，找到一种合适的准则来评估通道重要性程度是保证模型剪枝效果良好的必要前提。本章前段剪枝过程利用每个通道上可训练的缩放因子的值作为剪枝的评价准则，将缩放因子接近 0 所对应的卷积层中的卷积核视为对模型最终性能贡献度小的通道，故把这些通道判定为冗余并对其进行删除。目前在图像分类任务中，由于 BN 层具有防止梯度爆炸、加快模型收敛和提高泛化性能的作用，卷积神经网络都会加入 BN 层。BN 层对数据进行归一化处理是通过可训练的缩放因子 γ 和偏移系数 β 来实现的，并可以学习卷积层输出的特征分布。式（7-1）为卷积神经网络中 BN 层的转换方式：

$$z_{\text{out}} = BN(X) = \gamma \times \frac{z_{\text{in}} - \mu_B}{\sqrt{\sigma_B^2 + \varepsilon}} + \beta \qquad (7\text{-}1)$$

式中，z_{in} 为卷积层输出的特征图的 3 阶张量；z_{out} 为该层进行标准归一化操作后的输出；B 为每次输入网络中的最小批量数据；μ_B 和 σ_B^2 分别为该批次样本 B 的均值和方差；γ 和 β 是 BN 层中的可训练参数，γ 可理解为归一化操作的缩放因子，β 作为归一化操作中可能产生的偏差补偿。

根据式（7-1）可知，当缩放因子 γ 接近 0 时，BN 层的输出接近于 β（归一化操作中可能产生偏差的补偿）；在神经网络中卷积层后都跟随 BN 层，其中 BN 层中的缩放因子 γ 在卷积层中可以一一对应每一个通道，因此每个通道生产的特征图对模型性能的贡献值可以量化为 BN 层中的缩放因子 γ 的大小。即当缩放因子 γ 为 0 时，认为该特征图对模型的性能无表达作用，产生了冗余，故删除该 γ 对应的通道，可以减少网络参数且不改变原始网络的特征提取。

为了到达上述的效果，对 γ 施加 L1 正则化，使得 γ 更加稀疏且让一部分值分布于 0 值附近；具体实现是在原始定义的损失函数中增加一项对尺度因子的稀疏性惩罚，式（7-2）为添加正则化惩罚项后的损失函数计算：

$$L = loss + \lambda \sum_{\gamma \in \Gamma} g(\gamma) \tag{7-2}$$

式中，$loss$ 为图像分类任务网络反馈损失；λ 为权重系数起到对两项平衡作用；Γ 代表本次训练的所有通道；$g(*)$ 是对尺度因子的 L1 稀疏性惩罚。

稀疏训练完后，将特征图对应的 γ 值排序，低于全局阈值的通道被舍弃。全局阈值 α 是剪枝边界，具体数值为指定剪枝率与所有通道数乘积所对应的 γ 值。剪枝率设置不合理会使卷积神经网络某一层的通道全部被删除，导致网络结构的变化。为了避免 L1 正则化稀疏训练剪枝过度，本章在此基础上对每层设置一个局部动态阈值 T，对每层被剪枝的通道数作了限制，用来保持网络连接的完整性。具体改进做法为：通过比较每一层中所有通道的缩放因子 γ 值与所预设的剪枝阈值 α，τ 为该层中缩放因子 γ 小于全局阈值 α 的通道保留比例，则每一层的局部动态阈值计算公式为

$$T = \alpha - n\tau \tag{7-3}$$

式中，n 是自适应率，用于控制每一层的动态阈值都位于全局阈值附近。通过这种改进，网络可以自适应地调整各层的阈值，在剪去网络中更多冗余通道的同时也会保留一定的安全通道，保持了网络的结构完整性。

7.1.2 滤波器重要性的评价函数

滤波器剪枝的核心问题是如何找到冗余的滤波器，通常设置一个评价的准则来度量滤波器的重要性程度，因此滤波器剪枝问题可以细化到如何设计一种评价函数。用 $L(X,Y;W)$ 表示神经网络模型的训练损失函数，其中 W 为模型所需训练的全部参数，X 为模型输入数据集，Y 为输入数据集对应的（ground truth）。模型中的所有滤波器数量用 K 表示。故剪枝的目标是找到一组最佳的滤波器子集 $k \in K$，把子集外的滤波器对

应的参数权重丢弃,相当于减少了 W 里的数据,并且要求模型的性能没有显著性变化。本章提出的评估函数是模型参数的减少对损失函数的变化比例影响,称之为滤波器的弹性。根据滤波器的弹性把滤波器剪枝问题形式化定义为

$$\frac{\Delta L}{\Delta W} = \frac{k^* / L(X,Y;W)}{(W - W_k^+)/W} \quad (7\text{-}4)$$

式(7-4)可表示为模型参数变量减少后相对于模型损失函数变量发生一定比例改变的属性,利用这个属性作为衡量滤波器重要性程度的准则。其中 k^* 表示剪枝带来的损失函数的变化,具体的表达式如式(7-5)所示。

$$k^* = \arg\min | L(X,Y;W) - L(X,Y;W_k^+) |$$
$$\text{s.t.} \|k\|_0 > 0 \quad (7\text{-}5)$$

式中,W_k^+ 为模型剪枝后剩下的参数;$\|k\|_0 > 0$ 表示 k 的元素个数。剪枝即找到一组 0~1 的值,并把 0 值对应的滤波器整体删除。

对式(7-5)具体求解,首先需要对卷积层中的滤波器 k_i 的输出特征图 z_i 作一定的变换,乘以一个引入的因子 θ,故下一层的输入变为 $z^* = z_i \times \theta$。将 θ 设置为 0 时,滤波器 k 对应下一层的输入为空,相当于通道数变小,可见对最终性能的影响程度,由此判断该滤波器 k 的重要程度。利用泰勒公式来估计滤波器 k 输出值被设置为 0 时,对最终模型性能的数值变化,并得到一个全局排序数组。式(7-6)、式(7-7)分别是对式(7-5)和式(7-4)的重新表达,其中 Ω 包含除 θ 以外模型中所有的参数(包含 X 和 Y)。

$$\Delta L(\theta) = | L_\Omega(\theta) - L_\Omega(0) | \quad (7\text{-}6)$$

$$\frac{\Delta L}{\Delta W} = \frac{\Delta L(\theta) / L_\Omega}{(W - W_0)/W} \quad (7\text{-}7)$$

使用一阶泰勒公式近似计算损失函数的变化值,即将式(7-6)中的 $L_\Omega(0)$ 在 $L_\Omega(\theta)$ 处展开,得到 ΔL 的估计量数值,即一个滤波器的输出若置 0 后,其对模型损失函数造成的变化:

$$L_\Omega(0) = \sum_{p=0}^{k} \frac{L_\Omega^{(p)}(\theta)}{p!}(0-\theta)^p + R_k(\theta)$$
$$= L_\Omega(\theta) - \theta \nabla_\theta L_\Omega + R_1(\theta) \quad (7\text{-}8)$$

$$\Delta L_\Omega(\theta) = | \theta \nabla_\theta L_\Omega - R_1(\theta) | \approx | \theta \nabla_\theta L_\Omega |$$
$$= \left| \frac{\delta L}{\delta \theta} \theta \right| \quad (7\text{-}9)$$

故该滤波器 k 被删除后对损失函数的变化比例等价于:

$$|\Delta L / \Delta W| = \left| \frac{\delta L}{\delta \theta} \frac{\theta}{L} \right| \quad (7\text{-}10)$$

对于式（7-8），在泰勒公式中 R_1 是拉格朗日余项，可忽略此项。对于式（7-9）的数值计算在卷积神经网络每次 epochs 的反向传播中可以被更新计算，即可以计算出模型的损失函数对引入因子 θ 的梯度数值。所以式（7-10）可以计算出删除模型中的每一个滤波器后对损失函数的变化比例。对式（7-10）进行细节化，使用式（7-11）计算出 $\eta(\theta_i)$ 作为模型中的每一个滤波器 k_i 在模型性能上的重要性程度得分，故可以借鉴 7.1.1 小节的方法把模型所有的滤波器得分数值合并，进行从小到大排序，通过设置阈值来进行滤波器裁剪，达到压缩模型的效果。式（7-11）也可作为解决全局滤波器重要性程度排序问题的一个解。

$$\eta(\theta_i) = \sum_{(X,Y)\in D} \left| \frac{\delta L(X,Y;W)}{\delta \theta_i} \frac{\theta_i}{L(X,Y;W)} \right| \qquad (7\text{-}11)$$

式（7-11）是本章衡量滤波器重要性的标准，从上面的式子可以看出，滤波器的重要性计算中引入因子 θ 起到了关键性作用，且无须高阶次的偏导数计算，从侧面体现了方法的优越性。其值越大说明删除该滤波器对损失函数变化比例越大，也表明该滤波器提取的图像特征对模型的性能贡献较大，即为非冗余滤波器，最后把式（7-11）运用到 BN 层，模型训练时自主地得出此轮滤波器的重要性得分。

7.1.3 迭代剪枝策略

先前的剪枝策略多是一次性地完成通道剪枝过程，若设置的剪枝率过高，移除的通道数过多，可能会对网络造成不可恢复的影响。为了避免这种影响，在滤波器剪枝过程提出以迭代剪枝的方式进行，即剪枝过程分为多阶段的剔除冗余通道。在总的剪枝率目标下，每次删除小部分滤波器后，更新损失函数，进入调优训练网络过程，以减少此次删除滤波器而累计的误差；重新使用式（7-11）来计算剩余滤波器的重要得分排序进行下一次的剪枝，当迭代剪枝到模型参数量满足预设要求后停止剪枝，最后进入到微调过程。剪枝过程的时长可以根据每一小次删除滤波器的迭代剪枝率来调节。对拥有成千上万滤波器的深度神经网络来说，此迭代剪枝框架有效地平衡了剪枝速度与模型性能间的矛盾，迭代裁剪策略如图 7-1 所示。

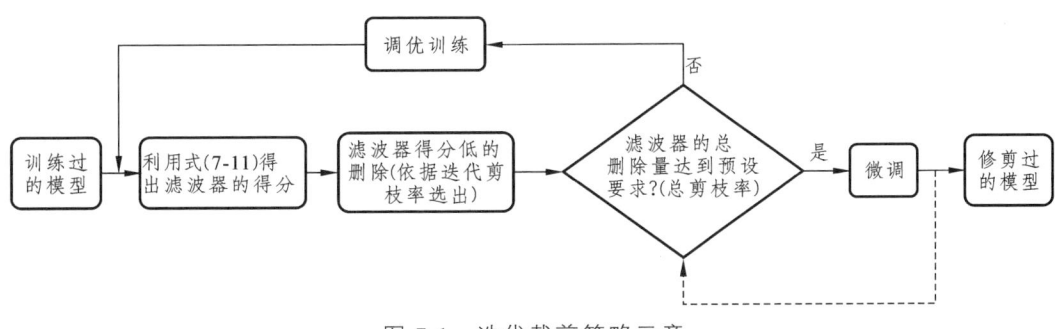

图 7-1 迭代裁剪策略示意

在进行滤波器剪枝时，根据其重要性得分 η 对模型中所有的滤波器进行排序，然后按照设定的迭代剪枝率删除一部分不重要的滤波器。通过这种迭代剪枝的方式，每轮剪枝可以根据上一轮的结果进行调整，以确保滤波器剪枝的效果和速度都得到平衡和优化。图 7-1 中的虚线反馈表示：若微调结果不理想，则降低总剪枝率的数值。

7.1.4 融合剪枝

在实际的应用场景中，仅从某一方面对模型进行压缩与加速，往往无法最大程度地压缩模型的冗余信息，如单纯的从通道特征或者滤波器的重要性来进行判断。使模型以最小的参数量和计算量获得与原始模型相当的性能，提出滤波器弹性的融合通道剪枝压缩方法。利用缩放因子 L1 正则化稀疏的重要程度和滤波器的全局重要程度进行综合考虑通道是否冗余，尽最大的限度压缩模型，使模型更便于在实际场景中布署。

融合通道剪枝的剪枝流程如图 7-2 所示，首先对网络进行稀疏化训练，以获得稀疏的尺度因子并用于全局排序，然后利用改进的 L1 正则化稀疏剪枝得到"瘦身"的模型结构；之后进入改进的滤波器剪枝框架，把网络中的 BN 层转化为（Gated Batch Normalization，GBN）模块，利用式（7-11）计算全体滤波器的重要性得分并排序，使用迭代剪枝策略对其训练剪枝操作，停止剪枝操作的指标是剩余网络的参数量达到了预设的要求，然后进入微调阶段，对网络模型进行再训练，最后对模型进行评估。若评估不佳（丢失太多模型性能）则进行多轮循环剪枝操作，若微调后模型的性能与原始模型的性能相差甚微或者优于原始模型性能，则输出剪枝模型，最终便得到参数和计算量更小、更利于实际布署的模型 pruned_model。

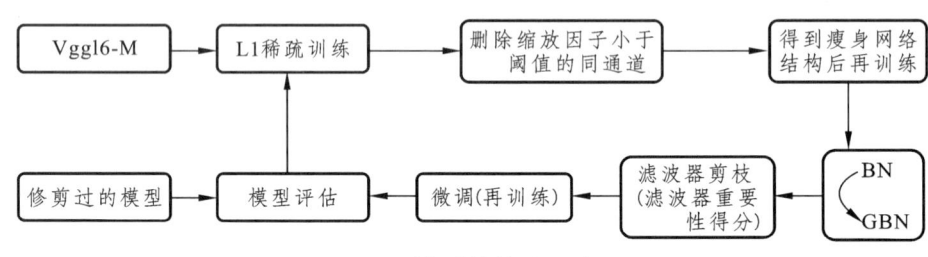

图 7-2 模型剪枝执行步骤

7.1.5 实验分析

1. cifar-10 的实验结果

在 cifar-10 数据集上，本章使用 VGG16-M 模型对所提方法进行剪枝效果验证。从图 7-3 可以看出，每一层都有通道数删除，这也证实了深度神经网络存在着大量冗余的理论。还有一个现象是：大部分的删除量位于网络深层次的卷积层，说明深层的滤波器通过对低级特征的组合抽象形成更高级的特征，产生的冗余过多，也证实了网络增加卷积层深度可以有效地提高任务的性能。

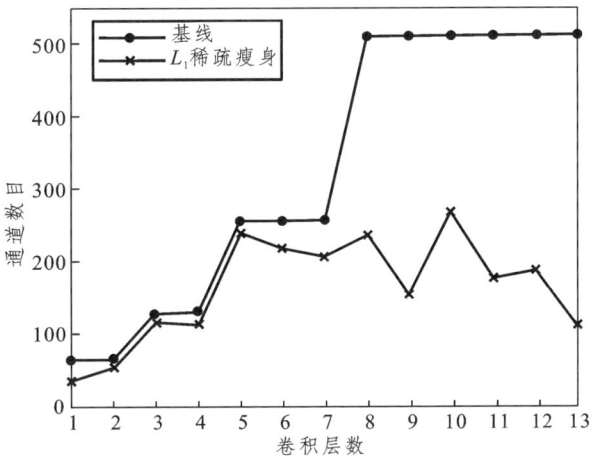

图 7-3　vgg16-M 稀疏化训练后通道数变化

图 7-4 展现了实验过程中网络压缩前后的训练损失值的变化，可以发现经历过 160 轮的训练网络精度与原始网络相差不大。

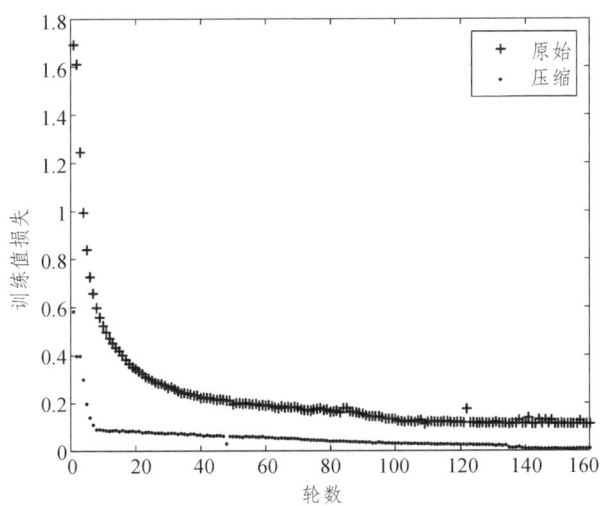

图 7-4　原始网络与压缩后的训练损失值对比

图 7-5 展现压缩后模型单独的分类输入窗口的一张图片的可视化图例，可以看出压缩后的模型能精确地分类出数据集中的八个大类别，表明压缩后的网络模型不会影响任务的精确性。

表 7-1 展示了在 cifar-10 上 VGG16-M 的最终剪枝结果，可见剪枝后的模型在压缩指标上取得了较大的成功。模型参数量从 14.73 M 下降到 0.45 M，减少比例高达 96.96%；每秒浮点操作数从 314.032 M 降低到 62.38 M，下降比例达 80.15%；网络模型的总通道数从 4 224 个减少到 671 个，这些显著性成果也牺牲了分类的精度，整体精度损失了 0.26%。实验结果表明，本章提出的滤波器弹性的通道剪枝方法能够取得足够大的压缩率，对网络性能和计算开销也获得了最佳的平衡，能够满足实际应用场

景中图像分类任务的嵌入式设备布署，并可以进行多设备的联动引入物联网，模型规模大量减小，运用到联邦学习中可有效减低通信开销。

预测为：dog

预测为：ship

预测为：airplane

预测为：automobile

预测为：truck

预测为：horse

预测为：bird

预测为：cat

图 7-5　剪枝后的模型对测试集单张图像分类结果的可视化

表 7-1　剪枝前后的模型评估指标对比

网络模型	精确度	大小	参数量	每秒浮点操作数
VGG16-M	93.02%	56.20 MB	14.728 M	314.032 M
pruned_model	92.76%	1.74 MB	0.448 M	62.380 M

2. 剪枝结果与现有方法的对比

本章主要与 6 种方法进行了对比：GAL[153]、Network Slimming[154]、FPGM[155]、HRank[156]、Epruner[157]、CLR_RNF[158]，这些方法都是利用所设计的准则来寻找滤波器的重要性得分排序，通过设置剪枝率进行删除通道。图像分类任务中，卷积神经网络的本质是使用卷积层来提取图像特征，并使用分类器进行任务分类。在网络训练过程，网络中众多的滤波器提取出的数据特征存在一部分相似度过高的特征，可以通过删除这些相似度高的特征或者用表达性更强的特征来代替这些相似度高的特征，来减少网络所占用的空间和网络的计算量。因此，可采用不同的剪枝方法对神经网络进行压缩，表 7-2 给出了不同剪枝方法与本章所提方法的对比。

表 7-2　不同剪枝标准在 cifar-10 数据集上对 VGG16-M 剪枝结果

模型	方法	原始精度	剪枝精度	精确度下降	每秒浮点操作数减少程度	参数量减少程度
VGG	GAL	93.04%	92.03%	1.01%	189.5 M（39.6%）	3.36 M（77.2%）
	NS	93.66%	93.80%	+0.14%	154.3 M（51.0%）	2.30 M（84.4%）
	FPGM	93.54%	93.24%	0.30%	201.3 M（35.9%）	—

续表

模型	方法	原始精度	剪枝精度	精确度下降	每秒浮点操作数减少程度	参数量减少程度
VGG	HRank	93.43%	92.34%	1.09%	108.6 M（65.3%）	2.64 M（82.1%）
	Epruner	93.02%	93.08%	+0.06%	74.4 M（76.3%）	1.65 M（88.8%）
	CLR_RNF	93.02%	93.32%	+0.30%	81.3 M（74.1%）	0.74 M（95.0%）
	本章提出的方法	93.02%	92.76%	0.26%	62.4 M（80.2%）	0.45 M（97.0%）

如表 7-2 所示，滤波器弹性的融合通道剪枝方法实现了最先进的性能。例如，HRank 将 VGG16 加速了 65.3%，参数量减少了 82.1%，准确率却下降了 1.09%；然而本章的方法实现了 80.2% 的加速比，参数量减少了 97.0%，精度下降了 0.26%；对于最近的 CLR_RNF 方法，虽然剪枝后精度提高了 0.3%，但每秒浮点操作数减少量远远低于本章方法。这些结果对比表明，本章的方法优于它们，可给出一个高压缩率且性能好的模型，满足高效 DNN 布署于资源受限设备的要求。

3. cifar-10 不同剪枝率对结果的影响

由 cifar-10 的实验结果可得出，DNN 的卷积层中存在许多冗余通道，设置不同的剪枝率，可以对模型进行不同程度的压缩。根据先验知识和不断地进行实验是为了追求性能与计算开销达到平衡，我们需要该平衡点达到最佳。剪枝率 ρ 间接地控制这个平衡点，因此剪枝率的选择对于神经网络压缩也很关键。

如图 7-6 所示，本章通过在 cifar-10 数据集对 VGG16 应用不同剪枝率，来找到剪枝率对网络性能的影响。可以看出，剪枝率 50% 时精度下降了很多，一些具有深层语义的通道被误剪导致性能的急剧下降；而在 10%~40% 剪枝率下，性能没有太大损失，网络也删除了一些冗余的通道。通常对剪枝的模型进行微调以恢复其任务性能甚至会提高网络的精度，说明微调过程对神经网络的压缩有正反馈作用。由 cifar-10 的实验结果可知，滤波器剪枝需要一个剪枝标准来评估滤波器重要性，找到了合适的评价标准后，设置了过高的剪枝率也会对模型的性能有一定的影响，对剪枝后的模型进行性能恢复是必然的，可以使用知识蒸馏来提升网络性能同时降低设置的剪枝率，达到模型计算开销与性能之间的最佳平衡。可以从图 7-6 可以看出适合本章方法的剪枝率为 50%。

4. 实验结果分析

本章核心点是利用所提出的基于滤波器弹性的剪枝算法来估算出模型中每一层的滤波器对模型最终性能的影响。在模型的训练中首先使用 L1 稀疏性对网络结构初步去除冗余，其中实验设置的 λ 值（10^{-4}）对模型中 BN 值的稀疏结果如图 7-7 所示；之后对网络结构使用滤波器弹性的通道剪枝算法，如式（7-11）所示，计算出滤波器的重要性，如图 7-8 和图 7-9 所示。

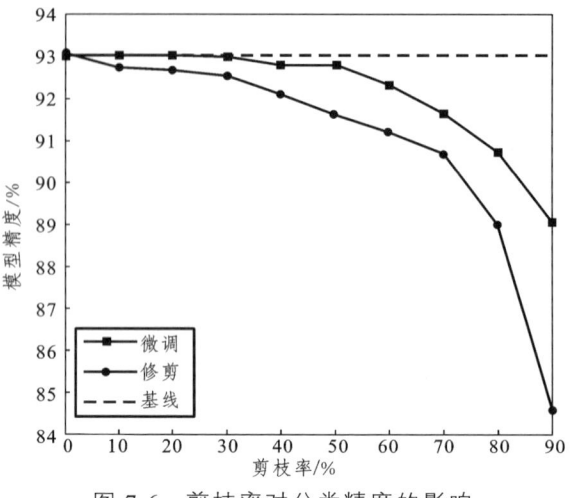

图 7-6 剪枝率对分类精度的影响

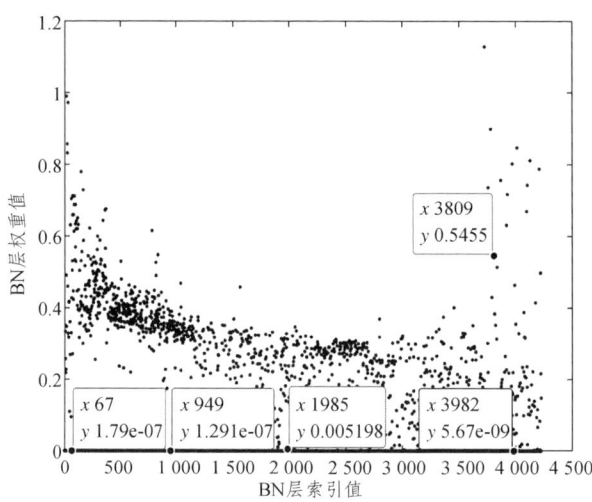

图 7-7 缩放因子处理后的结果

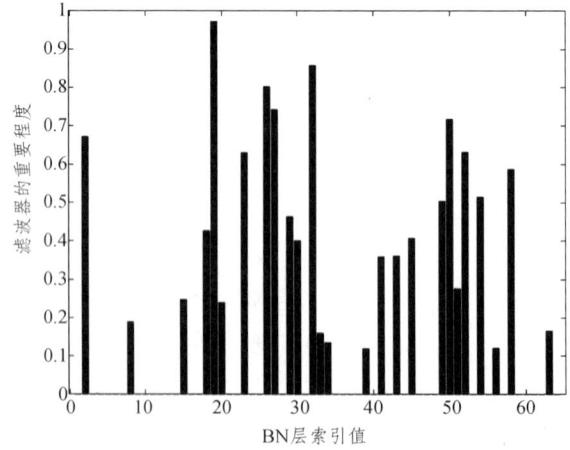

图 7-8 VGG 网络的 Conv1 中滤波器的重要程度

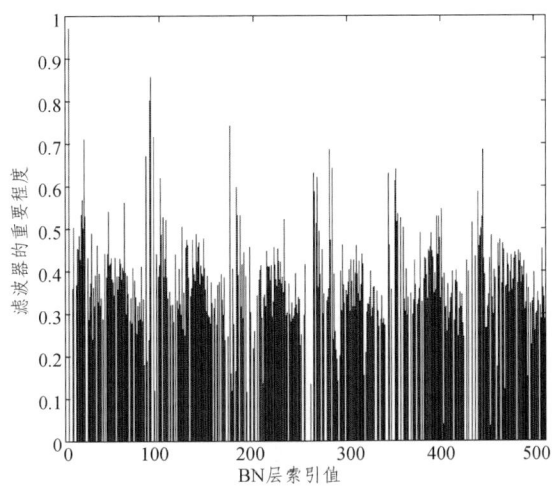

图 7-9　VGG 网络的 Conv13 中滤波器的重要程度

由图 7-7 可知，大部分 BN 层的权重集中在 0 值附近，之后算法利用这一特性对网络中每一层的滤波器进行剪枝，判断每一个滤波器所提取的特征对模型性能的贡献度。图 7-8、图 7-9 展现了所提算法能有效地减小模型的规模和降低联邦学习中终端设备的通信开销问题。

图 7-10 可视化了 VGG16 中第二卷积层中修剪和保留通道的所有特征图（用小框突显出的特征图是被修剪通道）。从结果看，修剪通道的特征图比保留通道的信息更少，或者是几乎相同的高激活通道，会被更深卷积层的特征图所包含替换。结果证明了所提方法的有效性，可以最大程度地压缩网络。

（a）输入图片　　（b）特征图可视化

图 7-10　VGG16 网络第二层卷积的可视化

7.2　轻量级火灾检测模型中压缩方法的实现

7.2.1　实验环境

在开发可实现对场景火灾实时检测的 IoT 单元过程中使用的计算机配置与开发环境如表 7-3 所示。

表 7-3 实验环境配置信息

	环境名称	版本
硬件环境 ("树莓派", Rasberry Pi)	CPU	1.5 GHZ, 64 位 4 核
	GPU	400 mHZ video core iv
	内存	4 GB
	系统	Ubuntu18.04
软件环境	Python	3.8
	Pycharm	Professional 2020.1
	tensorflow-tflite	2.4.0
	Opencv-python	4.0.1
	系统	Windows10

其中，设计的神经网络在 PC 端训练，通过 tensorflow-tflite 库转换为"树莓派"所需的 .tflite 模型文件，之后在"树莓派"端运行进行实时的测试效果。

7.2.2 模型主要评价指标

本章所设计的神经网络的性能使用 4 种常见（精度、召回率、精密度和每秒浮点操作数）的指标进行观测，以提供完整和可靠的分析。在树莓派端运行时使用每秒获取的帧率来说明是否可以达到实际场景的布署。

根据分类时的检测与实际情况，可以使用混淆矩阵（见表 7-4）来计算评价指标。其中行表示数据在模型上的预测类别，列表示数据的真实数据，positive 表示正类，negative 表示负类。

表 7-4 混淆矩阵

预测类别	实际类别	
	positive class	negative class
positive class	true positive（TP）	false positive（FP）
negative class	false negative（FN）	true negative（TN）

TP：真正类。即模型的识别预测与真实数据类别一样，并且都是正类，表明模型预测正确。

FP：假负类。即模型的识别预测与真实数据类别不一样，表明模型预测错误。

FN：假正类。即模型的识别预测与真实数据类别不一样，表明模型预测错误。

TN：真负类。即模型的识别预测与真实数据类别一样，并且都是负类，表明模型预测正确。

accuracy：精确率，是模型对输入数据预测正确的比例，常用于计算机视觉中的分类性能指标。用来表示模型的性能，其计算如式（7-12）所示：

$$P_{\text{accuracy}} = \frac{P_{\text{TP}} + P_{\text{TN}}}{P_{\text{TP}} + P_{\text{TN}} + P_{\text{FP}} + P_{\text{FN}}} = \frac{P_{\text{TP}} + P_{\text{TN}}}{P_{\text{all data}}} \tag{7-12}$$

precision：精确率，又称查准率，其计算如式（7-13）所示，该值越大，表明模型的效果越好。

$$P_{\text{precision}} = \frac{P_{\text{TP}}}{P_{\text{TP}} + P_{\text{FP}}} = \frac{P_{\text{TP}}}{\text{预测为positive的样本}} \tag{7-13}$$

recall：召回率，又称查全率，其计算如式（7-14）所示，该值越大，表明样本中正类的数据被模型预测正确的越多。

$$P_{\text{recall}} = \frac{P_{\text{TP}}}{P_{\text{TP}} + P_{\text{FN}}} = \frac{P_{\text{TP}}}{\text{真实为positive的样本}} \tag{7-14}$$

FLOPS：神经网络的浮点运算数的次数，该值大小通常来表示神经网络的计算复杂程度。

7.2.3 数据集

目前，对火灾检测的基于深度学习的研究方法一般使用 Foggia 的数据集[159]和 Sharma 的数据集[160]，但在应用过程会发现这两个数据集非常庞大并且多样性不足，里面包含了大量相似的图片，还有一些高曝光的图片酷似于有火灾的背景，这样训练出来的模型会在实际火灾场景中出现漏检、错检。因此，本章对这两个数据集进行了一些挑选，也通过从互联网中收集火灾和非火灾图像来创建一个多样化的数据集，为了保持数据的多样化，在对数据的预处理过程中，使用数据增强、翻转等方法。本章所使用的训练数据集由 1 200 张火灾图像和 1 300 张非火灾图像组成。虽然，本章所使用的数据集相比于 Foggia 数据集看起来过小，但它的多样化是非常高的，本章所设计的神经网络也是层数不太多的浅神经网络。

对于测试数据集，本章也试图寻求一些生活中真实的图像，因为本章的目的是将训练好的模型布署于真实生活场景中，火灾检测单元也只能在这些情况下工作。对 Sharma 的测试数据集视频中，挑选一些视频并对每个视频中随机采样几帧图像，以形成本章所需的最终测试数据集。在图 7-11 和图 7-12 中，分别展示了训练数据集和测试数据集的一些图像。

图 7-11　训练数据集中的一些图像

图 7-12　测试数据集中的一些图像

7.2.4　模型结构设计与剪枝训练

在火灾检测方法的研究中,以往基于深度学习的方法主要是对经典网络(如 Vgg、ResNet)的不同变体进行微调。这些经典网络初始结构都是庞大的,训练出的模型最终的尺寸和所需的计算量都太大,难以在低成本硬件上以较好的帧率平稳运行。研究方法最终的目的都是将模型转化成真实所用的应用程序,即把训练好的模型安装在所需环境中的各种火灾检测单元中,如住宅、交通和森林等。大规模的布署中有必要使用商业市场上可用的低成本设备,这就需要训练好的模型尺寸不能过大。于是本节介绍可应用于嵌入式设备中的浅神经网络结构,该结构可以在性能较弱、价格不高的单板计算机上运行,并且在实时检测火灾中有良好的性能。这也得力于神经网络模型剪枝算法,压缩了该结构的尺寸,同时也因为在设计神经网络中添加了一个注意力机制模块,旨在保持模型的准确性。

1. 注意力机制

注意力机制类似于人类观察事物,我们通过眼睛去观察事物,为了避免受到大量信息的干扰，大脑可以忽视不重要的信息，而将注意力着重地放在视线中的某个局部区域，不对所有信息给予相同的关注度，可以利用有限的注意力资源快速地从海量信息中提取出高质量的特征。神经网络加入注意力机制后可以像人眼获取图像的方式去分析和学习全局信息和局部信息之间的关系，从而聚焦到重要目标区域给出更大的权重，对于图像获取重要的特征忽略无关、不重要的特征，通过利用有限的计算资源，从大量的输入中选择对当前任务更重要的信息，并减少对不重要信息的关注，可以极大地节省计算资源和加快提取特征速度。在计算机视觉领域中，目前注意力机制主要包括通道注意力[161]、空间注意力机制[162]和这两者的结合，还有各种注意力机制的变体，如自注意力机制。本章在所设计的浅神经网络中引入卷积注意力模块[163]（Convolutional Block Attention Module，CBAM）机制。

通道注意力机制的代表模型是压缩和激励网络（Squeeze-and-Excitation networks，SENet）。SENet 分为两部分：压缩和激励。压缩部分的目的是压缩整个空间信息，在通道层面进行特征学习以确定每个通道的重要性。激励部分是对每个通道给予不同的权重。通过增加少量的参数和运算量，使得模型可以对通道给予不同的注意力，可提高模型的准确率。图 7-13 所示为 SE（Squeeze-and-Excitation）模块的内部结构。

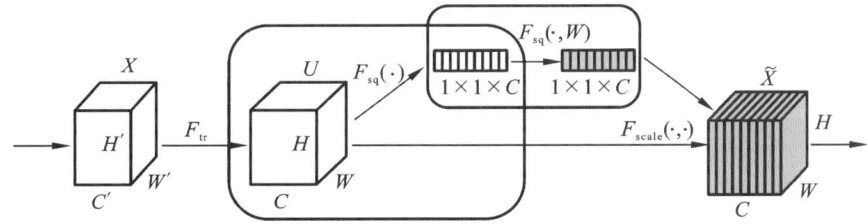

图 7-13　SE 模块的内部结构

SENet 的 4 步骤中主要的是 F_{sq}（Squeeze）和 F_{ex}（Excitation）操作。

（1）F_{sq}（squeeze）：图中左侧方框内。相当于对输入的特征图 U 进行一次全局平均池化操作，将每一个通道上的信息压缩为一个具有全局感受野的数值，即把 c 通道的 $H \times W$ 的特征图最终输出为一个 c 通道的 1×1 的向量。计算公式为

$$F_{sq}(U) = \frac{1}{H \times W} \sum_{i=1}^{H} \sum_{j=1}^{W} U(i,j) \quad (7\text{-}15)$$

（2）F_{ex}（excitation）：图中右侧方框内。该步骤具体包含两个全连接层，对 squeeze 全局池化后得到的结果，进行一次全连接，得到一个 $\frac{C}{r}$ 维的向量，r 是一个缩放参数，可以减少通道个数从而降低计算量。之后经过 ReLU 激活输出维度保持不变，再进行一次全连接，将 $\frac{C}{r}$ 维的向量与 C 维向量相乘，最终经过一个 Sigmoid 激活函数，使得输出一个数值位于 0 至 1 范围内的向量 $\boldsymbol{S} \in \mathbb{R}^{c \times 1 \times 1}$。计算公式为

$$\boldsymbol{S} = F_{ex}(\boldsymbol{z}, \boldsymbol{w}) = \sigma(g(\boldsymbol{z}, \boldsymbol{w})) = \sigma(\boldsymbol{w}_2 \delta(\boldsymbol{w}_1 \boldsymbol{z})) \quad (7\text{-}16)$$

对于其他 2 个操作：一个 F_{tr} 为正常的卷积操作，一个 F_{scale} 为相乘操作，把 U 每个位置上的所有通道上的值都乘上对应通道的权值。

与通道注意模块不同的是，空间注意模块（Spatial Attention Module，SAT）关注的是输入图像的某部分信息是更重要、有意义的，是通道注意模块的补充。对于空间注意力的内部操作为：给定一个 $H \cdot W \cdot C$ 的特征 F'，对每一个特征点的通道方向分别进行最大池化和平均池化，并将其按照通道方向堆叠起来生成一个有效的特征描述，维度为 2；然后经过一个标准 3·3 的卷积层，使用 Sigmoid 激活函数，得到二维空间注意力图，即获得输入特征图每个特征点的权重系数；最后，将权重通过乘法加权到输入特征层上即可。具体计算过程及其示意如式（7-17）和图 7-14 所示：

$$M_s(F) = \sigma(f([AvgPool(F), MaxPool(F)])) = \sigma(f([F_{avg}^S; F_{max}^S])) \quad (7\text{-}17)$$

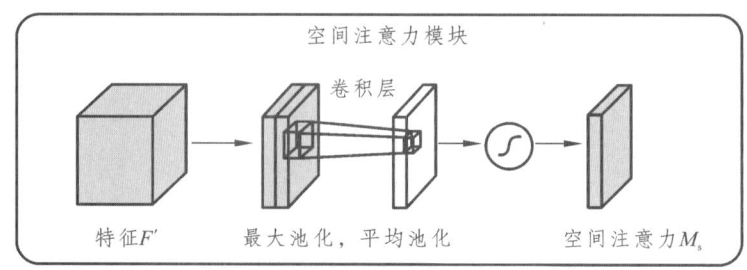

图 7-14　空间注意力示意

以上是对注意力机制的介绍，本节对设计的浅神经网络引入混合注意力机制——卷积注意力模块，它包括通道注意力模块（Channel Attention Module，CAM）和空间注意力模块（Spatial Attention Module，SAM）。这是一个轻量级的通用模块，其引入的参数量开销可以忽略不计。图 7-15 所示为其结果流程，其中 SAM 的输入是 CAM 输出的特征图。对于该模块，上一卷积层的输出特征图为该 CBAM 的输入张量，之后经过内嵌的 CAM 和 SAM 模块实现对特征图的重构。

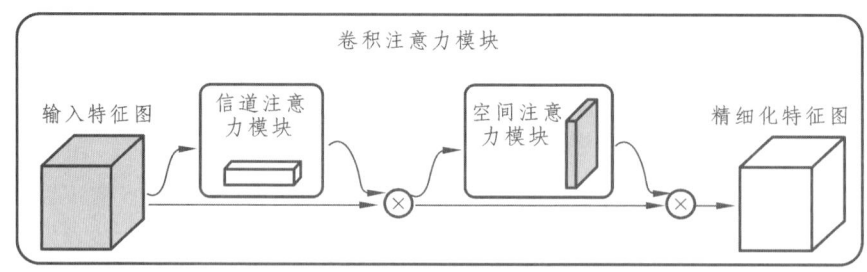

图 7-15　通道空间卷积注意力机制模型结构

2. 模型结构

借鉴于模式识别任务的经典网络 VGG16 和 DenseNet 网络结构的连接方式，本小节构建嵌入式应用的轻量级网络结构用于实时检测火灾。该神经网络主要由链式结构和密集连接组成，有 4 个卷积层、4 个密集层和一个 CBAM 模块，所提出的浅神经网络的完整结构如图 7-16 所示。从图中可以看出，每一个标准卷积层都会与 BN 层进行耦合，其中 BN 除了前面所述的可以加快模型训练速度外，BN 引入最关键之处在于第 3 章所述的剪枝算法主要对 BN 层模块进行变换，得出卷积层中每个滤波器的重要性程度值，从而对模型剪枝。耦合之后与平均池化层和随机失活（dropout）层进行连接，在最后一个卷积层完成卷积操作后与 CBAM 模块进行连接，后接入 4 个密集连接层（其中包括一个输出 softmax 层）。这些层都使用 ReLU 作为激活函数，输入图像为 64×64×3 的彩色图像，第一个卷积层有 16 个内核大小为 3×3 的过滤器，之后的卷积层中输入的特征图个数加倍（即第 2 个卷积层、第 3 个卷积层和第 4 个卷积层的过滤器数分别为 32、64、128），但过滤器的大小保持不变。前两个密集层的神经元个数分别为 256 和 128，最后一层是带有 2 个神经元的密集层，作二分类输出预测层。从图 7-16 中也可以看出，在密集连接后使用 dropout 层进行正则化，抑制网络结构的过拟合，在卷积层后使用 dropout，提高了网络的效果。设置参数为 0.5 和 0.2。

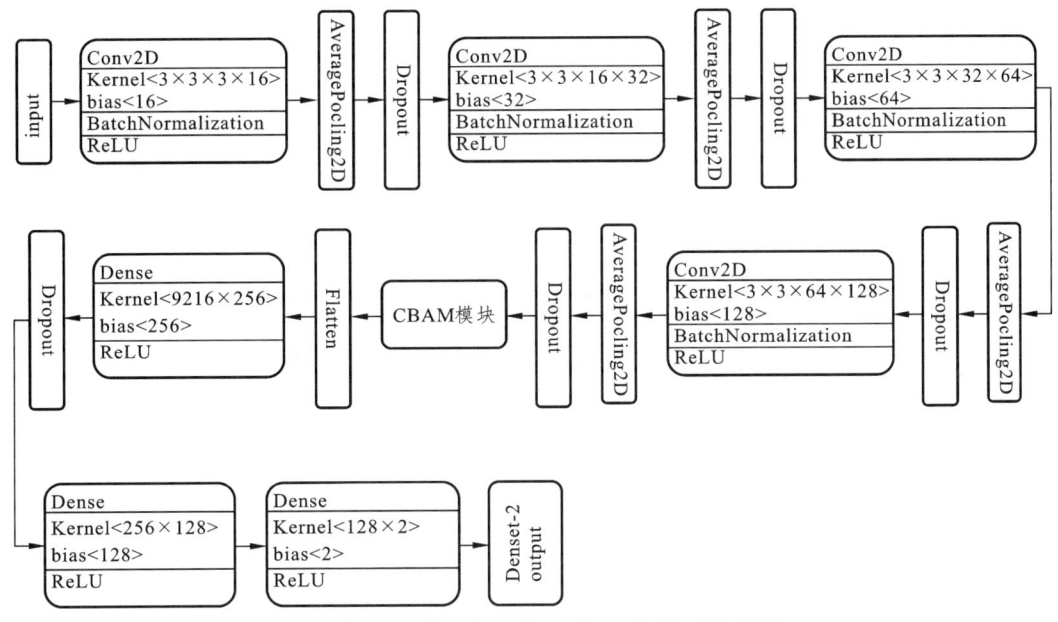

图 7-16　提出的轻量级神经网络模型的结构

3. 训练设置

我们对设计的浅层神经网络进行大量的实验，用于得出最佳的超参数组合。我们从头开始训练网络结构，使用随机梯度下降法（Stachastic Gradient Descent，SDG）进行训练，模型的基线训练使用 100 个 epoch，每个 epoch 的最小批量大小为 32，用 7.2.3 小节所构建的数据集进行训练。模型的学习率较慢，为 0.001，在模型训练完后使用第 3 章的剪枝算法对其进行一定程度的去冗余，考虑到所设计的网络模型是浅层，对其设置的剪枝率较小，为 0.2，并且减小迭代剪枝的次数，加快剪枝速度。根据我们所设计网络模型的任务用于二分类，最后一层的神经元数量减少到 2，输出计算 2 个目标类的概率，采用这些策略后，对模型进行微调，该过程执行 60 个 epoch，学习率仍然为 0.001。

7.2.5 实验分析

使用 7.2.3 小节浅神经网络对所构建的数据集进行训练,模型参数大概为 250 万个,所占用内存 10 MB,测试集有 94.6%的准确率,之所以有这么少的参数量归因于浅层网络结构,在准确率方面文献中提到性能更好的火灾检测方法,但其是极深的网络结构,有大量的参数,需要极高的储存空间。对所设计的神经网络使用构建的数据集和通用 Sharma 数据集进行比较,模型的性能如表 7-5 所示,剪枝后的性能如表 7-6 所示。

表 7-5 在测试数据集上对提出的模型训练的结果

	构建的数据集/%	Sharma 数据集/%
精确度	94.6	96.53
false positive	1.91	1.23
false negative	4.06	2.25
召回率	94	97.46
精确率	96	95.54

表 7-6 剪枝前后的模型评估指标对比

网络模型	精确度	Size	参数量
本章设计的浅层	94.6%	10.0 MB	2.512 M
pruned_model	93.7%	7.1 MB	1.780 M

从表 7-6 可以看出,通用 Sharma 数据集在本网络结构中的性能优于所构建的数据集,分析原因知,Sharma 数据集虽然比我们构建的数据数量多,但 Sharma 数据集缺少数据的多样性,模型对数据的冗余性识别更加快且可靠,同时也说明了所构建的神经网络对检测火灾是可行的。对于评价模型的可靠性,表 7-5 也展现了其他 2 个维度的指标(召回率、精确率)。鉴于这些数据的统计,所设计的模型可以对火灾进行较高水准的识别。从表 7-6 可以看出,剪枝后的模型的精确度为 93.7%,剪枝后的模型大小没有明显减少,这是由于模型结构中的卷积层数不多且卷积核的个数不多,而采用的剪枝方法只对卷积层有一定的压缩率,对模型的其他结构有一定限制性。为了进一步说明构建网络的优越性,用可视化训练过程中的损失曲线,如图 7-17 所示。

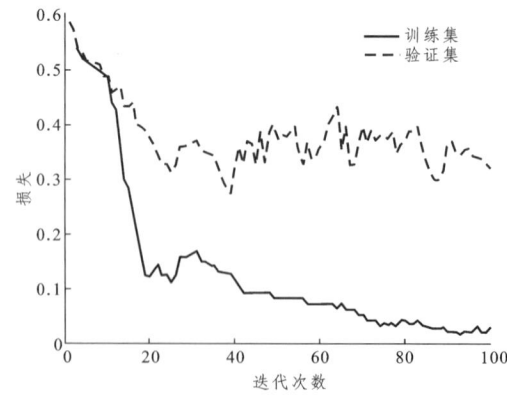

图 7-17 模型的训练损失曲线和验证损失曲线

图 7-18 表示所构建网络对单张图片进行推理的结果，可以看出对火灾图片的检测准确率特别高，每一张图片的推理所需时间低于 160 ms。

图 7-18　剪枝后的模型对单张图片推理结果的样例

7.2.6　IoT 设备的模型布署

本章已经展现了所构建网络的优越性，本小节将其布署于"树莓派"4B 平台上，进行实际应用生活中的测试。使用 tensorflow-tflite 工具将训练出的 .h5 文件转换为"树莓派"所运行的 .tflite 文件格式。该网络结构设计的初衷是浅层，并且在模型训练的过程中加入了第 3 章提出的通道剪枝算法，最终的模型大小只有 7.1 MB，转换为 .tflite 文件格式后模型的大小只有 2.5 MB，在"树莓派"4B 布署是可行的，因为它也是运行计算非密集深度学习算法的最具有成本效益的平台。"树莓派"的示意及布署连接情况如图 7-19 所示。

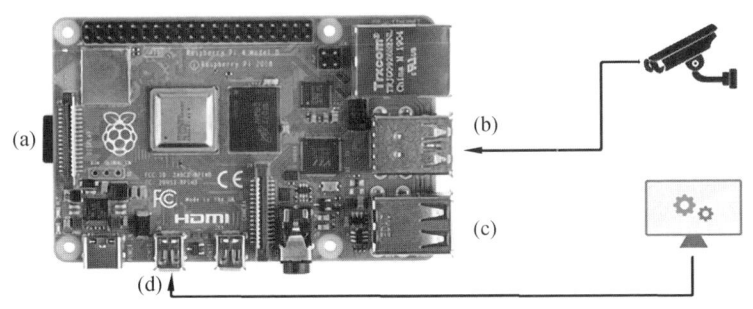

图 7-19　模型布署在"树莓派"上的连接情况

图 7-19 中，(a) 点为 SD 卡用于储存网络模型等数据，(b) 点为实时图像输入，(d) 点为显示屏接入，其他接口可以进行功能的扩展，(c) 点可以接入模数转换器 SPI 通信，用于提示警报。这就实现了将高性能的神经网络模型布署于低成本的嵌入式设备中的目标，也是第 3 章提出剪枝算法的最初目的。

图 7-20 所示为实时视频火灾检测展示效果,通过手机播放火灾视频,摄像头进行读取,模拟一个火灾场景进行模型实时检测,图中的同一列为同一个火灾视频进行不同角度翻转检测,进一步模拟实际生活中复杂的场景,可以看出模型可以在"树莓派"4B 平台上以较高帧率进行平稳的检测(每秒大概 24~27 帧),模型的检测准确率高达 95%。

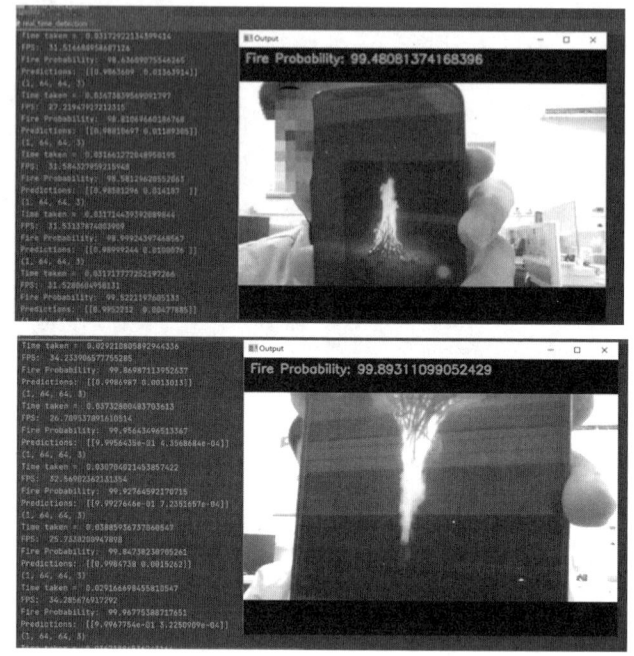

图 7-20　模型在"树莓派"端运行对火灾视频的检测效果

7.3　本章小结

计算机视觉任务在我们的生活中越来越常见,而深度学习的进展为这些计算机视觉任务的实施和布署提供了帮助。在计算机视觉任务中,深度卷积神经网络是最受欢迎的,在分类识别和物体检测等任务中占主导地位。由于对任务识别精度的追求,卷积神经网络的层数不断增加,参数量与计算量成倍增长,将神经网络布署于存储资源和计算资源不足的设备中会严重影响其模型性能。这就限制了高性能的深度神经网络模型在低成本、低功耗和小内存的嵌入式设备上的应用。针对这种矛盾,模型压缩技术备受关注,它可以使计算机视觉任务应用得更加广泛。

因此,本章针对深度卷积神经网络模型压缩技术中的结构化剪枝——通道剪枝方法进行了研究,观察到不同滤波器对网络性能的贡献度不同的特点,提出基于滤波器弹性的通道剪枝压缩算法以轻量化神经网络的规模;并将该压缩方法应用到火灾检测的浅神经网络架构中,并实现了在低成本的"树莓派"4B 平台上以较高帧率平稳运行。

第 8 章

基于知识蒸馏和通道剪枝的轻量化植物病害识别模型及移植

植物病害种类繁多，精准识别植物病害对植物及时采取防护和治理具有重要意义。最近几年，随着人工智能技术的不断进步，各种先进的人工智能（Artificial Intelligence，AI）技术层出不穷，深度学习作为其中备受瞩目的一种，也有了长足的发展，其中卷积神经网络已经成为解决图像处理和分析任务的主要手段之一，在植物病害识别中的具有很高的应用价值。然而，当前大多数卷积神经网络模型参数较多，难以在计算资源和存储空间有限的智能手机、嵌入式传感器节点等边缘设备上进行布署和应用。

为了解决上述问题，本章对精准识别植物病害算法进行研究，并通过对知识蒸馏和通道剪枝的基本原理以及 ResNet 模型结构的研究与分析，针对大型卷积神经网络无法直接在边缘设备布署和小型网络效果不佳的问题，提出一种基于知识蒸馏和通道剪枝的轻量化模型[114]，将其应用在植物病害识别上，实现减小模型规模的同时有效保证了模型的性能。

8.1 基于知识蒸馏和通道剪枝的轻量化植物病害识别模型

8.1.1 数据集的构建

1. 多类植物病害数据集

本节研究的多类植物病害数据集为 New Plant Diseases Dataset，来源于 PlantVillage 数据集。New Plant Diseases Dataset 拥有 14 类植物，包含 26 种病害图像和 12 种健康图像，图 8-1 是部分数据集简图。

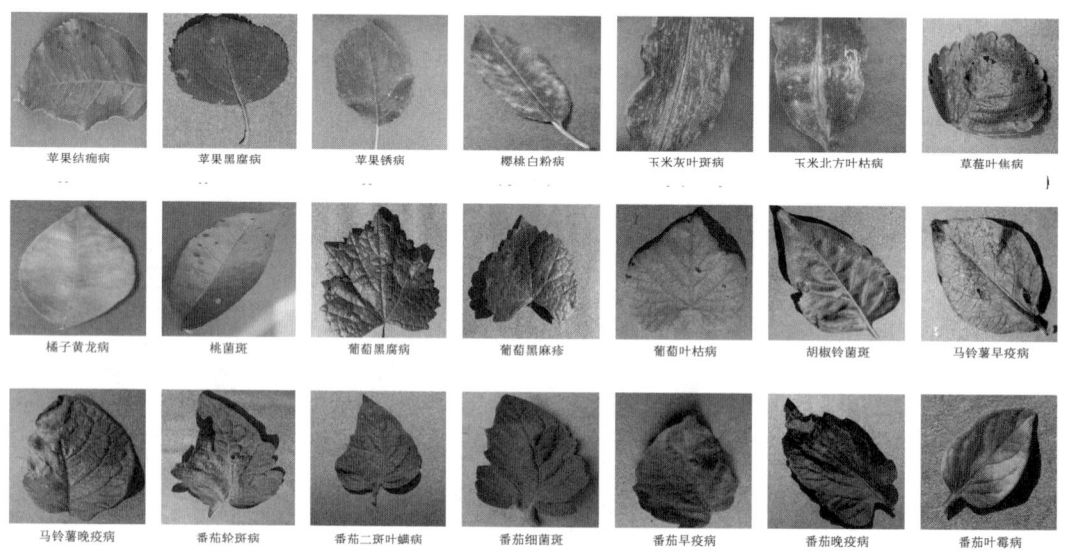

图 8-1 New Plant Diseases Dataset 部分样本

New Plant Diseases Dataset 总共由 87 867 张 RGB 图像组成,实验将图像统一调整为 224 像素×224 像素×3 通道,并将数据集分成 80%的训练集和 20%的测试集,也就是训练集和测试集分别有 70 295 张和 17 572 张图片,New Plant Diseases Dataset 信息具体如表 8-1 所示。

表 8-1 New Plant Diseases Dataset 信息

植物	病害名称(序号)	训练集	测试集
苹果	疮痂病(0)	2 016	504
	黑腐病(1)	1 987	497
	锈病(2)	1 760	440
	健康(3)	2 008	502
蓝莓	健康(4)	1 816	454
樱桃	白粉病(5)	1 683	421
	健康(6)	1 826	456
玉米	灰叶斑病(7)	1 642	410
	锈病(8)	1 907	477
	北方叶枯病(9)	1 908	477
	健康(10)	1 859	465
葡萄	黑腐病(11)	1 888	472
	黑麻疹(12)	1 920	480
	叶枯病(13)	1 722	430
	健康(14)	1 692	423
橘子	黄龙病(15)	2 010	503
桃子	桃菌斑(16)	1 838	459
	健康(17)	1 728	432
胡椒	铃菌斑(18)	1 913	478
	健康(19)	1 988	492
马铃薯	早疫病(20)	1 939	485
	晚疫病(21)	1 939	485
	健康(22)	1 824	456
树莓	健康(23)	1 781	445
黄豆	健康(24)	2 022	505
南瓜	白粉病(25)	1 736	434

续表

植物	病害名称（序号）	训练集	测试集
草莓	叶焦病（26）	1 774	444
	健康（27）	1 824	456
番茄	细菌斑（28）	1 702	425
	早疫病（29）	1 920	480
	晚疫病（30）	1 851	463
	霉菌（31）	1 882	470
	叶斑病（32）	1 745	436
	二斑叶螨病（33）	1 741	435
	轮斑病（34）	1 827	457
	黄曲叶病（35）	1 961	490
	花叶病（36）	1 790	448
	健康（37）	1 926	481

2. 单类植物病害数据集

本节研究的单类植物病害为苹果叶病害，数据集主要由 kaggle 竞赛所用数据整理而来，包含 4 种病害图像和 1 种健康图像，苹果叶数据集部分样本如图 8-2 所示。

蛙眼叶斑病
Frog eye leaf spot

白粉病
Powdery mildew

锈病
Rust

斑点病
Scab

图 8-2 苹果叶数据集部分样本

苹果叶数据集总共由 15 675 张 RGB 图像组成，实验将图像统一调整为 224 像素×224 像素×3 通道，并将数据集分成 80% 的训练集和 20% 的测试集，也就是 12 538 张训练集图片和 3 137 张测试集图片，苹果叶数据集信息具体如表 8-2 所示。与 New Plant Diseases Dataset 相比，苹果叶病害数据集的背景复杂多样。

表 8-2 苹果叶病害数据集信息

植物病害名称	训练集	测试集
蛙眼叶斑病	2 544	638
健康苹果	3 699	926
白粉病	947	238
锈病	1 488	373
苹果斑点病	3 860	967

8.1.2 基于知识蒸馏和通道剪枝的轻量化植物病害识别模型算法

本算法包括数据预处理、ResNet 网络结构改进、教师网络设计、助教网络设计、稀疏化训练、模型通道剪枝以及微调 7 个部分,如图 8-3 所示。下面对算法中的关键部分进行详细叙述。

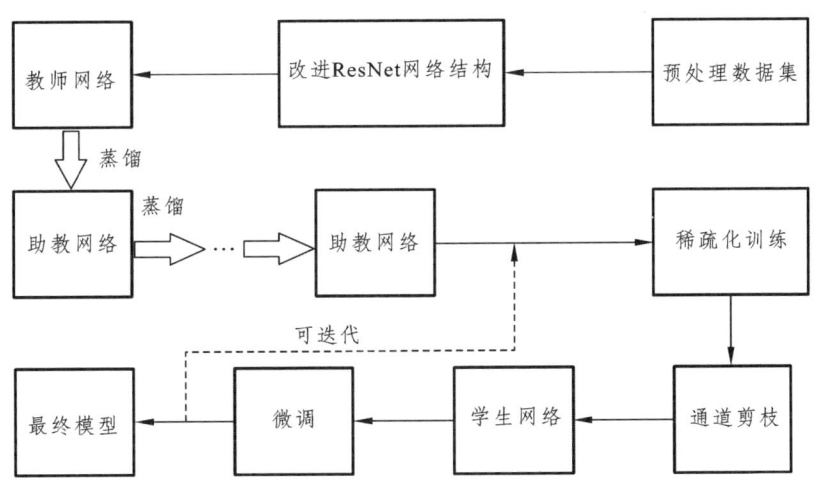

图 8-3 轻量化植物病害识别模型算法流程

ResNet 是一种跳跃连接和预激活设计的网络,即一个层的输出可被视为多个后续层的输入,如果直接对其剪枝会导致后续层的不匹配问题。因此,对 ResNet 剪枝之前需要调整该模型结构。同时,放置通道选择层(channel selection)来区分模型的关键通道,保留这些重要通道以提高模型的性能。此外,当教师网络和学生网络之间的差距过大时,需要一个或多个合适深度的助教网络。本书通过修改残差块数量可以实现各种深度的 ResNet 网络。各种深度的具体网络结构如表 8-3 所示。实验使用 ResNet-($12 \times n+2$)网络模型,$12 \times n+2$ 表示模型深度,n 表示每一层(layer)的残差块(residual block)个数,共有 4 个 layer。例如,对于 ResNet-50,取 n 为 4;而对于 ResNet-74,n 则为 6。

表 8-3　复杂模型结构

层名	输出大小	ResNet-（12×n+2）
conv1	112×112	7×7，64
layer1	112×112	$\begin{bmatrix} 1\times1,\ 64 \\ 3\times3,\ 64 \\ 1\times1,\ 256 \end{bmatrix}\times n$
layer2	56×56	$\begin{bmatrix} 1\times1,\ 128 \\ 3\times3,\ 128 \\ 1\times1,\ 512 \end{bmatrix}\times n$
layer3	28×28	$\begin{bmatrix} 1\times1,\ 256 \\ 3\times3,\ 256 \\ 1\times1,\ 1\,024 \end{bmatrix}\times n$
layer4	14×14	$\begin{bmatrix} 1\times1,\ 512 \\ 3\times3,\ 512 \\ 1\times1,\ 2\,048 \end{bmatrix}\times n$
	1×1	AdaptiveAvgPool2d pool，38，softmax

为了获得更好的轻量化模型性能，本书使用改进的 ResNet，通过知识蒸馏策略来训练模型。知识蒸馏训练是指通过将一个已经训练好的大型神经网络的知识（输出）传递给另一个小型神经网络进行训练，以达到在小型网络上获得与大型网络类似的性能的一种技术。这种方法可以使得小型网络获得与大型网络类似的预测精度，同时减小了模型的复杂度和计算量，使得小型网络在资源有限的设备上更易于布署。

知识蒸馏训练与传统模型训练不同，传统模型通常使用 softmax 作为输出层，用于输出每个类别的概率。当 softmax 输出的概率分布熵相对较小时，负样本的概率值会接近于 0，导致负样本对损失函数的贡献很小，几乎可以被忽略。然而，实际上负样本中也包含大量有用的信息。一些负样本对应的概率值远高于其他负样本，这些负样本对应的信息应该被充分利用。例如，现假设某一实验是 A、B、C 3 个类别的图像分类任务，并假设输入某一图片后得到的 A、B、C 概率记为（0.7，0.2，0.1），另一图片输入后得到的 A、B、C 概率记为（0.7，0.1，0.2）。这两个图片对应的正标签是相同的，但它们的负标签却是不同的，负标签蕴含着比正标签更多的信息。

为了获得更多的负标签信息，知识蒸馏在原始 softmax 函数引入温度变量 T，T 越大，则 softmax 的输出概率分布熵越大，负标签携带的信息会相对放大。计算公式为

$$q_i = \frac{\exp\left(\dfrac{z_i}{T}\right)}{\sum\limits_{j}\exp\left(\dfrac{z_j}{T}\right)} \tag{8-1}$$

式中，q_i 为"软化"后的概率向量；z_i 为当前类的 logit 值；j 为输出节点的个数，即分类的类别个数；z_j 为全连接层输出的每类的 logit 值。当 $T=1$ 时，该函数就是原始 softmax 函数。

知识蒸馏的过程如图 8-4 所示，其中 C 指卷积层，P 表示池化层，FC 为全连接层；软标签是指经过调整的标签值；硬标签是指实际的标签值，也就是真实标签；软预测是指经过调整的 softmax 输出向量，硬预测是指原始的 softmax 输出向量；在知识蒸馏的过程中，首先需要训练一个教师网络模型。然后，在每个训练样本上，通过将教师网络的 logits 输出除以一个温度参数 T 并进行 softmax 计算，得到对应的软标签值，这些软标签值反映了教师网络对于训练数据的概率分布。接着，在学生网络中进行一样的步骤，得到学生网络输出。这里的输出分成两部分，一部分是除以与教师模型相同的 T 参数后做 softmax 计算，得到软预测，此输出与软标签比较，用蒸馏损失函数衡量两个概率分布的差异；另一部分是直接做 softmax 计算后得出硬预测值，将硬预测值与硬标签进行比较，用学生损失函数衡量二者之间的差异。最后，将两部分损失函数相加，得到总的损失函数，用于更新学生网络的参数。计算公式为

$$loss = (1-a) \times loss\_SL + a \times T^2 \times loss\_KD \tag{8-2}$$

式中，$loss$ 为总损失函数；$loss\_SL$ 为学生损失函数；$loss\_KD$ 为蒸馏损失函数；a 为比例系数，控制两个损失函数的超参数。当 a 为 0 时，相当于网络没有经过蒸馏。

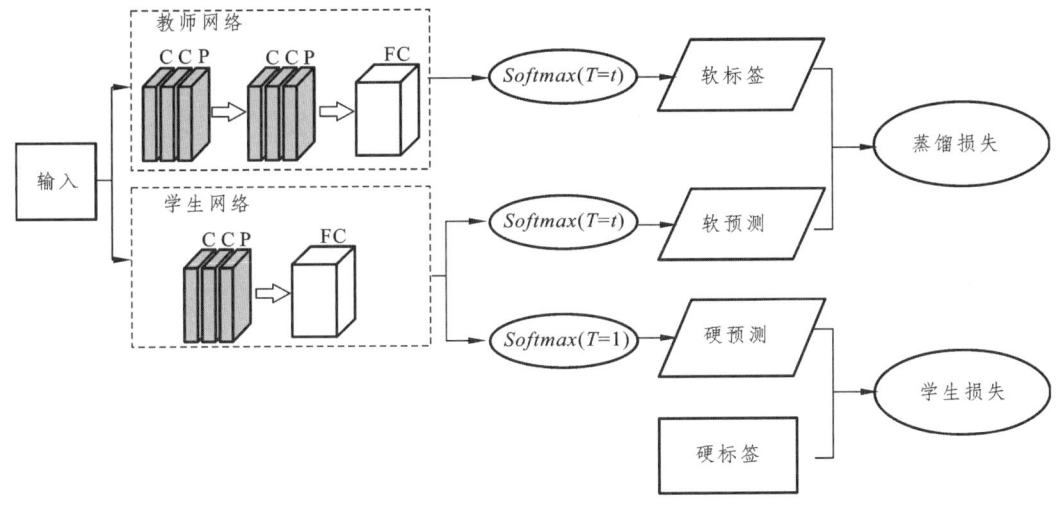

图 8-4　知识蒸馏

为了能将模型布署在终端设备上，学生网络的大小通常是固定的。如果把大型教师网络的知识提炼到一个固定的、非常小的学生网络，那么过大的差距将导致知识提炼的效果不如预期。为了解决这个问题，本书在教师和学生网络之间，插入一个如图 8-5 所示的中等规模的助教网络来弥补它们之间的空白。

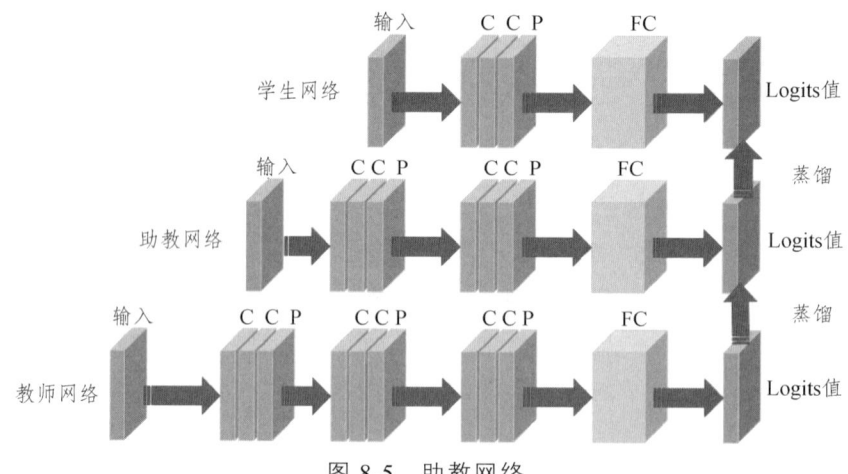

图 8-5 助教网络

首先，助教网络从教师网络上提炼出来。然后，助教将扮演教师的角色，指导训练学生。甚至在教师模型和学生模型差距很大时，还可以让助教变成新的教师，以此来减小二者之间的差距。并且，此方法能够重复使用，即教师网络和学生网络之间可以存在多个助教网络。这样能够解决教师模型和学生模型规模差距过大影响蒸馏效率的问题。本书使用知识蒸馏策略，将教师网络模型的软知识不断提炼到一个或多个较小的助教网络模型中，使得助教网络模型的精度更佳。

8.1.3 稀疏化训练

为了减小通道剪枝对模型效果的影响，模型在通道剪枝之前需要进行稀疏化训练。本书通过对 BN 层[165]的尺度因子 γ 施加 L1 正则化进行稀疏化训练。BN 层首先对每一批量的输入特征进行白化操作，计算公式为

$$\mu_\mathcal{B} = \frac{1}{m} \sum_{i=1}^{m} x_i \tag{8-3}$$

$$\sigma_\mathcal{B}^2 = \frac{1}{m} \sum_{i=1}^{m} (x_i - \mu_\mathcal{B})^2 \tag{8-4}$$

式中，x_i 为输入的样本；m 为批处理样本的数量；$\mu_\mathcal{B}$ 为批处理数据的均值；$\sigma_\mathcal{B}^2$ 为批处理数据的方差。然后进行去均值方差操作，计算公式为

$$\hat{x}_i = \frac{x_i - \mu_\mathcal{B}}{\sqrt{\sigma_\mathcal{B}^2 + \epsilon}} \tag{8-5}$$

式中，$\hat{x}_i$ 为去均值方差的结果；ϵ 为避免分母为 0 而设置的数值极小的正数。

白化操作虽然能在一定程度上解决梯度过饱和问题，但也影响了浅层网络，会忽略浅层网络学习到的信息。为了解决该问题，增加一个线性变换操作，计算公式为

$$y_i = \gamma \hat{x}_i + \beta \tag{8-6}$$

式中，y_i 为 BN 层的输出；γ 和 β 为可训练的仿射变换参数，用于重新缩放和调整归一化值。

模型的稀疏化可以在训练时引入 L1 正则化进行，也可以在训练后通过少量训练加正则化获得。本书使用后一种方案，在模型训练后进行稀疏正则化训练。在模型稀疏化训练中，为每个通道引入一个尺度因子 γ，该比例因子可以与每一个通道的输出相乘。然后联合训练模型的权重和尺度因子 γ，并对后者进行稀疏正则化。目标损失函数 L 的计算公式为

$$L = \sum_{(x,y)} l(f(x,W), y) + \lambda \sum_{\gamma \in \Gamma} g(\gamma) \tag{8-7}$$

式中，x 为训练输入；y 为训练目标；W 为可训练权重；λ 为平衡前后损失的超参数；Γ 为缩放层的参数；$g(\gamma) = |\gamma|$，是对尺度因子 γ 的稀疏诱导惩罚。第一个和项对应于 CNN 的正常训练损失，第二个和项是对尺度因子 γ 的稀疏诱导惩罚。本书使用 L1 范数，对非光滑的 L1 惩罚项，采用次梯度下降法进行优化。

通过稀疏化训练，使得尺度因子 γ 在训练过程中逐渐趋近于 0。将最接近于 0 的尺度因子 γ 所对应的这部分通道剪掉，对模型效果的影响很小。

8.1.4 通道裁剪

稀疏化后，对所有的尺度因子 γ 进行统计和排序，设定剪枝率。将低于剪枝率比例的尺度因子 γ 所对应的这部分通道剪掉，即等价于把相对不重要的通道剪掉。例如，可以选择剪枝率为 50%，这样会修剪尺度因子 γ 最低的 50%通道。通道剪枝过程如图 8-6 所示。

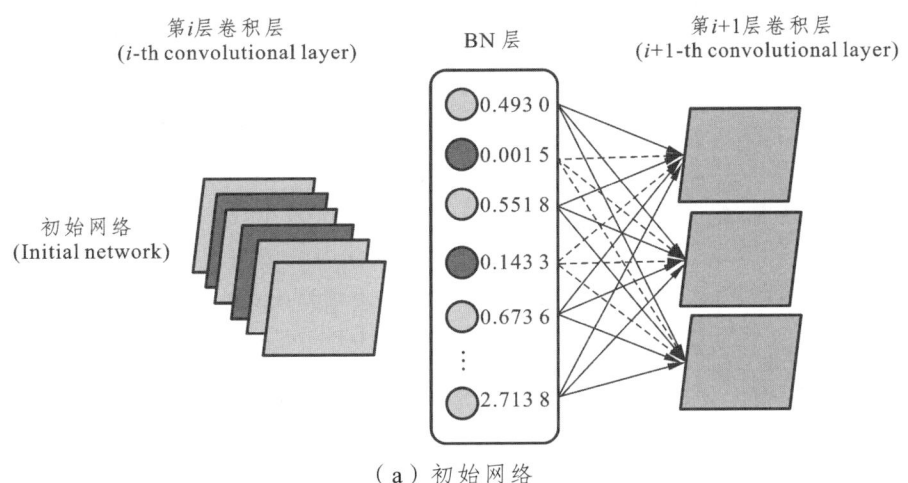

（a）初始网络

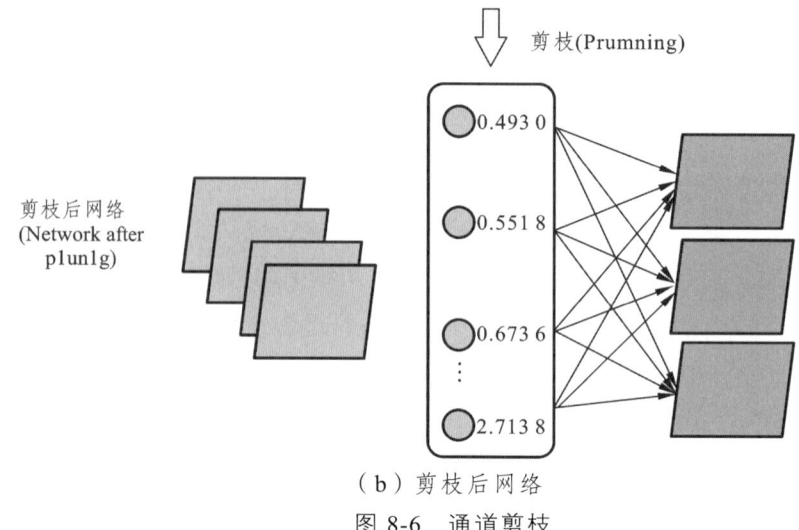

（b）剪枝后网络

图 8-6　通道剪枝

由于实验在剪枝前已对模型进行了稀疏化训练，使得在一定的剪枝率下，通道剪枝不会导致模型性能有太大的损失。通过修剪通道，可以获得更轻量化的网络，即更少的参数和计算量。值得注意的是，当剪枝率过高时，可能产生完全剪枝某一层所有通道的现象，这种情况将完全破坏模型结构，从而导致性能大大降低。因此，若存在某一层被完全剪枝的情况，通过保留该层的最大尺度因子所对应的通道，以保证模型的完整性。在通道剪枝之后得到学生网络，微调学生网络恢复模型准确性。

8.1.5　实验分析

1. 实验环境

在深度学习模型的训练过程中，超参数的设置是至关重要的。超参数指在机器学习算法中需要手动指定的参数，这些参数不能通过训练数据自动学习得到，需要人工指定。超参数的设置会直接影响模型的性能和训练过程，因此需要进行仔细的选择和调整。例如，在神经网络训练中，超参数包括学习率、迭代次数、批次大小、正则化系数等。这些参数的不同取值会对模型的性能产生显著影响，因此寻找最合适的超参数往往需要进行大量的实验。通过尝试不同的超参数组合，可以找到一个相对最优的参数组合，从而提高模型的性能。本书将在这一节中详细描述实验的设置。

实验采用 Python 编程语言实现，操作系统是 Window10，GPU 是 NVDIDIA GTX3060，显存为 6 G，CUDA 是 11.6，使用的深度学习框架版本为 PyTorch1.12。

（1）教师网络训练：模型训练采用批次大小（batch size）为 8，迭代次数（epoch）为 100，初始学习率为 0.1，epoch 在 50 时设置为 0.01，epoch 在 75 时设置为 0.001。

（2）助教网络训练：助教网络会扮演学生网络和新的教师网络，经过多次提炼后，得出合适规模和精度的最终助教网络模型。实验设置温度系数 T 为 5，比例系数 a 为 0.5，其他优化设置与教师网络训练相同。

(3)稀疏化训练：得到最终助教网络模型后，再利用少量训练加 L1 正则化获得稀疏化的模型，此时少量训练本质是使 BN 层 γ 系数稀疏化，并且尽量不破坏卷积核权重的分布，因此训练的迭代次数不应过大。经实验分析后，本书使用 0.001 作为稀疏率，迭代次数为 60，初始学习率设置为 0.1，epoch 在 30 时设置为 0.01，epoch 在 45 时设置为 0.001。其他优化设置与教师网络训练相同。

(4)通道剪枝：实验最终以 90%、70%和 50%的剪枝率分别对 ResNet-50、ResNet-26 和 ResNet-14 进行修剪。为了保证模型的完整性，实验将保留通道剪枝因子最大的通道。

(5)微调：对通道剪枝后得到的学生网络进行微调，迭代次数为 50，学习率设置为 0.001。

2. 多类植物病害数据集实验结果

在 New Plant Diseases Dataset 上，使用 ResNet-($12 \times n+2$)网络模型，训练 ResNet-74 为教师网络。本书经过实验和参考论文[83]得出，模型规模差距在 2 倍左右较好，因此分别使用 ResNet-50、ResNet-26 和 ResNet-14 为最终助教网络模型进行剪枝。训练流程如图 8-7 所示。

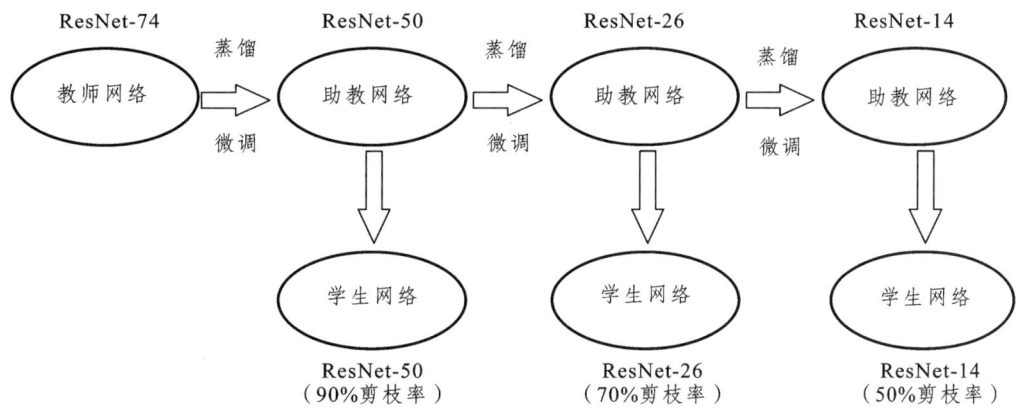

图 8-7 训练流程

在 ResNet-50 模型上训练得到准确率为 96.29%的模型，剪枝 90%后微调得到的模型准确率为 93.72%。对于基于知识蒸馏和通道剪枝的模型压缩算法，微调后模型准确率为 94.36%。效果与预训练后直接剪枝相比有明显提高。

在 ResNet-26 模型上训练得到准确率为 95.37%的模型，剪枝 70%后微调得到的模型准确率为 91.06%。对于基于知识蒸馏和通道剪枝的模型压缩算法，微调后模型准确率为 94.79%。

在 ResNet-14 模型上训练得到准确率为 91.54%的模型，剪枝 50%后微调得到的模型准确率为 90.28%。对于基于知识蒸馏和通道剪枝的模型压缩算法，微调后模型准确率为 95.76%。详细数据如表 8-4 所示。

表 8-4 New Plant Diseases Dataset 微调实验结果

模型	准确率	参数	每秒浮点操作数
ResNet-50（基础 Base）	96.29%	25 892 262	16.08 G
ResNet-50（剪枝 90%微调）	93.72%	3 386 114	5.39 G
ResNet-50（剪枝 90%学生网络微调）	94.36%	3 399 477	4.9 G
ResNet-26（基础 Base）	95.37%	14 024 102	9.05 G
ResNet-26（剪枝 70%微调）	91.06%	3 256 645	3.93 G
ResNet-26（剪枝 70%学生网络微调）	94.79%	3 570 393	4.52 G
ResNet-14（基础 Base）	91.54%	8 090 022	5.54 G
ResNet-14（剪枝 50%微调）	90.28%	3 123 523	3.16 G
ResNet-14（剪枝 50%学生网络微调）	95.76%	3 533 589	3.65 G

3. 单类植物病害数据集实验结果

在苹果叶病害数据集上，使用 ResNet-($12 \times n+2$) 网络模型，训练 ResNet-74 为教师网络，ResNet-26 为最终助教网络进行剪枝。实验设置批次大小为 4，其他优化设置与 New Plant Diseases Dataset 相同。

训练 ResNet-26 模型，其准确率为 87.09%，剪枝 70%后微调得到的模型准确率为 87.86%，对于基于知识蒸馏和通道剪枝的模型压缩算法，微调后模型准确率为 88.97%，详细数据如表 8-5 所示。该数据集中所有的植物病害叶片图像均是在自然光照条件下拍摄的，并且叶片的图像背景较为真实复杂，而 New Plant Diseases Dataset 中的图像均是在实验室处理，背景干净。分析表 8-4 和表 8-5 数据可知，模型对植物叶片病害的识别准确率会受到复杂背景的干扰和影响，导致模型错误率增加，但同时也增强了植物病害识别模型的健壮性。

表 8-5 苹果叶数据集微调实验结果

模型	准确率	参数	每秒浮点操作数
ResNet-26（基础 Base）	87.09%	13 956 485	9.05 G
ResNet-26（剪枝 70%微调）	87.86%	4 653 755	3.8 G
ResNet-26（剪枝 70%学生网络微调）	88.97%	4 837 876	3.55 G

4. 稀疏度设置对模型的影响

稀疏化训练涉及精度和稀疏度的平衡，需要寻找合适的策略来保持稀疏后的模型高精度和高稀疏度。因此，如何在训练中寻找到最优的稀疏化策略，以实现高效的模型压缩和加速，是一个值得研究的问题，尤其在模型训练的时间过长的情况。为了训练方便，模型使用更为轻量的 ResNet-（9×n+2），模型结构如表 8-6 所示。训练使用 ResNet-56 模型，数据集使用 cifar-10[166]。实验分别设置稀疏度为 0.000 1 和 0.001，批次大小为 16。其余设置与 New Plant Diseases Dataset 相同。

表 8-6 简单模型结构

层名	输出大小	ResNet-（9×n+2）
conv1	32×32	3×3, 16
layer1	32×32	$\begin{bmatrix} 1\times1,\ 16 \\ 3\times3,\ 16 \\ 1\times1,\ 64 \end{bmatrix} \times n$
layer2	16×16	$\begin{bmatrix} 1\times1,\ 32 \\ 3\times3,\ 32 \\ 1\times1,\ 128 \end{bmatrix} \times n$
layer3	8×8	$\begin{bmatrix} 1\times1,\ 32 \\ 3\times3,\ 32 \\ 1\times1,\ 128 \end{bmatrix} \times n$
	1×1	AdaptiveAvgPool2d pool, 38, softmax

实验结果如图 8-8 所示。可以看出，在迭代次数 200 的稀疏化训练中，0.001 稀疏度精度最初明显急剧下降，之后有两次精度回升的节点，0.000 1 稀疏度的趋势则是开始缓步下降，后期渐渐趋于平稳；在迭代次数分别为 100、60 和 40 的稀疏化训练中，0.001 稀疏度的趋势是开始精度会明显急剧下降，之后有一次精度回升的节点，0.000 1 稀疏度的趋势则是开始缓步下降，后期渐渐趋于平稳。进一步而言，在迭代次数 200 中，最终 0.001 稀疏度的稀疏化训练精度比 0.000 1 稀疏度高；在迭代次数 100 中，最终 0.001 稀疏度的稀疏化训练精度与 0.000 1 稀疏度相仿；在迭代次数 60 和 40 中，最终 0.001 稀疏度的稀疏化训练精度比 0.000 1 稀疏度低。经过实验分析得出，迭代次数为 200 的稀疏化训练中，两次精度回升刚好对应两次学习率的调小变化；迭代次数为 100、60、40 的一次精度回升都是在迭代次数的 50%，即学习率从 0.1 变化为 0.01 时。

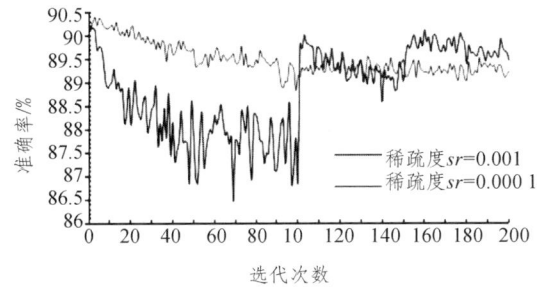

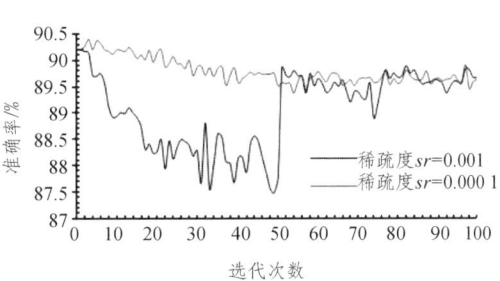

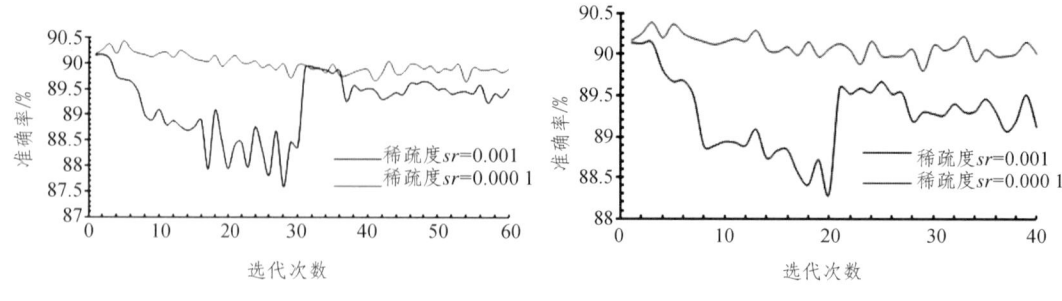

图 8-8 稀疏度对比

在稀疏化训练中,较大的稀疏度虽然可以加快稀疏化进程,但同时会快速降低模型的精度。然而,在训练的过程中,随着学习的进行,模型的精度也会有所恢复。因此,前期使用较大的学习率和稀疏度有助于加速稀疏化过程,后期使用较小的学习率有助于提高精度。相比之下,较小的稀疏度下稀疏化过程较为平稳,精度下降缓慢而稳定。

稀疏过程是个博弈过程,不仅期望较高的稀疏度,也希望在学习率下降后恢复足够的精度,不同的稀疏度最后稀疏结果也不同。本书使用迭代次数 60、稀疏度 0.001 来进行稀疏化训练。

5. 剪枝率设置对模型的影响

在通道剪枝中,剪枝率设置是非常关键的。如果删除了太少的通道,对模型大小的减少是非常有限的;如果删除了太多的通道,可能会对模型造成严重的破坏,导致最后模型无法通过重训练恢复其准确性。因此,设置一个合理的剪枝率也是非常关键的。本书通过在 cifar-10 数据集上分别使用 ResNet-50 和轻量化 ResNet-56 模型训练来分析剪枝率的大小对模型效果的影响。为了防止网络模型过拟合,实验使用 ResNet-($9 \times n+2$)网络模型,$9 \times n+2$ 表示模型深度,n 的大小表示每一 layer 的残差块个数,共有 3 个 layer。例如,对于 ResNet-56,取 n 为 6;而对于 ResNet-74,n 则为 8。实验设置与 New Plant Diseases Dataset 相同,实验结果如表 8-7 所示。

表 8-7 剪枝率对模型影响

模型	准确率	微调
ResNet-56(稀疏化)	89.51%	—
ResNet-56(30% pruning)	89.51%	89.54%
ResNet-56(40% pruning)	89.43%	91.41%
ResNet-56(50% pruning)	14.09%	91.31%
ResNet-56(60% pruning)	10.00%	90.19%
ResNet-50(稀疏化)	83.57%	—
ResNet-50(50% pruning)	83.57%	85.99%
ResNet-50(60% pruning)	83.58%	85.81%
ResNet-50(70% pruning)	83.62%	85.59%
ResNet-50(80% pruning)	55.78%	85.37%

第 8 章 基于知识蒸馏和通道剪枝的轻量化植物病害识别模型及移植

对 ResNet-56 模型和 ResNet-50 模型的稀疏化训练采用 0.001 稀疏度，迭代 60 次完成，对于 ResNet-56 依次使用 30%、40%、50%和 60%的剪枝，微调后的准确率为 89.54%、91.41%、91.31%和 90.19%。可以清楚地看到，剪枝 30%时还有冗余参数，剪枝 40%时效果是相对最好的，之后随着剪枝率的上升，对模型的损伤越来越大。对于 ResNet-50 模型依次使用 50%、60%、70%和 80%的剪枝，微调后的准确率为 85.99%、85.81%、85.59%和 85.37%。可以清楚地看到，模型精度呈逐渐下降的趋势，说明在一定剪枝率内，剪掉冗余参数不仅不会降低模型精度，反而略有提高，超过一定范围后，随着剪枝率的上升，对模型的损伤也进一步提高。

8.2 针对通道剪枝中重训练的算法优化及移动端移植

8.2.1 针对通道剪枝中重训练的算法优化

模型剪枝之后，模型的性能通常会降低。因此，需要重新训练剩余的模型结构以恢复模型性能，从而解决模型复杂度与性能矛盾的问题。重训练包含微调、权重倒带[167]、学习率倒带[168]。

1）微调

微调使用固定的学习率将未修剪的权重从最终值重新训练到指定的 epoch 数，如图 8-9 所示。微调是目前研究中的标准做法，如 Liu 等[169]。通常使用原始训练计划的最后学习率进行微调，这是大部分研究中遵循的惯例。

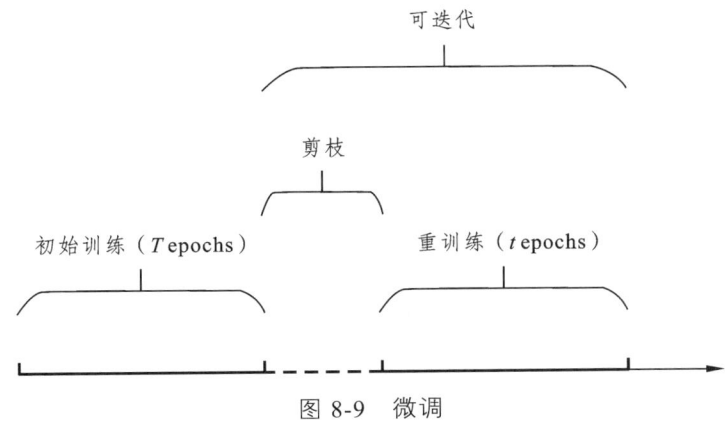

图 8-9　微调

2）权重倒带

权重倒带通过将未修剪的权重倒回训练早期 t 个时期的值，然后从该处重新训练未修剪的权重，如图 8-10 所示。它还将学习率计划从训练早期的 t 个时代倒回它的状态。因此，权重倒带的重训练取决于未修剪网络的初始训练阶段的超参数选择。

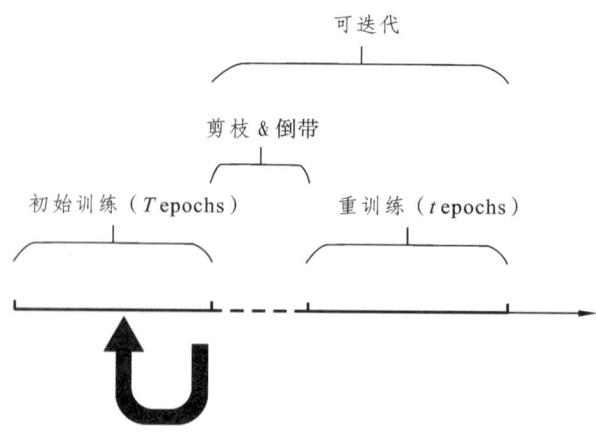

图 8-10 权重倒带

3）学习率倒带

学习率倒带是微调和权重倒带的混合体。与微调一样，它使用训练结束时的最终权重值，如图 8-11 所示。然而，当重新训练 t 个 epoch 时，学习率倒带使用训练的最后 t 个 epoch 的学习率而不是训练的最终学习率。当 t 过小时，学习率倒带等同于微调。学习率倒带在所有情况下都与权重倒带效果相当甚至优于权重倒带。

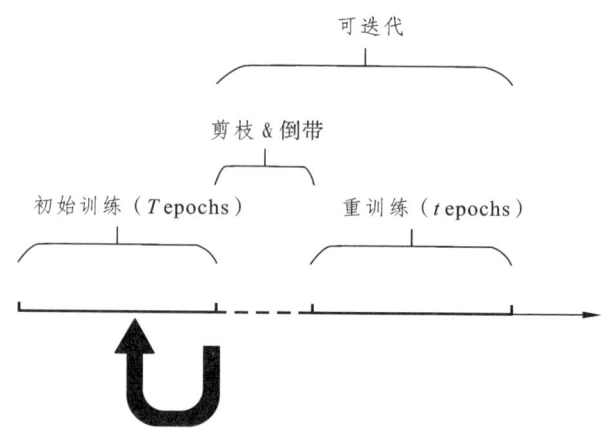

图 8-11 学习率倒带

知识蒸馏策略辅助重训练也可以在一定程度上缓解剪枝后模型性能下降的问题。这是因为剪枝前后的网络模型结构相似，因此，剪枝前复杂的教师网络模型所学习的数据信息和标签信息仍对剪枝后简单的学生网络模型具有很大的指导意义。在知识蒸馏中，通过使用剪枝前的教师网络模型的输出作为剪枝后的学生网络模型的辅助训练目标，可以使得简单的学生网络模型在不同程度上学习到与复杂的教师网络模型类似的特征表示和判别能力，从而使其性能指标无限接近于教师网络模型的性能指标。通过这种方式，可以充分利用知识蒸馏策略和通道剪枝技术的优势，达到更好的模型压缩和加速效果。本章中由于引入了助教网络，因此利用助教网络来指导学生网络训练，以此更好地恢复模型精度。

实验中使用学习率倒带来代替原本的微调，又由于剪枝前后的网络模型结构相似，因此本书创新性地将助教网络蒸馏和学习率倒带结合，使用助教学习率倒带进行重训练。

8.2.2 实验分析

1. 实验环境

实验采用 Python 编程语言实现，操作系统是 Window10，GPU 是 NVDIDIA GTX2080TI，显存为 11 G，CUDA 是 10.0，使用的深度学习框架版本为 PyTorch1.10。安卓端代码在 Android Studio 上编写，采用 Android SDK 版本为 33、JDK 版本为 11 的实验配置。

通道剪枝删除了不重要的网络结构以压缩模型，模型准确率会有一定的降低，通过重新训练剩余的结构可以恢复丢失的准确性。本书将助教网络和学习率倒带相结合，即使用助教学习率倒带进行重训练。实验使用助教网络模型来指导学生网络模型的重训练，将助教学习率倒带的迭代次数设置为助教网络训练的一半，也就是 50，前 25 次使用 0.01 的学习率，后 25 次使用 0.001 的学习率。其他优化设置与第 3 章的实验环境设置相同。

2. 多类植物病害数据集实验结果

在 New Plant Diseases Dataset 上，使用 ResNet-($12 \times n+2$)网络模型，训练 ResNet-74 为教师网络。本书经过实验和参考论文[83]得出，模型规模差距在 2 倍左右较好，因此分别使用 ResNet-50、ResNet-26 和 ResNet-14 为最终助教网络模型进行剪枝，并与经典轻量化模型的 MobileNetV2 对比。训练流程如图 8-12 所示。

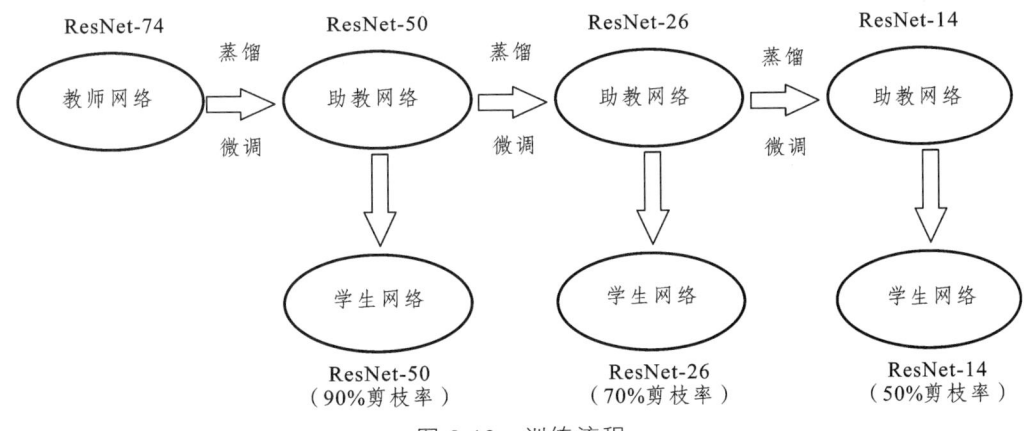

图 8-12 训练流程

在 ResNet-50 模型上训练得到准确率为 96.29%的模型，剪枝 90%后使用学习率倒带得到的模型准确率为 95.65%。对于教师学习率倒带，把原 ResNet-50 网络当作教师网络，而把剪枝 90%后的网络当作学生网络，经过相同的配置重训练后，模型性能恢复的效果比学习率倒带更好，甚至超过了原模型精度，通过教师学习率倒带恢复模型精度的模型准确率为 96.52%。对于助教学习率倒带，训练 ResNet-74 为教师网络，由教师网络提炼出助教网络 ResNet-50，对助教网络 ResNet-50 剪枝 90%后得出学生网络，使用助教网络指导学生网络 ResNet-50（剪枝后）的重训练，得到准确率为 97.78%的模型，效果与教师学习率倒带相比有明显提高。

在 ResNet-26 模型上训练得到准确率为 95.37%的模型，剪枝 70%后使用学习率倒带得到的模型准确率为 91.23%。对于教师学习率倒带，把原 ResNet-26 网络当作教师网络，而把剪枝 70%后的网络当作学生网络，经过相同的配置重训练后，模型准确率为 95.66%。对于助教学习率倒带，训练 ResNet-74 为教师网络，由教师网络依次提炼出助教网络 ResNet-50、ResNet-26，对助教网络 ResNet-26 剪枝 70%后得出学生网络，使用助教网络指导学生网络 ResNet-26（剪枝后）的重训练，最终得到准确率为 97.29%的模型。

在 ResNet-14 模型上训练得到准确率为 91.54%的模型，剪枝 50%后使用学习率倒带得到的模型准确率为 90.85%。对于教师学习率倒带，把 ResNet-26 网络当作教师网络，而把剪枝 50%后的网络当作学生网络，经过相同的配置重训练后，模型准确率为 91.32%。对于助教学习率倒带，训练 ResNet-74 为教师网络，由教师网络依次提炼出助教网络 ResNet-50、ResNet-26、ResNet-14，对助教网络 ResNet-14 剪枝 50%后得出学生网络，使用助教网络指导学生网络 ResNet-14（剪枝后）的重训练，最终得到准确率为 96.35%的模型。在 MobileNetV2 训练得到的准确率为 90.9%。详细数据如表 8-8 所示。

表 8-8　New Plant Diseases Dataset 实验结果

模型	准确率	参数	每秒浮点操作数
ResNet-50（基础）	96.29%	25 892 262	16.08 G
ResNet-50（剪枝 90%学习率倒带）	95.65%	3 386 114	5.39 G
ResNet-50（剪枝 90%教师学习率倒带）	96.52%	3 386 114	5.39 G
ResNet-50（剪枝 90%助教学习率倒带）	97.78%	3 399 477	4.9 G
ResNet-26（基础）	95.37%	14 024 102	9.05 G
ResNet-26（剪枝 70%学习率倒带）	91.23%	3 256 645	3.93 G
ResNet-26（剪枝 70%教师学习率倒带）	95.66%	3 256 645	3.93 G
ResNet-26（剪枝 70%助教学习率倒带）	97.29%	3 570 393	4.52 G
ResNet-14（基础）	91.54%	8 090 022	5.54 G
ResNet-14（剪枝 50%学习率倒带）	90.85%	3 123 523	3.16 G
ResNet-14（剪枝 50%教师学习率倒带）	91.32%	3 123 523	3.16 G
ResNet-14（剪枝 50%助教学习率倒带）	96.35%	3 533 589	3.65 G
MobileNetV2	90.9%	2 272 550	0.32 G

经过3种深度的通道剪枝实验发现，ResNet-50剪枝90%比ResNet-14剪枝50%后的参数量更小，但模型效果却更佳。使用大模型进行大剪枝率的剪枝效果比使用小模型进行小剪枝率的剪枝效果更好。因此，先训练大型模型，然后使用通道剪枝来将模型缩小是可行的。

3. 单类植物病害数据集实验结果

在苹果叶病害数据集上，使用 ResNet-($12 \times n+2$) 网络模型，训练 ResNet-74 为教师网络，ResNet-26 为最终助教网络进行剪枝，并与 MobileNetV2 对比。实验设置批次大小为4，其他优化设置与 New Plant Diseases Dataset 相同。

训练 ResNet-26 模型，其准确率为87.09%，剪枝70%后使用学习率倒带得到的模型准确率为89.1%。对于教师学习率倒带，把 ResNet-26 网络当作教师网络，而把剪枝70%后的网络当作学生网络，经过相同的配置重训练后，模型准确率为89.32%。对于助教学习率倒带，训练 ResNet-74 为教师网络，由教师网络依次提炼出助教网络 ResNet-50、ResNet-26，对助教网络 ResNet-26 剪枝70%后得出学生网络，使用助教网络指导学生网络 ResNet-26（剪枝后）的重训练，最终得到准确率为91.94%的模型。在 MobileNetV2 训练得到的准确率为33.57%，模型效果不佳，经实验分析得出，轻量化模型 MobileNetV2 欠拟合，拟合程度不高，模型简单，无法应对复杂的任务。详细数据如下表 8-9 所示。该数据集中所有的植物病害叶片图像均是在自然光照条件下拍摄的，并且植物叶片的图像背景较为真实复杂，而 New Plant Diseases Dataset 中的图像均是在实验室处理过的，背景干净。分析表8-8和表8-9数据可知，模型对植物叶片病害的识别准确率会受到复杂背景的干扰和影响，导致模型错误率增加，但同时也增强了植物病害识别模型的健壮性。

表 8-9 苹果叶病害数据集实验结果

模型	准确率	参数	每秒浮点操作数
ResNet-26（基础）	87.09%	13 956 485	9.05 G
ResNet-26（剪枝70%学习率倒带）	89.1%	4 653 755	3.8 G
ResNet-26（剪枝70%教师学习率倒带）	89.32%	4 653 755	3.8 G
ResNet-26（剪枝70%助教学习率倒带）	91.94%	4 837 876	3.55 G
MobileNetV2	33.57%	2 230 277	0.32 G

8.2.3 各类植物病害识别分析

为了分析 ResNet 模型对 New Plant Diseases Dataset 中不同类别的植物病害识别效

果，以及结合使用知识蒸馏和学习率倒带的有效性，本书测试了模型对各个植物病害的识别结果，使用折线图更好地展示助教学习率倒带的优越性。模型对每类病害识别结果如图 8-13 所示，横坐标 0 到 37 表示着 38 个种类，包括苹果疮痂病（0）、橘子黄龙病（15）和马铃薯晚疫病（30）等各植物病害种类。纵坐标表示各个类别的平均准确率。从图 8-13 看出，通过助教学习率倒带和恢复的模型拥有比学习率倒带和教师学习率倒带更好的效果。在对时间不敏感的情况下，助教学习率倒带和教师学习率倒带相比更有优势。实验结果表明，用助教学习率倒带来代替微调的方案是可行的，并且效果普遍更好。

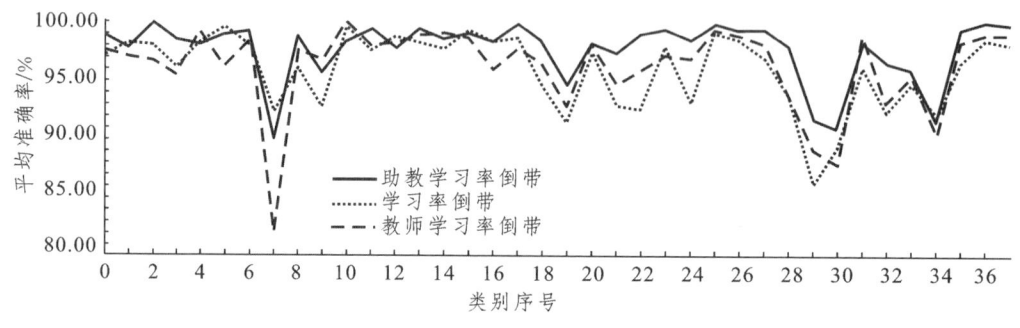

图 8-13　模型对每类病害识别结果

实验结果表明，模型在玉米灰叶斑病（7）、番茄早疫病（29）、番茄晚疫病（30）和番茄轮斑病（34）准确率较低。图 8-14 给出了这 4 种类别的误识别图像数量分布，并结合 New Plant Diseases Dataset 部分样本图分析引起模型误识别数高的主要因素：

① 玉米灰叶斑病（7）很容易与玉米北方叶枯病（9）混淆，后者占前者整体误识别数的大部分，高达 72.34%。其原因是两者的叶片病斑均是沿叶脉方向扩展成长条斑或呈现矩形状，病斑颜色为灰褐色，相似度很高，造成了模型的误识别。

② 番茄早疫病（29）容易被误识别为番茄细菌斑（28）、番茄晚疫病（30）和番茄叶斑病（32），这几种病害分别占前者整体误识别率的 11.11%、35.56%、13.33%。其原因是番茄早疫病（29）和番茄晚疫病（30）均是在叶尖处颜色开始发黑并腐烂，症状相似，造成了模型的误识别。

③ 同样，番茄晚疫病（30）也容易被误识别为番茄早疫病（29）。

④ 番茄轮斑病（34）容易被误识别为番茄细菌斑（28）、番茄二斑叶螨病（33）和健康番茄（37），这几种分别占前者整体误识别率的 11.36%、27.28% 和 18.19%。其原因是番茄轮斑病（34）叶面有红褐色斑点，但并不明显；番茄二斑叶螨病（33）主要是二斑叶螨寄生在叶片的背面取食造成的，二斑叶螨会使叶片变成暗褐色。两者叶片在病害特征上相近，叶片纹理相似，容易误判。又因为番茄轮斑病（34）的斑点并不明显，所以容易与健康番茄（37）混淆，从而造成模型的误识别。

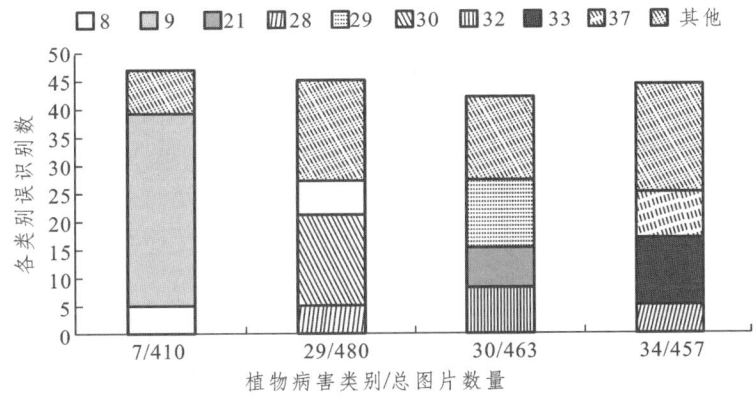

图 8-14 错误率最高的 4 种病害误识别数分布

8.2.4 移动端移植

为了将植物病害模型应用到实际农业活动中,需要将训练好的模型部署到安卓系统(Android)移动端。考虑到 TensorFlow Lite 深度学习框架更加成熟,实验将原先的 PyTorch 模型转换成 Android 兼容的 TensorFlow Lite 模型。本书设计并布署模型转换算法进行模型转换,最终转换的 TensorFlow Lite 模型能够移植在开发的 Android 应用软件上并有效运行。

1. 安卓端操作系统与推理框架简介

Android 是由谷歌(Google)公司开发的一种移动设备操作系统,其体系结构可以分为应用程序层、框架层、程序库、系统运行层和内核层等多个组件。其中,应用程序层为开发人员提供应用程序接口(Application Program Interface,API),允许他们使用 Java 语言编写自己的应用程序,同时也支持使用 Kotlin 和 C++等其他语言进行开发。框架层简化了对核心应用程序 API 接口的调用,从而加快了应用程序的开发速度,同时也提供了丰富的系统服务,如通信、位置信息、通知管理等。程序库包含了系统中的 C/C++文件,为系统提供了必要的支持,包括图形渲染、多媒体、网络通信等。系统运行层则使用这些库文件为系统提供支持,如图像处理、音频处理等,同时也提供了各种系统服务的实现。最后,内核层则依赖于 Linux 3.0 内核,以提供系统内核功能,包括进程管理、内存管理、驱动程序等。Android 系统的多层次结构为应用程序开发者提供了丰富的功能和便利,同时也为用户提供了更佳的体验。

Kotlin 是一种基于 Java 虚拟机(Java Virtual Mashine,JVM)的静态类型编程语言,由 JetBrains 公司开发。Kotlin 可以与 Java 互操作,并且可以在 Android 应用程序中使用。Kotlin 的设计目标是提供一种更简洁、更安全、更具表现力的语言,同时保持与 Java 的互操作性。Kotlin 具有许多优秀的特性,例如可空类型、数据类、扩展函数、lambda 表达式等,这些特性让开发人员可以更加高效地编写代码,减少了编写代码的时间和错误率。另外,Kotlin 还提供了一些工具来简化 Android 开发,例如 Android 扩展函数库和 Android KTX 库,使得开发 Android 应用程序变得更加容易和快速。

TensorFlow Lite 是一种适用于移动设备、嵌入式设备和 IoT 设备的机器学习工具，用于在设备端运行模型。使用 FlatBuffer 格式（文件扩展名为 ".tflite"）表示 TensorFlow Lite 模型，该格式比 TensorFlow 的协议缓冲区模型格式更加高效，具有缩小模型大小和提高推断速度的优势。由于代码占用的空间较小，FlatBuffer 格式的模型可直接访问数据，无须执行额外的解析或解压缩步骤，这有助于提高运行效率。TensorFlow Lite 可在计算和内存资源有限的设备上高效地运行，因此适用于移动设备、嵌入式设备和 IoT 设备等场景。

2. TensorFlow Lite 模型转化

ONNX 是一种深度学习模型的存储和计算格式，由微软等公司共同开发，支持将不同框架的模型转换为 ONNX 模型，并在多个框架中应用。在机器学习应用中，ONNX 模型可以作为中间模型格式，方便不同框架之间的模型转换。

本章的流程包括两个主要部分：PyTorch 模型转换为 ONNX 模型，解析转换后的模型，生成推理引擎，图 8-15 所示为 ONNX 模型生成流程。

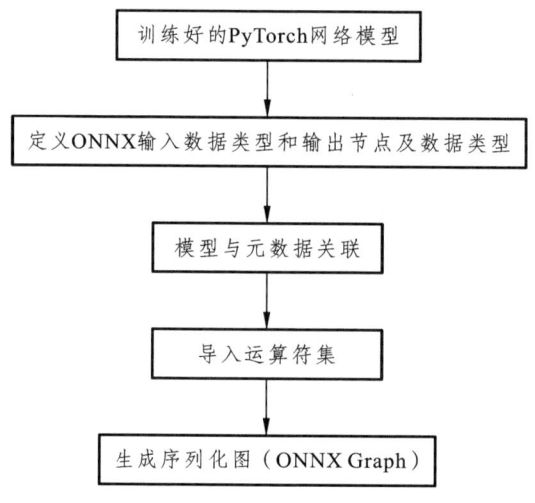

图 8-15 ONNX 模型生成流程

首先需要导入已训练好的模型，这个过程通常包括两个步骤：导入模型的结构和权重。模型的结构图描述了神经网络的体系结构，它由各种层及其之间的连接组成。而模型的权重则表示在训练期间，网络中每个神经元的参数被调整的程度，以便最小化训练集上的误差。在导入模型之后，需要使用 ONNX 来定义模型的输入和输出数据类型。此外，ONNX 还能关联模型图的元数据，这些元数据描述输入和输出张量的形状、数据类型、轴等信息，以确保数据在执行期间得到正确的处理。接着，需要按照模型域的定义来导入模型的运算符集。模型域定义了一个模型的语义信息，它确定了模型中可用的操作符以及它们的行为。一旦定义了模型域，就可以使用 ONNX 将每个操作符导入图中，从而形成完整的模型。

ONNX 图是一种跨平台的中间表示，用于在不同的机器学习框架和硬件上实现模型转换和推理。它由 3 个部分组成：元数据、模型参数列表和计算列表。计算数据流构成了节点列表，通过节点来组成计算图。每个节点由以下 4 个元素构成：

① 节点名称：节点的名称是唯一的，并且用于在模型中引用节点。

② 调用运算符名称：调用运算符指定了节点的计算功能，如卷积、池化或全连接层。

③ 命名输入输出列表：这些列表指定了每个节点的输入和输出。每个输入或输出都具有唯一的名称，并且与模型中的其他节点相互关联。

④ 属性列表：这些属性定义了节点的行为，例如节点中使用的卷积核大小或节点的偏置项。

在 ONNX 图中，每个节点都必须具有 0 个或多个输入，以及 1 个或多个输出。通过组合和连接这些节点，可以构建出表示深度学习模型的完整计算图。

经过模型优化后，导出的 ONNX 模型包含网络的输入和输出信息，同时也展示了部分模型结构，具体如图 8-16 所示。

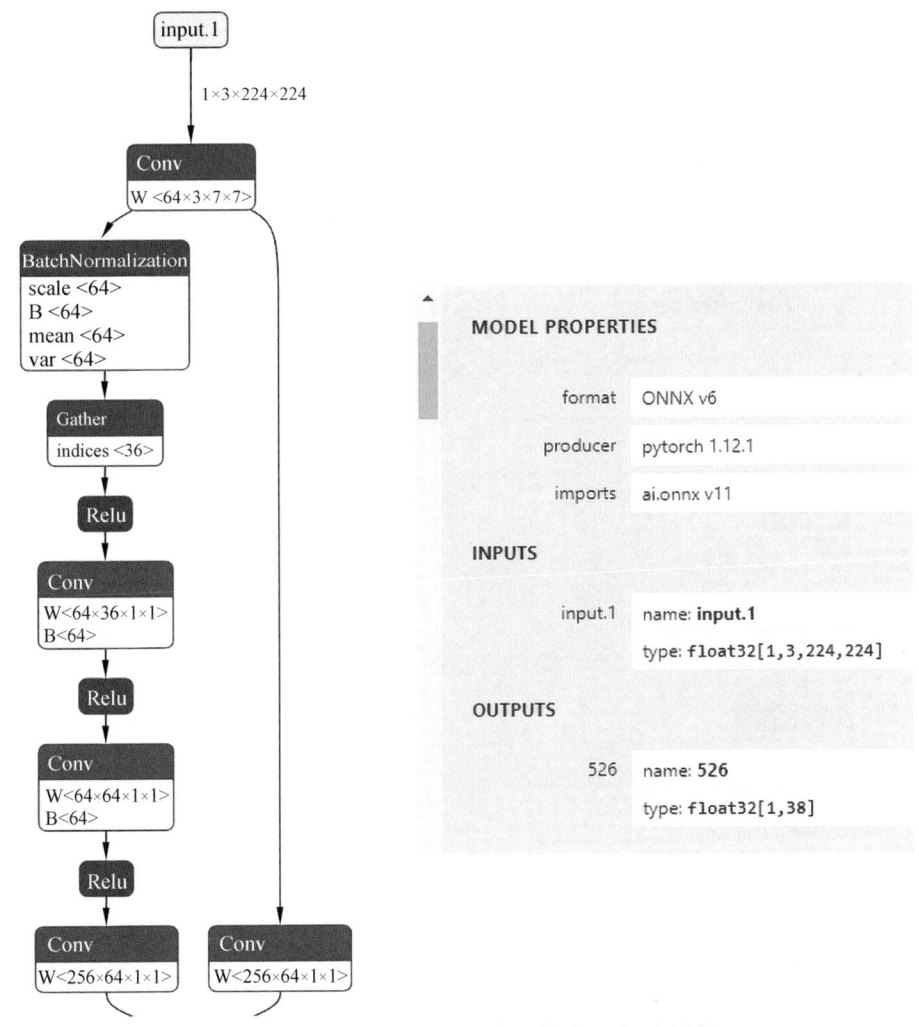

图 8-16 ONNX 模型网络输入输出及部分结构

获得 ONNX 模型后，ONNX 模型还需要转换成 Tensorflow Keras（文件扩展名为".h5"），借助 Tensorflow Keras 文件转换为最终的 TensorFlow Lite（文件扩展名为".tflite"）。图 8-17 所示为 TensorFlow Lite 模型生成流程。

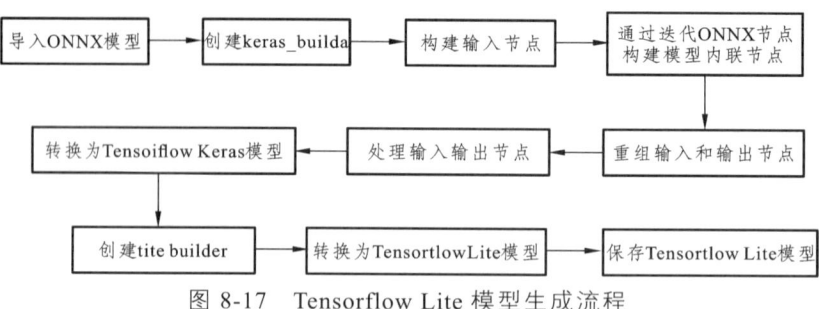

图 8-17　Tensorflow Lite 模型生成流程

首先导入之前转换好的 ONNX 模型，创建 keras 模型转换器，构建输入节点，通过迭代 ONNX 节点构建模型内联节点，重组输入和输出节点，然后处理输入输出节点，转换为 Tensorflow Keras 模型；再创建 tflite 模型转换器，将 Tensorflow Keras 模型转换为 TensorFlow Lite 模型并保存。优化后导出的 TensorFlow Lite 模型网络输入输出及部分结构如图 8-18 所示。

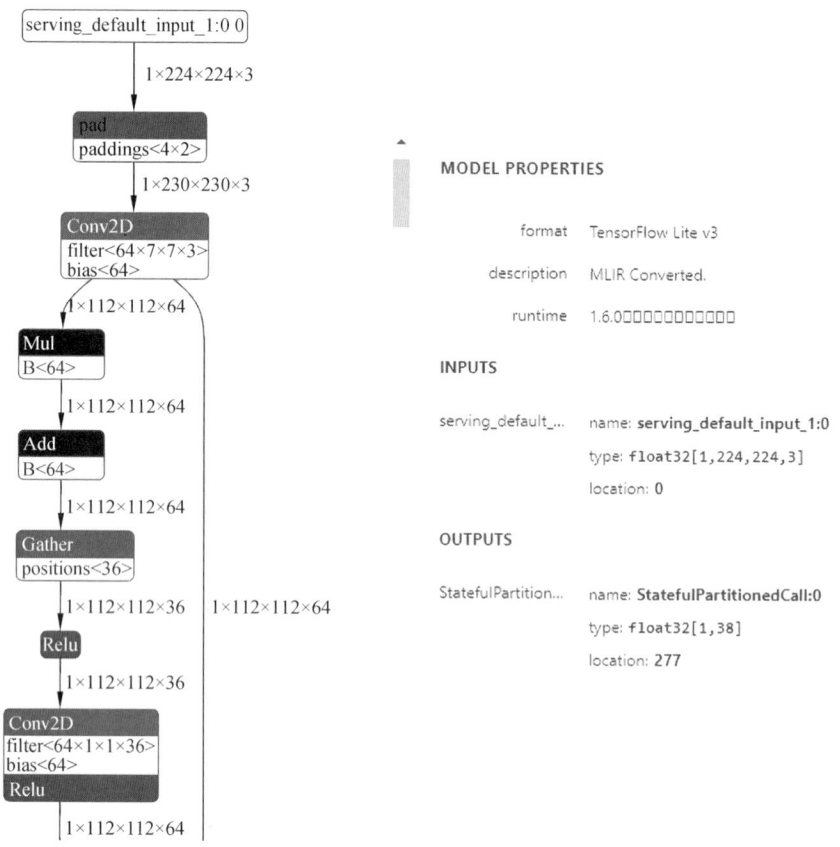

图 8-18　TensorFlow Lite 模型网络输入输出及部分结构

3. 安卓端应用开发

在模型训练完成之后，需要将模型部署到实际的应用环境中。这个过程主要包括模型的优化和部署。优化包括对模型大小、精度、推理速度等方面的优化，以适应具体的应用场景。部署则包括将模型嵌入具体的应用程序中，并确保模型可以在目标设备上正确运行。

为了将模型嵌入安卓应用程序，需要使用安卓的推理框架，例如 TensorFlow Lite、Caffe2 等，将训练好的模型转换为安卓设备上可以运行的格式。同时，在安卓应用程序中还需要进行相关的设置和配置，例如在 Gradle 中添加推理框架接口的依赖库、在 MainActivity.kt 文件中加载模型、创建模型的重写调用链接、配置各类植物病害的标签等。通过这些步骤，模型可以成功地部署到安卓应用程序中，实现图像识别等功能。最后，实验将之前在 PyTorch 框架下训练好的模型转换成 TensorFlow Lite 模型，之后在 Android Studio 中进行优化和部署。图 8-19 所示为安卓端应用开发流程。

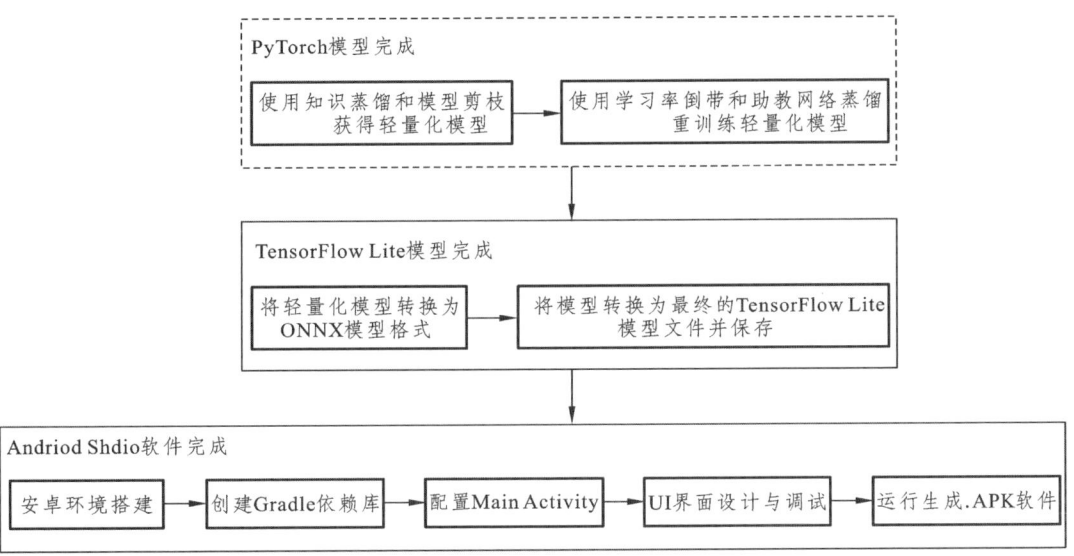

图 8-19　安卓端应用开发流程

在华为 nova7 pro 智能手机上进行病虫害检测软件的试验，能够验证该软件在移动设备上的可行性。该智能手机拥有海思麒麟 985 处理器，拥有 8 个 CPU 核心，其中 3 个大核心时钟频率高达 2.58 GHz，能够提供卓越的计算性能。此外，该手机还具备 6 GiB 的运行内存，足以满足该应用程序的运行需求。

在调为开发者模式并获得相应权限后，植物病害检测软件被成功安装到该智能手机上，软件能够进行图像识别并给出最多 3 种的植物病害可能性和对应的概率。该软件的用户界面简单而友好，易于人机交互，使用起来非常方便。在验证集下的病害图像识别效果较为稳定，基本实现了移动端对农作物病虫害的智能化诊断，为农业生产提供了有力的技术支持。

4. 安卓端测试结果

在 New Plant Diseases Dataset 上，实验将准确率最高的 ResNet-50（剪枝 90%助教学习率倒带）模型进行模型转化，按照"Tensor Flow Lite 模型转化"步骤将 PyTorch 模型转化为 TensorFlow Lite 模型，移植到安卓端后用之前处理好的测试集对该模型进行评估，实验结果如表 8-10 所示。

表 8-10　New Plant Diseases Dataset 安卓端实验结果

模型	准确率	模型大小
ResNet-50（剪枝 90%助教学习率倒带）	97.78%	26.1 MB
ResNet-50（转化成 .tflite）	99.03%	12.9 MB

实验结果表明，经过该方法转换后的 .tflite 模型准确率高达 99.03%，不仅比转换前高 1.25%，而且模型大小降低了一半多。

为了分析转换后的 .tflite 模型对 New Plant Diseases Dataset 中不同类别的植物病害识别效果，本章测试了模型对各个植物病害的识别结果，并通过折线图展示出来。如图 8-20 所示，横坐标 0 到 37 表示着 38 个种类，包括苹果疮痂病（0）、橘子黄龙病（15）和马铃薯晚疫病（30）等各植物病害种类。纵坐标表示各个类别的平均准确率。

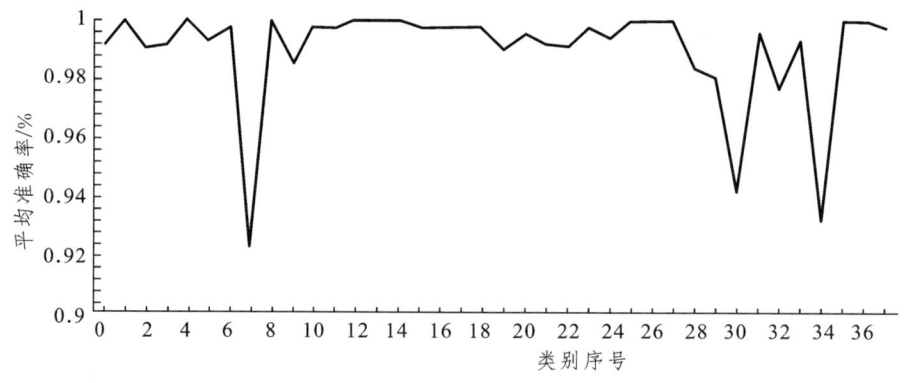

图 8-20　安卓端模型对每类病害识别结果

在苹果叶病害数据集上，实验将 ResNet-26（剪枝 70%助教学习率倒带）模型进行模型转化，按照"TensorFlow Lite 模型转化"步骤转化为 TensorFlow Lite 模型，移植到安卓端后用测试集对该模型进行评估，实验结果如表 8-11 所示。

表 8-11　苹果叶病害数据集安卓端实验结果

模型	准确率	模型大小
ResNet-26（剪枝 70%助教学习率倒带）	91.94%	37 MB
ResNet-50（转化成 .tflite）	95.25%	18.4 MB

实验发现，经过该方法转换后的 .tflite 模型准确率高达 95.25%，不仅比转换前高 3.31%，而且模型大小降低了一半多。这说明本章将 PyTorch 模型转换为 TensorFlow Lite 模型的方法是有效的，该方法不仅将模型大小压缩至原先的一半，还提高了模型的准确率，这为智能手机、嵌入式传感器节点等边缘设备精准识别植物病害提供新方案。

安卓端植物病害识别如图 8-21 所示。左一和左二两图为在 New Plant Diseases Dataset 上的 APP 识别结果，左三和左四两图为在苹果叶病害数据集上的 APP 识别结果。实验结果可得，模型能够在安卓端成功运行并且具备较高的识别率。

图 8-21 安卓端植物病害识别

8.3 本章小结

针对大型卷积神经网络无法直接在边缘设备布署和小型网络效果不佳的问题，本章先基于知识蒸馏和通道剪枝的轻量化植物病害识别模型进行研究，设计了新的模型压缩算法，从 ResNet 模型结构入手进行改进，通过修改残差块数量实现各种深度的 ResNet 网络。在知识蒸馏中引入助教网络进行训练，得出最终助教网络，对最终助教网络稀疏化训练，然后进行通道剪枝，缩减模型的规模。同时对稀疏度和剪枝率的设置对模型的影响进行讨论，得出合适的稀疏度和剪枝率设置；其次针对通道剪枝中重训练的算法优化，创新性地将助教网络蒸馏和学习率倒带结合以此替代原本的微调。实验结果表明，在 14 种植物共 38 个类别的数据集上，将模型剪枝 90% 后，模型准确率为 97.78%，比原模型增加 1.49%；在 5 个类别苹果叶的数据集上，将模型剪枝 70% 后，模型准确率为 91.94%，比原模型增加 4.85%。本书还针对植物的病害颜色、形状及纹理等典型特征进行分析，分析模型误识别的原因，最终将轻量化模型移植到安卓端中并有效运行。通过将人工智能与农业信息领域相结合的手段对植物病害进行自动识别，降低了开发成本，减轻了无意义的劳动强度，同时也扩展了深度卷积神经网络的应用范围，对于智慧农业的发展有一定的借鉴意义。

第 9 章

基于云边协同的轻量化目标检测方法

由于云计算中心拥有强大的算力与存储能力，现代智能视频监控系统基本采用中心云架构实现。但随着网络摄像头的急剧增多，视频质量不断的提升，基于中心云架构的视频监控面临越来越多的挑战。传输大量实时视频数据不仅对网络带宽要求高，并且容易导致传输的高延时，难以满足监控任务的实时性要求。基于云边协同的架构将计算能力向下延伸到传感器附近的网络边缘，为解决智能视频监控中的高带宽要求和延迟敏感问题提供了前景光明的解决方案。同时，基于深度学习的目标检测被广泛地应用于视频分析。然而，此类目标检测模型通常拥有参数量大、结构复杂，对计算机资源要求较高。云边协同架构中的边缘设备无法满足其布署需求。

本章提出了一种基于云边协同的轻量化目标检测方法，利用边缘计算，设计了一个低传输量、低延时的实时智能监控系统。针对边缘嵌入式设备计算资源和存储资源受限，我们设计了一个新型的轻量化的一阶段目标检测，为了能够让模型在嵌入式设备上取得有竞争力的精度水平和推理速度，本章重新设计骨干网络和提出了 AGT-head 检测头。骨干网络基于 DenseNet 和深度分离卷积实现，并进一步消除了原始结构中的冗余。AGT-head 检测头，针对双分支检测头的缺点引入注意力机制，显著提高了检测精度[170][171]。

9.1 基于 DenseNet 的轻量化卷积神经网络

9.1.1 改进的密集连接模块

本章在密集连接模块（DenseBlock）的基础上，引入深度可分离卷积，并减去其中的冗余连接，提出了更高效的单压缩密集模块（Single Compression Dense Block）。该模块在速度和准确性之间实现了更好的权衡。通过堆叠若干单压缩密集模块建立更快、更适用于目标检测的骨干网络。

在原始的 DenseBlock 每个卷积层输出的特征图都能够作为后续层的输入，这种密集连接的结构为浅层特征构建了一个直达网络模型更深层的通道，加强了特征重用。它让网络模型以更少的参数量和计算量达到有竞争力的准确率。DenseBlock 的结构如图 9-1 所示。

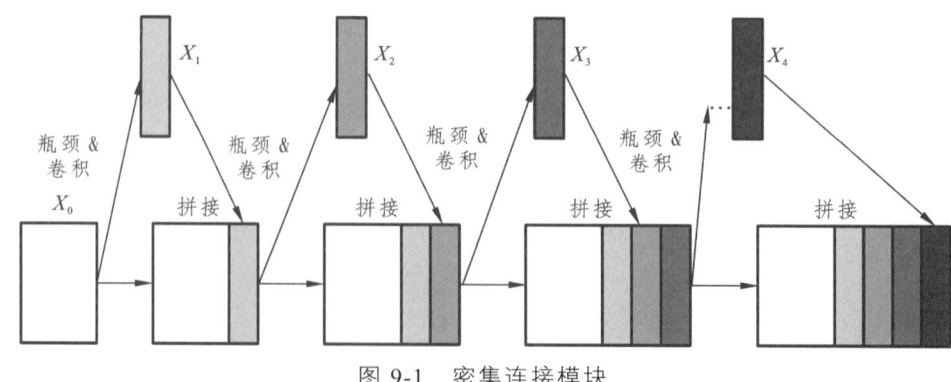

图 9-1 密集连接模块

尽管 DenseBlock 有利于特征的重用和参数效率的提高，但这种方法还存在严重的缺点。

首先，所有层之间的密集连接是多余且稀疏的。Huang 等人[85]通过统计 DenseNet-40 中每层分配给所有输入权重的规范化 L1，以展现哪部分的输入对当前层的贡献更大。

图 9-2 展现了从源层到目标层权重的平均 L1 值。通过观察，可知所有层都将权重分配给了许多的浅层输入。但是相邻层的权重明显大于其他层的。而且随着网络的加深，浅层输入被分配的平均权重越来越小，特别是处在网络最末端的分类层。CondenseNet[173]指出当浅层的特征在不被后续层需要时，密集的连接会引入冗余，并提出了一种可学习的分组卷积对密集连接进行裁剪。具体来说，首先将每个瓶颈结构中的 1 乘 1 卷积分成多个组，然后在训练过程中逐渐移除每组中不太重要的特征的连接。然而该方法无法满足骨干网络训练完后需迁移至目标检测模型的需求。

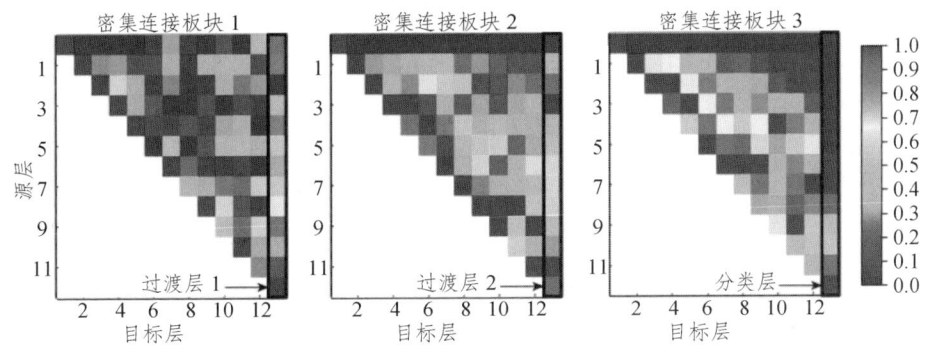

图 9-2　卷积层权重绝对值的平均值

其次，随着网络的加深，在计算卷积之前需将所有浅层特征合并。这导致特征图的数量（通道）呈线性增长，造成了严重的计算瓶颈。即使在每个 3 乘 3 卷积之前均有一个瓶颈结构（1×1 卷积）以减少通道的数量，但它仍然在冗余连接中花费了太多的计算资源，并使计算量随着深度的增加而呈二次增长。上述问题的方程可以表示为

$$C = 3^2 \cdot 4k + 4k^2$$

$$MAdds = hw\sum_{i=0}^{l-1}(n+ik)\cdot 4k + C$$

$$= hw\left(l\cdot n\cdot 4k + \frac{l(l-1)}{2}\cdot 4k^2 + l\cdot C\right) \tag{9-1}$$

式中，h 和 w 分别代表特征图的高和宽；k 和 l 各表示增长率和层数；n 表示初始的特征图数量（通道）。瓶颈结构会将特征的通道数量压缩至一个固定值，通常是增长率的 4 倍，即 $4k$。这使得 3×3 卷积部分的计算量较小和固定不变，该部分的计算量由 C 代表。根据式（9-1），我们发现随着网络层数的增加，瓶颈结构的计算量呈二次增长，占据大量计算资源。

基于上述观察，将"集体知识"的通道保持在一个较小的常数，可以消除冗余的计算，实现精度和延迟的更好平衡。我们提出了单压缩密集块，它能更有效地实现特征重用。在单压缩密集块中，仅包含一个瓶颈结构，它是模块第一层。"集体知识"的通道只在第一层被缩减到很小的数量，例如 $4k$。原先结构中的常规卷积被深度可分离卷积替换，以 k 为增长率，以 $4k$ 个特征图作为输入，输出 k 个新特征图。

每当获取新的特征图，原先的密集连接模块首先将它们与现有的"集体知识"合并，作为下一层的输入。与之不同的是，我们的方法采用残差跳跃连接[86]来更新"集体知识"，以节省计算量。当新的特征图和现有的"集体知识"通道数不同时，不能直接相加。我们利用 1×1 卷积将新特征图的通道扩展至相同维度。

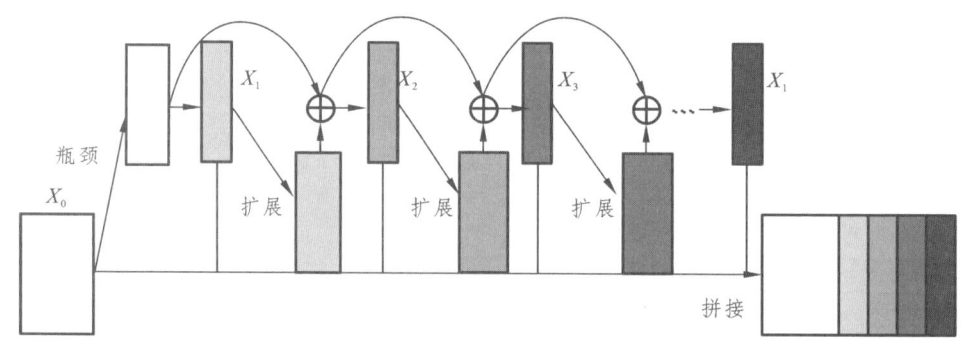

图 9-3 单压缩密集模块

网络的深层依然可以通过残差跳跃连接以相对廉价的方式直接访问所有浅层特征。"集体知识"的通道维只会被压缩一次，并保持不变。随着卷积神经网络的加深，原先层二次增长的计算量变为线性增长，极大地减少了计算量。上述问题的方程表示为

$$\begin{aligned} MAdds &= hw\left[n \times 4k + l \times C + \sum_{i=0}^{l-1} 4k^2\right] \\ &= hw[n \times 4k + (l-1) \times 4k^2 + l \times C] \end{aligned} \quad (9\text{-}2)$$

9.1.2 网络结构

我们以单压缩密集连接模块，构建了更快、感受野更大的轻量化卷积神经网络，称为 SC-DensetNet。它主要由一个初始模块，4 个单压缩密集连接模块组成。受 Inception-v4[174] 和 Pelee[175] 启发，我们设计了初始模块。与其他方法相比，例如增加第一个卷积层的通道或增加增长率，SC-DensetNet 可以以更小计算成本达到有效提高特征表达能力，其结构如图 9-4 所示。

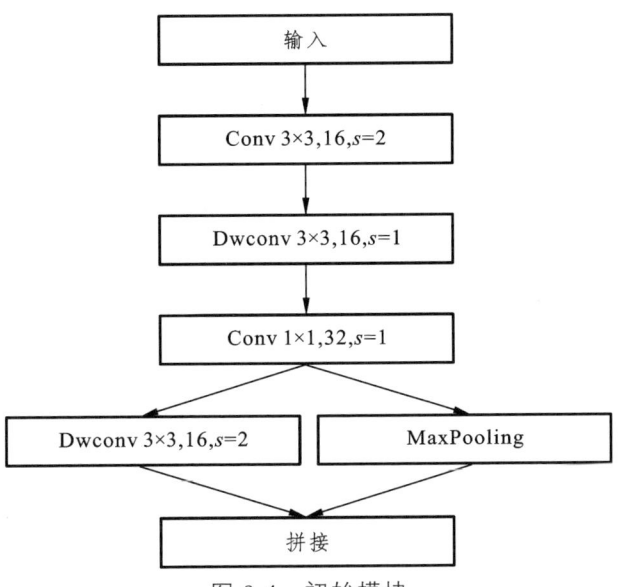

图 9-4 初始模块

SC-DenseNet 详细结构如表 9-1 所示。每个卷积层之后都跟随一个 BN 层和一个 ReLU 激活函数。每个过渡层（transition layer）的末端都包含该结构，以增强重要的特征。在最后阶段，我们用 5×5 的卷积核替换所有 3×3 的卷积核，提高感受野，增加参数量可忽略。

表 9-1 骨干网结构

模块名称		层	输出特征尺寸
初始模块		—	80×80×32
阶段 1	SC-DenseBlock	层=2，k=32	40×40×96
	过渡层	1×1 卷积	
		2×2 平均池化	
		压缩和激励	
阶段 2	SC-DenseBlock	层=4，k=32	20×20×224
	过渡层	1×1 卷积	
		2×2 平均池化	
		压缩和激励	
阶段 3	SC-DenseBlock	层=8，k=32	10×10×480
	过渡层	1×1 卷积	
		2×2 平均池化	
		压缩和激励	
阶段 4	SC-DenseBlock	层=6，k=48	10×10×768
	过渡层	1×1 卷积	
		压缩和激励	

9.1.3 实验分析

1. 实验环境

本章所有的实验均使用 TensorFlow 框架实现，在单个 NVIDIA Ge Force RTX 3080 Ti 上训练，实验环境如表 9-2 所示。

表 9-2 实验环境

CPU	Intel i9-10900X
内存	64 GB
GPU	NVIDIA Ge Force RTX 3080 Ti
操作系统	Windows 10
Python	3.6.13
TensorFlow	2.4.0

2. 实验结果

为验证 SC-DenseBlock 在特征重用方面高效性，我们在 cifar-10 数据集上进行了实验验证。为了公平对比，我们使用 SC-DenseBlock 替换 DenseNet-40 中的 DenseBlock，并保持增长率和层数相同。我们使用随机梯度下降（SGD）训练，初始学习率为 0.1 训练 SC-DenseNet-40。正则化系数为 4×10^{-4}，抑制模型过拟合。共训练 160 epoch，批为 256。

训练后网络各层的平均绝对滤波权重如图 9-5（b）所示。与原结构[见图 9-5（a）]相比，来自浅层的特征在过渡层中受到更多关注。因此，SC-DenseBlock 更有利于特征重用，参数效率更高。

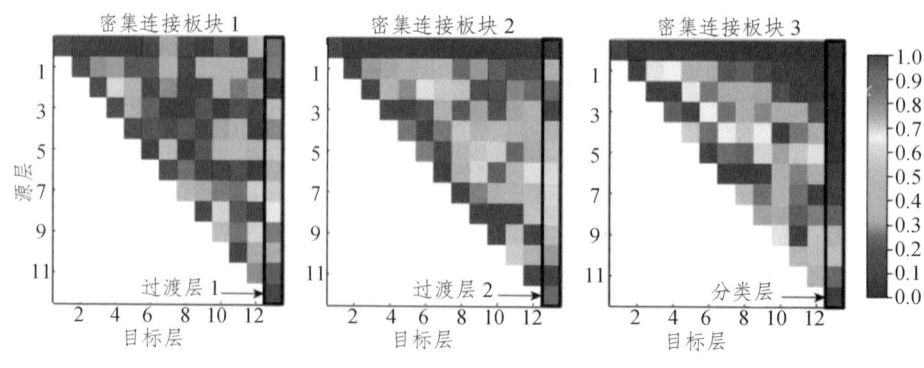

（a）DenseNet-40 各层权重平均值

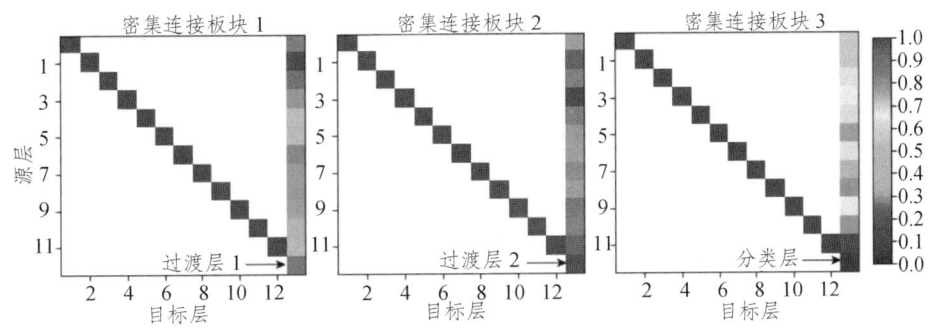

（b）SC-DenseNet-40 各层权重平均值

图 9-5　卷积层权重绝对值的平均值

cifar-10 上的准确率如表 9-3 所示。当把 DenseNet-40 的常规 3×3 卷积替换成深度分离卷积，准确率只降低了 0.72%，每秒浮点操作数显著降低。这对在真实设备上推理满足实时性要求至关重要。SC-DenseNet-40 采用本书提出的结构，在相同深度和宽度的情况下，参数量和每秒浮点操作数仅不足 DenseNet-40 的一半。在 cifar-10 上的准确率仅下降了 1.6% 左右。

表 9-3　cifar-10 上的结果

网络模型	准确率	参数量	每秒浮点操作数
DenseNet-40	94.76%	0.942 M	0.506
DenseNet-40.DwConv	94.04%	0.798 M	0.371
SC-DenseNet-40	93.18%	0.427 M	0.194

Stanford Dogs 数据集包含 14 580 张训练图像，120 个狗的类别。该数据相对较小，不足以评估提出的轻量化卷积神经网络。参考 Wang 等人[175]，制作了 ILSVRC 2012 子集。该数据集依然包含 120 个狗的类别，但是所有训练图像和验证图像从 ILSVRC 2012 中提取。共拥有 150 466 训练图像和 6 000 张验证图像。初始学习率为 0.1，多项式学习率衰减被应用。随机梯度下降的动量为 0.9，权重正则化系数为 0.000 6。此外我们在 Raspberry Pi 4B 嵌入式设备上测试网络的实际推理速度，结果如表 9-4 所示。

表 9-4　ILSVRC 2012 子集上的结果

骨干网络	输入	参数量	精确度/%	帧率/fps
Pelee	224×224	2.80 M	79.25	4.36
DenseNet.DwConv	224×224	3.71 M	80.69	4.92
SC-DenseNet 无残差	224×224	2.85 M	78.29	9.84
SC-DenseNet	224×224	2.85 M	79.59	9.77

我们以原始 DenseBlock 替换 SC-DenseNet 中的 SC-DenseBlock，构建了 DenseNet，进行对比实验。它与 SC-DenseNet 有着相同的层和增长率等超参数。结果表明 SC-DenseNet 在速度和精度的平衡方面取得了更好的平衡。它仅有 2.85 M 参数量，DenseNet 则拥有 3.71 M 参数量。我们的网络不仅极大地降低了参数量，还取得了将近 2 倍的速度提升，精确率只降低了 1.1%。当把残差结构引入 SC-DenseBlock，精确度提升了 1.3%，表明通过残差结构有效性。与 Pelee 对比，我们网络不仅精确度提高了 0.34%，而且速度显著提升一倍多。

9.2 轻量化的目标检测

9.2.1 双分支检测头

双分支解耦检测头（Decoupled-head）结构如图 9-6 所示，一条分支进行类别预测，另一条分支预测目标的位置及高宽。两者平行，相互独立，可独立地学习类别的显著可鉴别特征和位置及边缘特征。

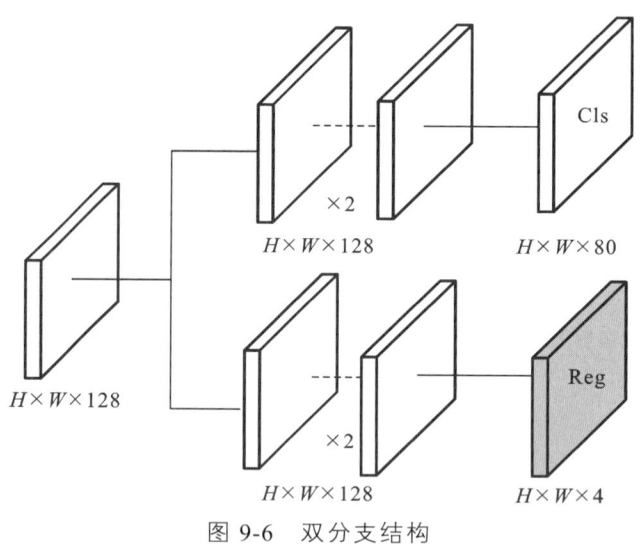

图 9-6　双分支结构

我们可视化预测的分类结果和定位结果。使用点线框标注目标的真实位置，实线框和虚线框分别表示最佳分类和最佳定位的结果。如图 9-7（a）所示，检测器没有成功的检测出猫的位置。我们进一步分析分类 Score 的空间分布和定位 IOU 的分布。通过计算每个预测框与真实框的 IOU 得到定位 IOU 分布。如图 9-7（b）和（c）所示，最佳分类锚点和最佳定位锚点分布在图像不同的区域。因此，经过非极大抑制（Non-Maximum Suppression，NMS）算法处理，一个精确的边界框（虚线框）可能被不精确的边界框（实线框）所淘汰，进而影响检测性能。

 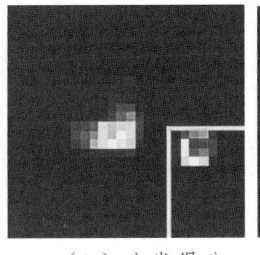 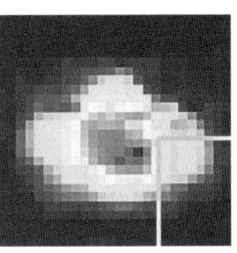

（a）预测结果　　　　（b）分类得分　　（c）定位 IOU

图 9-7　双分支检测头的预测结果

9.2.2　任务对齐检测头

本章利用注意力机制，来对齐分类和定位任务，提出了一种基于注意力的任务对齐检测头（AGT-head），该结构高效且对嵌入式设备友好。我们将通道注意力[176]和空间注意力[177]引入到双分支结构中，以改进单阶段检测器的检测性能，只增加了少量计算量。结构如图 9-8 所示。通道注意力能够增强分类和定位各自的特征，而空间注意力能够促进两个任务之间的互动，加强检测器学习任务对齐的能力。

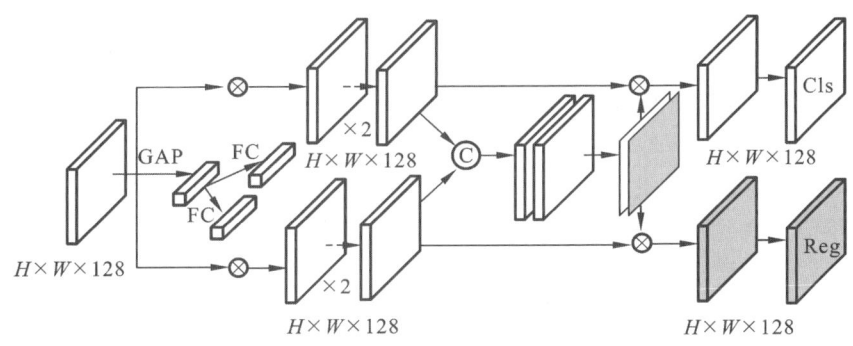

图 9-8　双分支结构预测结果

双分支结构首先包含一个 1×1 的卷积层，减少来自 PANet[59]的特征通道数量，以降低参数量和计算量。特征被压缩降维之后，再分别被输入至分类分支和定位分支。通道注意力[176]可以很好地增强特征图中的有效特征，抑制无效特征，在实际应用中可以很好地增强实验效果。本章中，分类分支和定位分支都包含一个通道注意力模块，以强化各自任务的显著特征。

9.2.3　轻量化目标检测的结构

AT-YOLO 的结构如图 9-9 所示。骨干网络部分采用 SC-DenseNet，由一个初始模块和 4 个连续的 SC-DenseBlock 组成。在骨干网络的末端，存在一个感受野模块（Receptive Field Block，RFB）[178]。

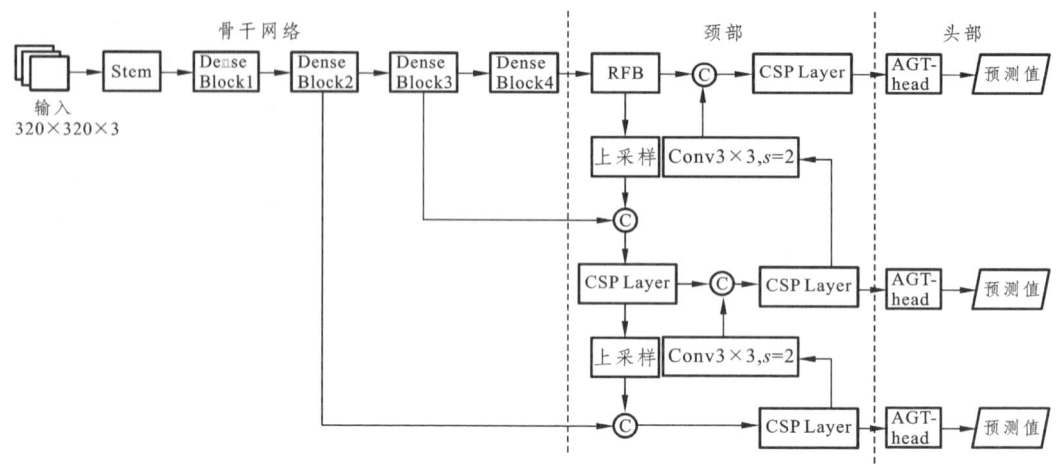

图 9-9 目标检测的架构

我们采用 PANet 特征融合结构作为颈部。它包含一条自顶向下和一条自底向上的路径。前者让深层的特征向浅层融合，后者让浅层特征向深层融合。深层特征包含丰富的语音信息，而浅层特征包含更多边缘和纹理特征[179]。融合两者能够使每个尺度的特征图都包含平衡的特征，提高检测精度。CSPLayer 表示包含两个 3 乘 3 卷积层的跨阶段部分（Cross-Stage Partial，CSP）结构[180]。

无锚点技术应用在 AGT-head 上，避免了复杂的锚点调整和许多技巧，如锚点聚类，以便在不同的任务中获得更好的性能。而且它减少了检测器的参数和每秒浮点操作数，使其速度更快。因此，AGT-head 预测输出目标定位框时，输出当前下采样率的偏移，而非锚点高宽的偏移。其预测的高宽见式（9-3）、式（9-4）：

$$w = stride \cdot e^{t_w} \quad (9\text{-}3)$$

$$h = stride \cdot e^{t_h} \quad (9\text{-}4)$$

式中，t_w 和 t_h 分别表示模型的输出；$stride$ 代表当前特征图的下采样倍数，取值为{32，16，8}。

9.2.4 实验分析

1. 实验环境及训练参数设置

我们使用 COCO train2017[181]数据集训练和验证目标检测算法。COCO train2017 数据集与 COCO trainval 35k 相同，它包含 115 000 张训练图像和 5 000 张验证图像。进一步在 COCO 2017 test-dev 上测试、评估我们的模型。训练超参数如下：该模型总共训练了 160 epochs，2 个初始的 warmup-epochs。使用随机梯度下降进行训练，其中初始学习率 lr=0.005，动量等于 0.937。余弦学习率下降被使用。重量正则化系数取 $5×10^{-4}$。我们使用一块 NVIDIA GeForce RTX 3080 显卡训练模型。由于显存的限制，采用{320，352，384，416，448}像素的训练图像实现多尺度训练。训练批为 32。在训练时，更多 GPU 的分布式训练能够支持更大的批次和更大的输入分辨率，提高模型的准确性水平。

模型的理论计算量并不能真实反映其在实际设备上的推理速度[182]。因此，我们在 Raspberry Pi 4B 上测试、评估模型的推理速度。Raspberry Pi 4B 是一种廉价的嵌入式计算机，它的配置如表 9-5 所示。

表 9-5　Raspberry Pi 4B 配置

CPU	1.5 GHz quad-core ARM Cortex-A72
内存	4 GB
操作系统	Linux
Python	3.6
TensorFlow Lite	1.4

2. 实验结果

训练中的分类损失和 IOU 定位损失如图 9-10 所示。从训练的损失曲线可知，模型自 150 epoch 开始验证集上的损失已经趋于稳定，而训练集的损失只是随 epoch 轻微下降。

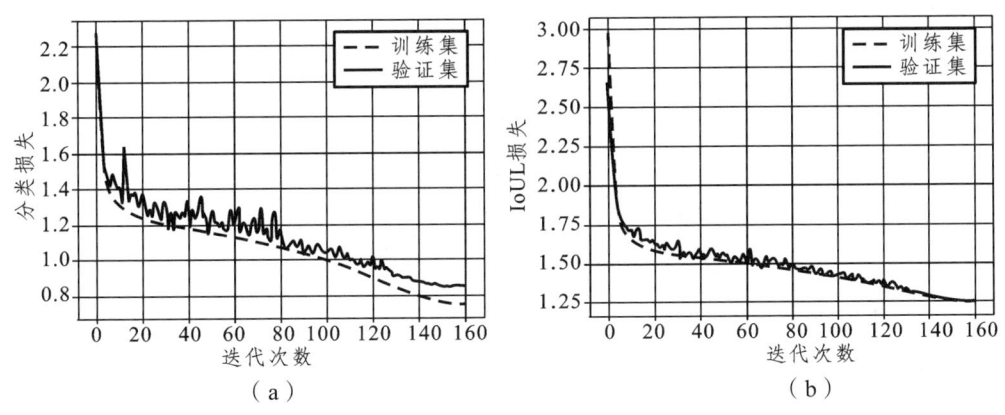

图 9-10　模型训练损失及验证损失

我们调查了 AT-YOLO 组件的有效性。表 9-6 描述了在 COCO 数据集上的比较结果。所有的方法都使用 416×416 的分辨率进行测试。MoblieNetV3 加双分支检测头获得了 28.5 mAP 和 1.43 fps。卷积神经网络的深层特征具备更丰富的语义信息，而浅层的特征在内容描述性方面更丰富[179]。低层次和高层次的信息对物体检测是互补的。我们的轻量化骨干网不仅拥有更少的参数量，而且保留了低层次特征到深层的路径。与 MoblieNetV3 相比，它的准确性高出 0.1 mAP，速度快 0.21 fps 并且参数量更少。当将通道注意力引入双分支检测头时，平均精度显著提升了 0.5 AP，仅轻微地降低了推理速度。而 AGT-head 在此基础上进一步将平均精度从 29.1 AP 提升至 29.5 AP，表明了 AGT-head 的高效性。

表 9-6　各部分的有效性

模型	参数量	AP	AP_{50}	AP_{75}	帧率/fps
MoblienetV3 + Decoupled-head	4.77 M	28.7	45.9	29.7	1.43
SC-DenseNet + Decoupled-head	3.38 M	28.8	44.2	30.0	1.64
SC-DenseNet+Decoupled-head+SE	3.43 M	29.2	46.2	30.5	1.60
AT-YOLO	3.47 M	29.7	45.4	31.1	1.51

图 9-11 展示了消融实验中 4 个模型预测人、卡车、狗、披萨、笔记本电脑、花瓶 6 个类别的 AP。可知 AT-YOLO 在上述 6 个类别的 AP 均高于其他模型。

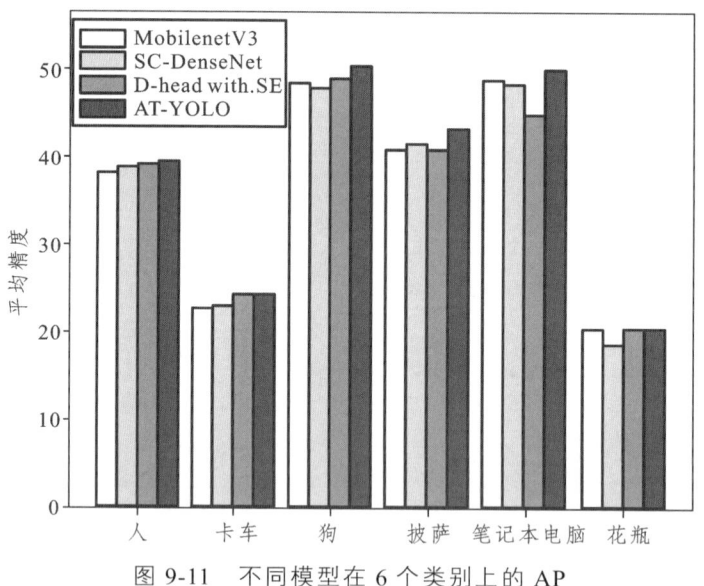

图 9-11　不同模型在 6 个类别上的 AP

考虑输入图像的更大分辨率时，将保留更多的细节特征，并获得更高的准确性。因此，为了进行公平的比较，我们使用两种分辨率的输入图像（320×320 和 416×416）来评估所提出的方法。表 9-7 描述了几种方法的参数和精确度的比较结果。AT-YOLO 416 在 COCO 2017 test-dev 上实现了 29.9 mAP，每秒浮点操作数为 YOLOv4-Tiny 的一半。AT-YOLO 320 有 2.02 G 的每秒浮点操作数和 3.47 M 的参数，与 Tiny-DSOD[183]、CSPPeleeRef[180]等相比，它大大提高了精度。

表 9-7　不同目标检测模型的比较

模型	输入	每秒浮点操作数	参数量	AP	AP_{50}	AP_{75}
SSD[105]	300×300	35.2 B	34.3 M	25.1	43.1	25.8
DSSD	321×321	22.3 B	—	28.0	45.4	29.3
YOLOv3	416×416	65.9 B	62.3 M	31.0	55.3	32.3
MobileNet-SSDLite[184]	320×320	2.60 B	5.1 M	22.2	—	—
Pelee	304×304	1.21 B	5.98 M	22.4	38.3	22.9
CSPeleeRef	320×320	3.43 B	5.67 M	23.5	44.6	22.7
Tiny-DSOD	300×300	1.06 B	1.15 M	23.2	40.4	22.8
MobileNetV3+双分支检测头	320×320	2.02 B	4.77 M	25.8	41.6	26.2
AT-YOLO 320	320×320	2.02 B	3.47 M	26.2	39.8	26.8
YOLOv3-Tiny	416×416	5.57 B	8.86 M	16.6	—	—
YOLOv4-Tiny[185]	416×416	6.96 B	6.06 M	21.7	—	—
Pelee-PRN	416×416	4.04 B	3.16 M	23.3	45.0	22.0
MobileNetV3+双分支检测头	416×416	3.42 B	4.77 M	29.1	45.9	30.6
AT-YOLO 416	416×416	3.43 B	3.47 M	29.9	46.5	32.0

3. 可视化分析

我们通过两个例子比较了双分支检测头和 AGT-head 的预测结果。更详细地说，显示双分支检测头和 AGT-head 预测的结果如图 9-12 所示。分类得分越高表示分类质量越好，IOU 越高表示定位质量越好。虚线方框的分类分数较低，IOU 较高。相反，实线框具有较高的分类分数，但定位能力差。因此，更高质量的定位框很容易被后续的非最大抑制（NMS）算法所抛弃。这就造成了分类和定位之间的错位，从而导致了较差的准确性。当注意力机制被引入双分支检测头时，它不仅加强了各自特征的分类和定位，而且在空间上对这两个特征进行了重新修正和对齐。AGT-head 预测的结果显示在图 9-12（b）和（d）中。在 AGT-head 中，分类分支和定位分支之间具有相同坐标的锚点会产生一致的预测结果。

（a）

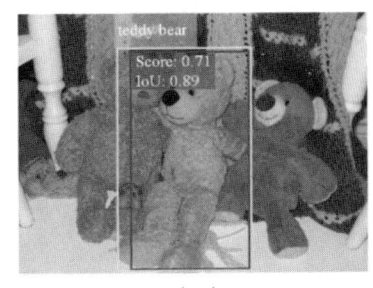

（b）

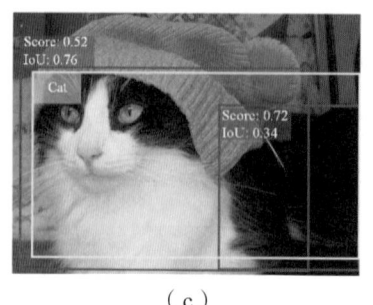

（c） （d）

图 9-12 双分支检测头和 AGT-head 的检测结果的说明

网络模型在真实设备的推理速度对边缘端布署有深度的影响。我们在 Raspberry Pi 4B 上进行了实际设备的推理速度分析。模型的推理速度由 100 张图像的平均时间计算出来，以 FP32 模式运行。NMS 算法的后期处理耗时不在统计范围内。帧率（Frames Per Second，FPS）的对比如图 9-13 所示。8-bit 量化与 FP16 和 FP32 相比能够显著提高模型推理速度。结果显示，在 FP16 和 FP32 的模式下，MobileNetv1-SDDLite 和 Tiny-DSOD 的推理速度最高。AT-YOLO 推理速度与它们近似，但是 mAP 远高于它们。然而在 8-bit 量化模式下，AT-YOLO 获取了 3.34 fps，高于其他的方法。

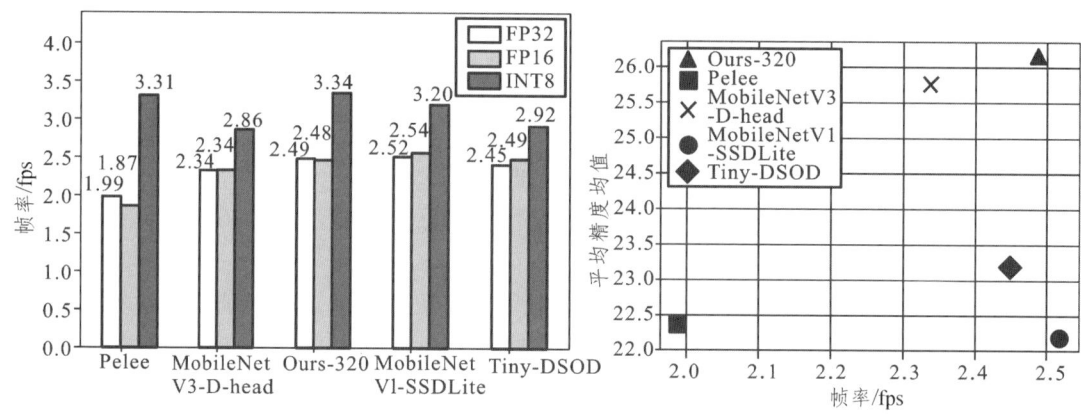

图 9-13 不同模型在真实设备上帧率对比

图 9-14 展示了 AT-YOLO 在 COCO 上的若干检测结果。

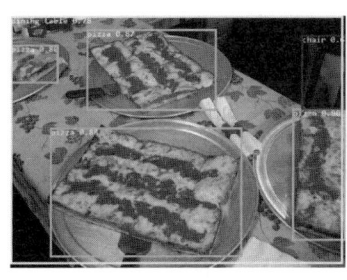

图 9-14 COCO 数据集上的检测结果

9.3 云边协同的智能监控系统

9.3.1 系统结构

云边协同的智能监控系统的概况如图 9-15 所示。该系统由摄像头、边缘设备和云服务器组成。本节中 Raspberry Pi 4B 被用作边缘设备,但它也可以被其他设备替代,如 Jetson Nano。更强的边缘设备,系统的实时性更好。

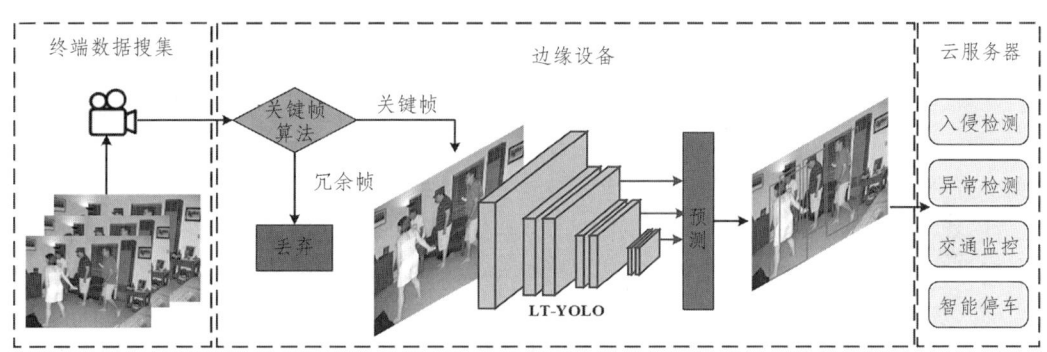

图 9-15 终端-边缘-云的监控系统

更详细地说,网络摄像头将采集的视频发送至边缘设备。在我们的系统中边缘设备负责收集和处理数据以及检测结果的上传。由于边缘设备靠近网络摄像头,视频流首先经边缘设备处理。这减少了大量的数据传输量,缓解了主干传输网络的通信负担,减少了系统的响应时间。考虑到监控视频中存在大量静止的画面和目标移动速度相对较慢,视频流中存在大量相似的帧。为了提高整个系统处理数据的效率,本章设计了一个基于 CNN 的关键帧算法。它被放置在数据处理管道的首端,基于帧与帧之间的差别筛选关键帧,过滤掉视频流中大量的冗余帧。该算法利用一个规模极小的 CNN(比目标检测模型小 10 倍)来提取每一帧的特征,它通过比较特征的不同来筛选关键帧。筛选出的关键帧接下来由目标检测处理。模型负责对关键帧中感兴趣的物体进行分类和定位。处理流程的最后一步将检测结果上传到云端。云服务器分析、存储检测结果,并提供了一个开发式的编程平台。可定制许多智能应用，如闯入警报器和智能分析仪，可以自由地安装在云端。图 9-16 展示了布署在边缘端程序的时序。

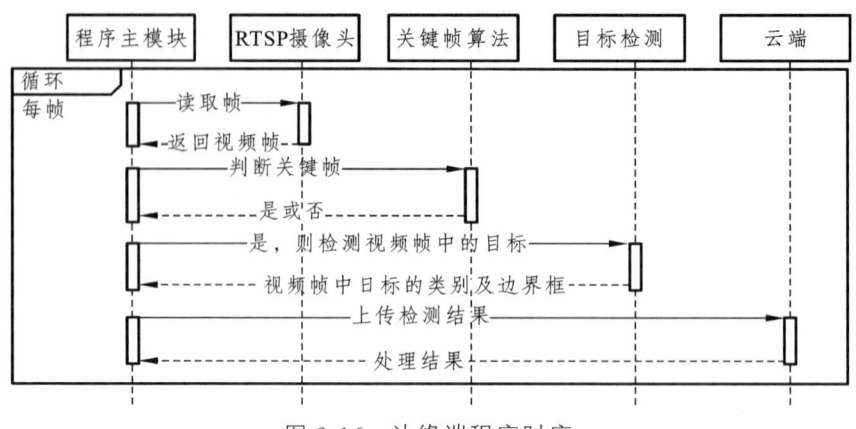

图 9-16　边缘端程序时序

9.3.2　关键帧算法

一个低帧率和低分辨率的视频仍然可以每秒产生超过 10 MB 的数据，每天产生近 1 TB 的数据。当监控摄像头在一段时间内采集的视频都是静止画面，不包含监控对象时，这些视频成为冗余信息，不能提供任何重要的信息。因此，使用计算成本高且复杂的目标检测算法不加区分地处理每一帧图像，效率尤为低下。根据文献[186]，通过 SqueezeNet 提取了每一帧的特征，并根据特征的 MSE 值判断帧属于相同还是不同的镜头。此外，Dou 等人[83]利用对象检测方法过滤关键帧以优化视频传输策略。

在这两项研究的启发下，我们开发了一种基于 CNN 的算法来选择关键帧，同时考虑到了时间效率和性能。首先该算法利用卷积神经网络提取每帧图像的特征，再比较当前关键帧和后续帧之间的差异，来决定后续帧是否为新的关键帧。再者，该算法的计算负责度必须足够小，以满足处理每帧的实时性要求。因此，我们设计了一个 Micro-CNN 来提取的图像特征。Micro-CNN 由若干个反向残差块（Inverted Residual Blocks）[88]堆叠而成。此外，我们在网络的后几层，采用 5×5 卷积核而非 3×3，以提供更大的感受野。Micro-CNN 只包含 0.32 M 的参数，经过量化后可以在 Raspberry Pi 上以 64 fps 运行。其详细结构如表 9-8 所示。

表 9-8　Micro-CNN 的结构

输入	操作	扩展率	输出特征图	下采样率
192×160×3	conv2d，3×3	—	16	2
96×80×16	bottleneck，3×3	16	16	2
48×40×16	bottleneck，3×3	64	24	2
24×20×24	bottleneck，3×3	88	24	1

续表

输入	操作	扩展率	输出特征图	下采样率
24×20×24	bottleneck，5×5	96	40	2
12×10×40	bottleneck，5×5	160	40	1
12×10×40	bottleneck，5×5	160	40	1
12×10×40	bottleneck，5×5	288	96	2
6×5×96	bottleneck，5×5	480	96	1
6×5×96	bottleneck，5×5	480	96	1

Micro-CNN 提取的特征必须与下游检测器提取的特征一致,以准确地过滤、筛选关键帧,特别是当目标在移动时。因此,在检测器中的骨干被 Micro-CNN 取代后,它采用类似的方法进行训练。然而,Micro-CNN 只需要提取粗略的特征来反映连续帧中物体的变化,而不考虑其类别。因此,在训练过程中,头部的类别分支已被删除。

设提取的特征图形状为 $H×W×C$,其中 H 代表高度, W 代表宽度, C 代表通道。通过每个位置的 L2 距离进行比较。一个形状为 $H×W$ 的距离图被生成,代表同一区域内两帧之间的差异。一旦距离图中的最大值超过一个固定的阈值,当前帧就被确定为一个新的关键帧,并被传递给下游检测任务。我们发现,0.2 是判断关键帧的最佳阈值。详细的算法请参考算法 9-1。

算法 9-1：Keyframe

Inputs：$Frame_i$

Outputs：Bool of keyframe

1：Initialize the feature of keyframe f_K

2：*threshold*←.2

3：*result*←*false*

4：f_i←*ExtractFeatures*（$Frame_i$）

5：*Distance*←$(f_K - f_i)^2$

6：*maxDistance*←*Max*（*Distance*）

7：if *maxDistance* > *threshold* then

8：　　f_K←f_i

9：　　*result*←*true*

10：end if

11：return *result*

9.3.3 实验分析

1. 实验环境

本系统采用的摄像头和边缘设备如图 9-17 所示。摄像头输出 1080P 的高清视频，码率为 5 Mbps。摄像机通过实时流协议（Real-Time Streaming Protocol，RTSP）将 1080P 视频流传到边缘节点。

图 9-17　摄像头与"树莓派"（Rasberry Pi 4B）

本系统采用 Raspberry Pi 4B——一类廉价的单板计算机，作为边缘设备。首先安装 ARM64 位版本的 Anaconda3，便于 Python 环境的管理与维护。该智能视频监控系统通过 Python 实现。目标检测和关键帧算法是基于 TensorFlow 平台实现的，在经过训练后，它们被转换为 TensorFlow Lite 模型，以便在边缘设备中获得最佳的推理速度。我们发现，将 Micro-CNN 量化为 int8 可以显著提高时间效率，并且它对准确性的影响甚微。本系统环境中安装模型所需的主要软件包版本号如表 9-9 所示。最后，我们使用一台配备 NVIDIA GeForce GTX 1050Ti GPU 的计算机作为云服务器。

表 9-9　系统软件环境

软 件 包	版 本 号
Python	3.7
Pip	21.3.1
TensorFlow Lite	1.4
opencv-python	4.5.4.60
Pandas	1.1.5
Numpy	1.19.4

2. 实验结果

智能监控系统边缘端运行情况如图 9-18 所示，运行 videodetection.py 启动边缘端目标检测程序。程序通过 opencv 读取每帧视频，每处理 1 000 帧，输出处理每帧的平均速度及关键帧数量。

第 9 章 基于云边协同的轻量化目标检测方法 \

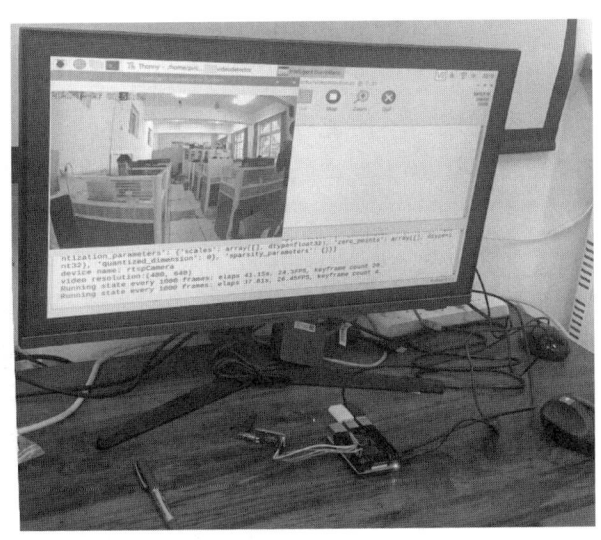

图 9-18　边缘端运行情况

图 9-19 显示了当两个人在摄像头前移动时,我们的关键帧算法所选择的 4 个连续关键帧。利用热图显示关键帧之间有显著差异的区域。通过计算关键帧特征每个像素之间的欧几里得距离,对结果进行归一化,从而得到这些热图。

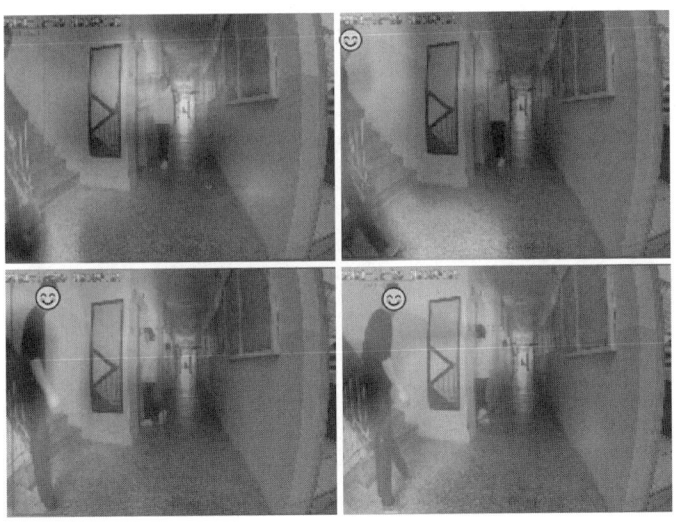

图 9-19　4 个连续的关键帧

得到的结果显示如下:
① 关键帧之间在不相关的背景区域几乎没有差异。
② 靠近镜头的人在镜头前移动速度较快,吸引了算法大量的注意力,每个关键帧之间差异主要集中在该区域。
③ 离摄像头远的人移动速度相对较慢,只吸引了算法的少量关注,每个关键帧之间存在差异的区间较少。

因此，结果表明，所提出的关键帧算法可以准确地从视频流中提取有关监控对象的重要信息，并排除时间轴方向上的冗余信息，以提高效率。

我们评估了所提系统在校园内不同地点和时间的检测性能。监控视频的检测结果如图 9-20 所示，图 9-20（a）和（b）显示的是下午阳光明媚时的检测结果（产生了非常强烈的照明），图 9-20（c）和（d）描述的是太阳下山时的检测结果（意味着较弱的照明）。可以看出，在上述条件下，我们的监测系统可以准确地检测到感兴趣的物体。

图 9-20 校园视频不同图像的检测结果

我们通过实验进一步研究了所提出方法的计算机资源消耗和实时性能。在已实现的实验中，我们设计了 3 种模式进行比较，分别是使用关键帧算法、没有关键帧算法以及在云布署目标检测。

我们在只有一个或两个人实体行走的场景中记录每秒处理的帧数。详细结果如图 9-21 所示。值得注意的是，在无关键帧算法的模式下，系统的平均速度为 2.24 fps，其最大值为 2.68 fps，这很难满足监控系统的实时需求。与使用关键帧算法的模式相比，当监控画面禁止的情况下，帧率可以达到 57.15。这表明关键帧算法可以准确地过滤大量的冗余帧，提高系统的实时性。特别是，关键帧算法将平均帧率从 2.24 提高到 13.69。通常情况下，监控摄像机的帧率在 7.5 到 15 之间[79]。该模式基本能够满足监控系统的实时性要求。此外，第 3 种模式——AT-YOLO 被布署到云端，在最坏的情况下帧率达到 30.59。这表明我们的关键帧算法显著地提高了系统效率，降低了系统响应时间。

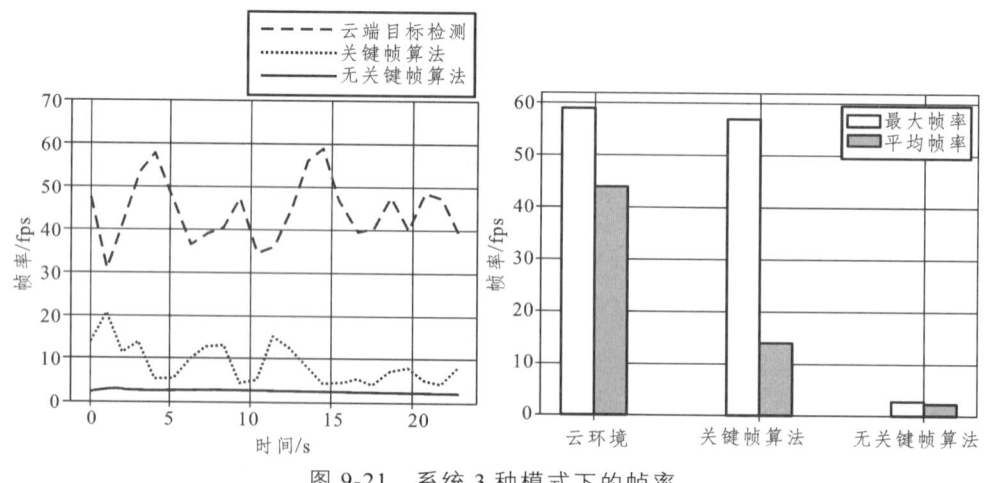

图 9-21 系统 3 种模式下的帧率

网络带宽是一个重要指标,图 9-22 描述了云服务和边缘设备之间每秒的带宽占用。图 9-22(b)显示了布署关键帧算法和无关键帧算法两种模式下的带宽占用。由于目标检测布署在边缘端,只有检测结果被上传至云端,它们的带宽占用很低。最大带宽小于 14 kbps,这对于码率 5 Mbps 的 1080P 视频来说是微不足道的。一旦目标检测被移植到云端,运行在边缘的关键帧算法会首先过滤大量的冗余帧,减轻处理负担。被筛选出的关键帧首先被压缩再被发送至云端处理。因此,平均带宽使用量减少到 467.29 kbps,最大带宽为 1 Mbps,如图 9-22(a)所示。

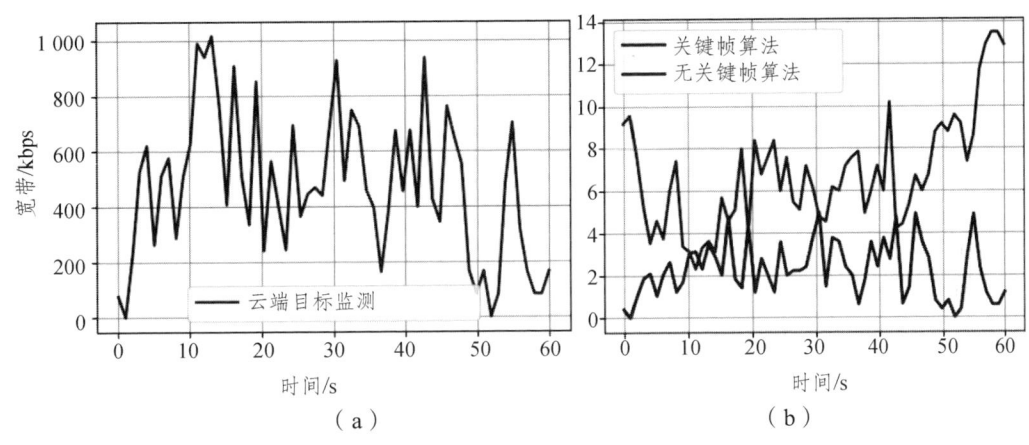

图 9-22 系统的 3 种模式之间的带宽消耗

实验表明,本智能监控系统在 3 种模式下都能够显著地降低网络传输带宽,降低网络布署成本。

每隔 200 ms 在 Raspberry Pi 4B 上读取 CPU 的使用百分比,图 9-23 展示了所提系统的 CPU 使用率。根据该图可以确定,使用和不使用关键帧算法的 CPU 利用率基本相似,两者的平均值分别为 40.58% 和 41.24%,前者的表现略优于后者。这说明关键帧算法简单高效,占用计算资源少。

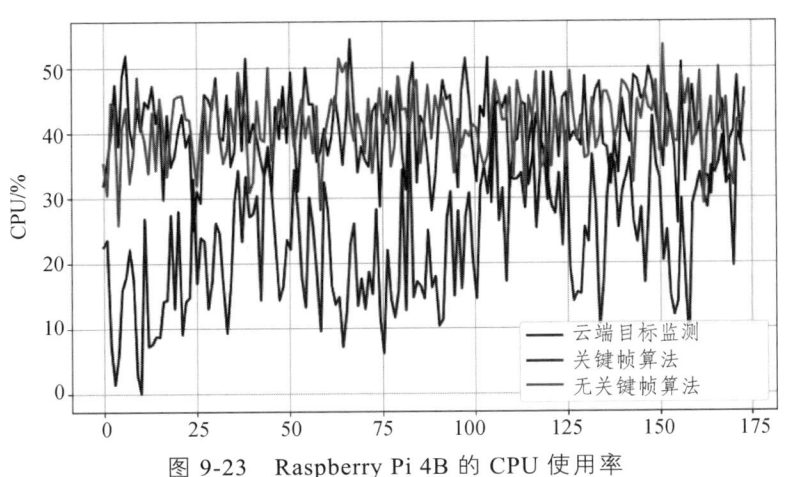

图 9-23 Raspberry Pi 4B 的 CPU 使用率

然而，一旦目标检测模型被移植到云端，Raspberry Pi 的 CPU 使用率明显下降，平均值达到 23.36%。这表明，目标检测模型需要消耗绝大多数的计算资源，而关键帧算法的计算复杂度小、占用资源少，体现了关键帧算法的高效。

边缘设备的内存消耗是另一个关键指标。我们系统在 35 s 的运行时间内，每 200 ms 读取一次内存消耗量。图 9-24 比较了系统的内存消耗。首先，系统所需的最大内存不超过 260 MB，这对于拥有 4 GB 内存的 Raspberry Pi 4B 来说是微不足道的。由于需要运行 Micro-CNN，带有关键帧算法的监测系统比没有关键帧的监测系统消耗的内存略多。但是它们的内存占用的差别可以忽略，因为 Micro-CNN 足够小，且 Rasberry Pi 4B 有 4 G 的内存。

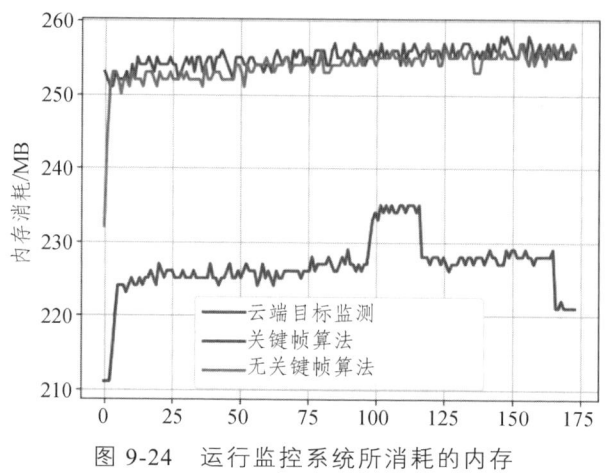

图 9-24　运行监控系统所消耗的内存

9.4　本章小结

传统基于云计算架构的智能视频监控方法数据传输量大，对通信网络的带宽和稳定性要求高。特别地，当被检测对象以极低概率出现时，大量冗余视频数据占据了网络带宽，导致传输效率低下，同时对网络的稳定性也是挑战。

边缘计算架构将算力从云端下沉至靠近终端设备的网络边缘设备。由边缘设备进行实时采集、过滤、分析数量，有效地削减了存储与传输数据的资源消耗，而且降低了系统响应时间。系统可以以更少的网络带宽和算力，满足视频监控系统的实时性要求。因此，研究、开发基于云边协同的视频监控系统具有重要的研究意义，对其应用与实施有着重要的价值。

本章对基于云边协同的视频监控系统进行了探讨与研究。以轻量化的深度卷积神经网络为骨干网络、自注意力机制增强特征，设计、实现了一种轻量化的目标检测模型,平衡了精度与资源受限平台的布署需求。最后提出的模型被布署在边缘设备——"树莓派"上,实现了一个基于云边协同架构的智能视频监控系统。该视频监控系统克服了传统云中心架构的高带宽要求,避免了高昂的网络布署费用。本系统有效地将视频的带宽从 5 Mbps 降低到 467.29 Kbps,同时满足智能监控系统的实时要求。

参考文献

[1] 张菁，陈利学. 浅谈无线传感器网络的节能技术[J]. 中国科技信息，2005（23A）：1.

[2] MENINGER S，MUR-MIRANDA J O，AMIRTHARAJAH R，et al. Vibration-to-electric energy conversion[C]. Proceedings of the 1999 international symposium on Low power electronics and design，1999：48-53.

[3] TRAN L Q V，DIDIOUI A，BERNIER C，et al. Co-simulating complex energy harvesting WSN applications：an in-tunnel wind powered monitoring example[J]. International Journal of Sensor Networks，2017，23（2）：100-112.

[4] KIM S，VYAS R，BITO J，et al. Ambient RF energy-harvesting technologies for self-sustainable standalone wireless sensor platforms[J]. Proceedings of the IEEE，2014，102（11）：1649-1666.

[5] FAFOUTIS X，DRAGONI N. ODMAC：an on-demand MAC protocol for energy harvesting-wireless sensor networks[C]. Proceedings of the 8th ACM Symposium on Performance evaluation of wireless ad hoc，sensor，and ubiquitous networks，2011：49-56.

[6] 李鹏玉. 能量收集受限状态下 EH-WSN 的休眠调度算法研究[D]. 呼和浩特：内蒙古大学，2021.

[7] SINGH H，SINGH D. An energy efficient scalable clustering protocol for dynamic wireless sensor networks[J]. Wireless Personal Communications，2019，109（4）：2637-2662.

[8] RAGAVAN P S，RAMASAMY K. Software defined networking approach based efficient routing in multihop and relay surveillance using Lion optimization algorithm[J]. Computer Communications，2020，150：764-770.

[9] RIDA M，MAKHOUL A，HARB H，et al. EK-means：a new clustering approach for datasets classification in sensor networks[J]. Ad Hoc Networks，2019，84：158-169.

[10] 蒋华，王瑶，王慧娇，等. 基于模糊逻辑的 WSNs 能量高效分簇路由算法[J]. 微电子学与计算机，2020，37（7）：6.

[11] WANG M, WANG S, ZHANG B. APTEEN routing protocol optimization in wireless sensor networks based on combination of genetic algorithms and fruit fly optimization algorithm[J]. Ad Hoc Networks. 2020, 102: 102138.

[12] 黄影, 华雨晴. 能量与路径约束的无线传感网络路由优化[J]. 西安电子科技大学学报, 2020, 47（3）: 8.

[13] 刘运节, 包萍. 考虑节点能量消耗的无线传感网络平衡路由算法设计[J]. 科学技术与工程, 2022, 22（1）: 277-282.

[14] SAHOO J, SAHOO B. Solving target coverage problem in wireless sensor networks using greedy approach[J]. 2020 International Conference on Computer Science, Engineering and Applications（ICCSEA）, 2020: 1-4.

[15] KUMAR D P, AMGOTH T, ANNAVARAPU C S R. Machine learning algorithms for wireless sensor networks: a survey[J]. Information Fusion, 2019, 49: 1-25.

[16] JAFARIZADEH V, KESHAVARZI A, DERIKVAND T. Efficient cluster head selection using Naïve Bayes classifier for wireless sensor networks[J]. Wireless Networks, 2017, 23: 779-785.

[17] MEHMOOD A, LV Z, LLORET J, et al. ELDC: an artificial neural network based energy-efficient and robust routing scheme for pollution monitoring in WSNs[J]. IEEE Transactions on Emerging Topics in Computing, 2017, 8（1）: 106-114.

[18] DONTA P K, AMGOTH T, ANNAVARAPU C S R. Delay-aware data fusion in duty-cycled wireless sensor networks: a Q-learning approach[J]. Sustainable Computing: Informatics and Systems, 2022, 33: 100642.

[19] BANOTH S P R, DONTA P K, AMGOTH T. Target-aware distributed coverage and connectivity algorithm for wireless sensor networks[J]. Wireless Networks, 2023: 1-16.

[20] BEVERUNGEN D, MÜLLER O, MATZNER M, et al. Conceptualizing smart service systems[J]. Electronic Markets, 2019, 29（1）: 7-18.

[21] MAGLIO P P, LIM C H. Innovation and big data in smart service systems[J]. Journal of Innovation Management, 2016, 4（1）: 11-21.

[22] VANRADEN P M, SUN C, O'CONNELL J R. Fast imputation using medium or low-coverage sequence data[J]. BMC Genetics, 2015, 16（1）: 1-12.

[23] MEHROTRA D V, LIU F, PERMUTT T, et al. Missing data in clinical trials: control-based mean imputation and sensitivity analysis[J]. Pharmaceutical Statistics, 2017, 16（5）: 378-392.

[24] MARCHANG N, TRIPATHI R. KNN-ST: exploiting spatio-temporal correlation for missing data inference in environmental crowd sensing[J]. IEEE Sensors Journal, 2021, 21(3): 3429-3436.

[25] KHOSRAVI P, LIANG Y, CHOI Y J, et al. What to expect of classifiers? reasoning about logistic regression with missing features[J]. arXiv preprint arXiv: 1903.01620, 2019.

[26] YOON J, ZAME W R, VAN DER SCHAAR M. Estimating missing data in temporal data streams using multi-directional recurrent neural networks[J]. IEEE Transactions on Biomedical Engineering, 2018, 66(5): 1477-1490.

[27] ZHANG Y F, THORBURN P J, XIANG W, et al. SSIM—a deep learning approach for recovering missing time series sensor data[J]. IEEE Internet of Things Journal, 2019, 6(4): 6618-6628.

[28] AKAIKE H. Fitting autoregressive models for prediction[J]. Annals of the institute of Statistical Mathematics, 1969, 21(1): 243-247.

[29] HUNTER J S. The exponentially weighted moving average[J]. Journal of quality technology, 1986, 18(4): 203-210.

[30] BENJAMIN M A, RIGBY R A, STASINOPOULOS D M. Generalized autoregressive moving average models[J]. Journal of the American Statistical association, 2003, 98(461): 214-223.

[31] BOX G, JENKINS G M, REINSEL G C, et al. Time series analysis: forecasting and control[J]. 5th Edition. Journal of the Operational Research Society, 2015, 22(2): 199-201.

[32] LAPEDES A, FARBER R. Nonlinear signal processing using neural networks: Prediction and system modelling[R]. United States, 1987.

[33] HEARST M A, DUMAIS S T, OSUNA E, et al. Support vector machines[J]. IEEE Intelligent Systems and their applications, 1998, 13(4): 18-28.

[34] ZHU S, LUO X, CHEN S, et al. Improved hidden Markov model incorporated with copula for probabilistic seasonal drought forecasting[J]. Journal of Hydrologic Engineering, 2020, 25(6): 04020019.

[35] DING H, BAILEY IV A D, JAIN M, et al. Gaussian mixture model-based unsupervised nucleotide modification number detection using nanopore-sequencing readouts[J]. Bioinformatics, 2020, 36(19): 4928-4934.

[36] YEŞILKANAT C M. Spatio-temporal estimation of the daily cases of COVID-19 in worldwide using random forest machine learning algorithm[J]. Chaos, Solitons & Fractals, 2020, 140: 110210.

[37] HOCHREITER S, SCHMIDHUBER J. Long short-term memory[J]. Neural Computation, 1997, 9(8): 1735-1780.

[38] CHO K, MERRIENBOER B V, GULCEHRE C, et al. Learning phrase representations using RNN encoder-decoder for statistical machine translation[C]. Conference on Empirical Methods in Natural Language Processing (EMNLP). Qatar: ACL, 2014: 1724-1734.

[39] ANDREOLETTI D, TROIA S, MUSUMECI F, et al. Network traffic prediction based on diffusion convolutional recurrent neural networks[C]. 2019-IEEE Conference on Computer Communications Workshops (INFOCOM WKSHPS). Paris, France: IEEE, 2019: 246-251.

[40] VASWANI A, SHAZEER N, PARMAR N, et al. Attention is all you need[C]. Advances in Neural Information Processing Systems (NIPS). Long Beach, CA, USA: MIT Press, 2017: 5999-6009.

[41] NIXON M S. Feature Extraction and Image Processing[M]. Publishing House of Electronics Industry, 2013.

[42] XU Y, D XU, LIN S, et al. Sliding window and regression based cup detection in digital fundus images for glaucoma diagnosis[J]. Med Image Comput Comput Assist Interv., 2011, 14: 1-8.

[43] LOWE D G. Distinctive Image Features from Scale-Invariant Keypoints[J]. International Journal of Computer Vision, 2004, 60(2): 91-110.

[44] 乔风娟, 郭红利, 李伟, 等. 基于SVM的深度学习分类研究综述[J]. 齐鲁工业大学学报, 2018, 32(5): 39-44.

[45] 张溪樾. 基于Adaboost的行人检测综述[J]. 电子制作, 2019(1): 59-61.

[46] KRIZHEVSKY A, SUTSKEVER I, HINTON G. ImageNet Classification with Deep Convolutional Neural Networks[C]. International Conference on Neural Information Processing Systems. Lake Tahoe, NV, USA, 2012, 1: 1097-1105.

[47] REDMON J, DIVVALA S, GIRSHICK R, et al. You Only Look Once: Unified, Real-Time Object Detection[C]. 2016 IEEE Conference on Computer Vision and Pattern Recognition (CVPR), June 27-30, 2016, Las Vegas, NV, USA: 779-788.

[48] REDMON J, FARHADI A. YOLO9000: Better, Faster, Stronger[C]. 2017 IEEE Conference on Computer Vision and Pattern Recognition (CVPR), July 21-26, Honolulu, HI, USA, 2017: 6517-6525.

[49] REDMON J, FARHADI A. YOLOv3: an incremental improvement[J]. arXiv preprint, arXiv: 1804.02767, 2018.

[50] BOCHKOVSKIY A, WANG C-Y, LIAO H-Y M. YOLOv4: optimal speed and accuracy of object detection[J]. arXiv preprint, arXiv: 2004.10934, 2020.

[51] JOCHER G. YOLOv5. [DB/OL]. https://github.com/ultralytics/yolov5, 2020.

[52] LAW H, DENG J. CornerNet: Detecting objects as paired keypoints[C]. European Conference on Computer Vision. Munich, Germany, 2018: 642-656.

[53] DUAN K, BAI S, XIE L, et al. Centernet: Keypoint triplets for object detection[C]. IEEE International Conference on Computer Vision. Seoul, Korea, 2019: 6568-6577.

[54] TIAN Z, SHEN C, CHEN H, et al. FCOS: Fully Convolutional One-stage Object Detection[C]. IEEE International Conference on Computer Vision (ICCV), Seoul, Korea (South), 2019: 9626-9635.

[55] GE Z, LIU S, WANG F, et al. YOLOX: exceeding YOLO series in 2021[J]. arXiv preprint arXiv: 2107.08430, 2021.

[56] REN S Q, HE K M, GIRSHICK R, et al. Faster r-cnn: Towards real-time object detection with region proposal networks[C]. In Advances in neural information processing systems, 2015: 91-99.

[57] LIN T-Y, DOLLAR P, GIRSHICK R, et al. Feature pyramid networks for object detection[C]. IEEE Conference on Computer Vision and Pattern Recognition. Honolulu, HI, USA. 2017: 936-944.

[58] PANG J, CHEN K, SHI J, et al. Libra R-CNN: Towards Balanced Learning for Object Detection[C]. IEEE Conference on Computer Vision and Pattern Recognition. Long Beach, CA, USA, 2019: 821-830.

[59] LIU S, QI L, QIN H, et al. Path Aggregation Network for Instance Segmentation[C]. 2018 IEEE/CVF Conference on Computer Vision and Pattern Recognition (CVPR), June 18-22, 2018, Salt Lake City, Utah: 8759-8768.

[60] 李子姝, 谢人超, 孙礼, 等. 移动边缘计算综述[J]. 电信科学, 2018, 34 (1): 87-101.

[61] 计春雷, 杨志和, 谢致邦. 服务计算新模式: 雾计算[J]. 上海电机学院学报, 2012, 15 (5): 337-341.

[62] LAGHARI A A, JUMANI A K, LAGHARI R A. Review and state of art of fog computing[J]. Archives of Computational Methods in Engineering, 2021, 28: 3631-3643.

[63] SHI W, SUN H, CAO J, et al. Edge computing: an emerging computing model for the internet of everything era[J]. Journal of Computer Research and Development, 2017, 54 (5): 907-924.

[64] SATYANARAYANAN M. The emergence of edge computing[J]. Computer, 2017, 50(1): 30-39.

[65] LIN J, YU W, ZHANG N, et al. A survey on internet of things: architecture, enabling technologies, security and privacy, and applications[J]. IEEE Internet of Things Journal, 2017, 735(4): 1125-1142.

[66] HOSSAIN S K A, RAHMAN M A, HOSSAIN M A. Edge computing framework for enabling situation awareness in IoT based smart city[J]. Journal of Parallel and Distributed Computing, 2018, 122: 226-237.

[67] 杨微星. 5G 通信技术应用场景与关键技术分析[J]. 科学与信息化, 2021(1): 60.

[68] SUN X, ANSARI N. EdgeIoT: mobile edge computing for the internet of things[J]. IEEE Communications Magazine, 2016, 54(12): 22-29.

[69] 蔡锴, 蔡争耘, 李瑜, 等. 边缘计算在智慧制造领域的应用[J]. 电信科学, 2019(Z2).

[70] 亓慧, 穆晓芳, 韩素青, 等. 一种基于边缘计算的仓库视频监控系统: CN110913181A[P]. 2020-03-24.

[71] WANG R, TSAI W-T, HE J, et al. A Video Surveillance System Based on Permissioned Blockchains and Edge Computing[C]. 2019 IEEE International Conference on Big Data and Smart Computing (BigComp), Kyoto, Japan, 2019: 1-6.

[72] CHEN J, LI K, DENG Q, et al. Distributed deep learning model for intelligent video surveillance systems with edge computing[J]. IEEE Transactions on Industrial Informatics, 2019: 1.

[73] 葛畅, 白光伟, 沈航, 等. 基于边缘计算的视频监控框架[J]. 计算机工程与设计, 2019, 40(1): 32-39.

[74] 吴群, 王田, 王汉武, 等. 现代智能视频监控研究综述[J]. 计算机应用研究, 2016(6): 1601-1606.

[75] 黄凯奇, 陈晓棠, 康运锋, 等. 智能视频监控技术综述[J]. 计算机学报, 2015(6): 1093-1118.

[76] 罗会兰, 童康, 孔繁胜. 基于深度学习的视频中人体动作识别进展综述[J]. 电子学报, 2019, 47(5): 1162-1173.

[77] SIMONYAN K, ZISSERMAN A. Very deep convolutional networks for large-scale image recognition[J]. arXiv preprint, arXiv: 1409.1556v4, 2015.

[78] ANANTHANARAYANAN G, BAHL P, BODÍK P, et al. Real-time video analytics: the killer app for edge computing[J]. Computer, 2017, 50（10）: 58-67.

[79] NIKOUEI S Y, CHEN Y, SONG S, et al. Toward intelligent surveillance as an edge network service （isense） using lightweight detection and tracking algorithms[J]. IEEE Transactions on Services Computing, 2021, 14（6）: 1624-1637.

[80] SUN H, SHI W, LIANG X, et al. VU: edge computing-enabled video usefulness detection and its application in large-scale video surveillance systems[J]. IEEE Internet of Things Journal, 2020, 7（2）: 800-817.

[81] ZHOU X, XU X, LIANG W, et al. Deep-learning-enhanced multitarget detection for end-edge-cloud surveillance in smart IoT[J]. IEEE Internet of Things Journal, 2021, 8（16）: 12588-12596.

[82] AHMED I, DIN S, JEON G, et al. Exploring deep learning models for overhead view multiple object detection[J]. IEEE Internet of Things Journal, 2020, 7: 5737-5744.

[83] DOU W, ZHAO X, YIN X, et al. Edge computing-enabled deep learning for real-time video optimization mization in IIoT[J]. IEEE Transactions on Industrial Informatics, 2021, 17（4）: 2842-2851.

[84] MUHAMMAD K, KHAN S, ELHOSENY M, et al. Efficient fire detection for uncertain surveillance environment[J]. IEEE Transactions on Industrial Informatics, 2019, 15: 3113-3122.

[85] HUANG G, LIU Z, VAN DER MAATEN L, et al. Densely Connected Convolutional Networks[C]. 2017 IEEE Conference on Computer Vision and Pattern Recognition （CVPR）, July 21-26, Honolulu, HI, USA, 2017: 2261-2269.

[86] HE K, ZHANG X, REN S, et al. Deep residual learning for image recognition[C]. The IEEE Conference on Computer Vision and Pattern Recognition. Las Vegas, NV, USA, 2016: 770-778.

[87] XIE S, GIRSHICK R, DOLLÁR P, et al. Aggregated Residual Transformations for Deep Neural Networks[C]. 2017 IEEE Conference on Computer Vision and Pattern Recognition （CVPR）, July 21-26, Honolulu, HI, USA, 2017: 5987-5995.

[88] HOWARD A, SANDLER M, CHEN B, et al. Searching for MobileNetV3[C]. IEEE International Conference on Computer Vision. Seoul, Korea, 2019: 1314-1324.

[89] MA N, ZHANG X, ZHENG H T, et al. ShuffleNet V2: Practical Guidelines for Efficient CNN Architecture Design[C]. European Conference on Computer Vision （ECCV）. Munich, Germany, 2018: 642-656.

[90] LIN T-Y, DOLLÁR P, GIRSHICK R, et al. Feature pyramid networks for object detection[C]. IEEE Conference on Computer Vision and Pattern Recognition. Honolulu, HI, USA, 2017: 936-944.

[91] LIU S, QI L, QIN H, et al. Path Aggregation Network for Instance Segmentation[C]. 2018 IEEE/CVF Conference on Computer Vision and Pattern Recognition (CVPR), June 18-22, 2018, Salt Lake City, Utah: 8759-8768.

[92] CAO Z, ZHOU P, LI R, et al. Multiagent deep reinforcement learning for joint multichannel access and task offloading of mobile-edge computing in industry 4.0[J]. IEEE Internet of Things Journal, 2020, 7 (7): 6201-6213.

[93] WU F, QIU C, WU T, et al. Edge-based hybrid system implementation for long-range safety and healthcare iot applications[J]. IEEE Internet of Things Journal, 2021, 8 (12): 9970-9980.

[94] BU F, HU C, ZHANG Q, et al. A cloud-edge-aided incremental high-order possibilistic c-means algorithm for medical data clustering[J]. IEEE Transactions on Fuzzy Systems, 2021, 29 (1): 148-155.

[95] CHAKARESKI J. Viewport-adaptive scalable multi-user virtual reality mobile-edge streaming[J]. IEEE Transactions on Image Processing, 2020, 29: 6330-6342.

[96] SAVVIDIS P, PAPAKOSTAS G A. Remote Crop Sensing with IoT and AI on the Edge[C]. IEEE World AI IoT Congress (AI IoT), Seattle, WA, USA, 2021: 48-54.

[97] GIA T N, QING L Q, QUERALTA J P, et al. Edge AI in Smart Farming IoT: CNNs at the Edge and Fog Computing with LoRa[C]. IEEE AFRICON, Accra, Ghana, 2019: 1-6.

[98] NING Z L, ZHANG K Y, WANG X J, et al. Intelligent edge computing in internet of vehicles: a joint computation offloading and caching solution[J]. IEEE Transactions on Intelligent Transportation Systems, 2021, 22 (4): 2212-2225.

[99] LI X, CHEN T, CHENG Q, et al. Smart applications in edge computing: overview on authentication and data security[J]. IEEE Internet of Things Journal, 2021, 8(6): 4063-4080.

[100] HOWARD A, SANDLER M, CHEN B, et al. Searching for MobileNetV3[C]. IEEE International Conference on Computer Vision. Seoul, Korea, 2019: 1314-1324.

[101] MA N, ZHANG X, ZHENG H T, et al. ShuffleNet V2: Practical Guidelines for Efficient CNN Architecture Design[C]. European Conference on Computer Vision (ECCV). Munich, Germany, 2018: 642-656.

[102] WANG R J, LI X, LING C X. Pelee: a real-time object detection system on mobile devices[J]. In Advances in Neural Information Processing Systems, 2018: 1963-1972.

[103] HU J, SHEN L, SUN G. Squeeze-and-Excitation Networks[C]. 2018 IEEE/CVF Conference on Computer Vision and Pattern Recognition, Salt Lake City, UT, USA, 2018: 7132-7141.

[104] HUANG G, LIU Z, VAN DER MAATEN L, et al. Densely Connected Convolutional Networks[C]. 2017 IEEE Conference on Computer Vision and Pattern Recognition (CVPR), July 21-26, Honolulu, HI, USA, 2017: 2261-2269.

[105] LIU W, ANGUELOV D, ERHAN D, et al. SSD: single shot multibox detector[J]. Springer, Cham, 2016: 21-37.

[106] ZHU L, CI B S, LIU Y Y, et al. Data gathering in wireless sensor networks based on reshuffling cluster compressed sensing[J]. International Journal of Distributed Sensor Networks, 2015, 2015: 1-13.

[107] LIU H, MENG Z, XU M, et al, Sensor nodes deployment based on regular patterns in farmland environmental monitoring [J]. Transactions of the Chinese Society of Agricultural Engineering, 2011, 27（8）: 265-270.

[108] HEINZELMAN W B, CHANDRAKASAN A P, BALAKRISHNAN H. An application-specific protocol architecture for wireless microsensor networks [J]. IEEE Transactions on Wireless Communications, 2002, 1（4）: 660-670.

[109] ZHENG H, XIAO S, WANG X, et al. Capacity and delay analysis for data gathering with compressive sensing in wireless sensor networks [J]. IEEE Transactions on Wireless Communications, 2013, 12（2）: 917-927.

[110] CHENG J, YE Q, JIANG H, et al. STCDG: an efficient data gathering algorithm based on matrix completion for wireless sensor networks [J]. IEEE Transactions on Wireless Communications, 2013, 12（2）: 850-861.

[111] ZHU L, HUANG Z Q, LIU Y Y, et al. The nonparametric Bayesian dictionary learning based interpolation method for WSNs missing data[J]. International Journal of Electronics and Communications, 2017, 79: 267-274.

[112] 刘乐平, 高磊, 杨娜. MCMC 方法的发展与现代贝叶斯的复兴——纪念贝叶斯定理发现 250 周年[J]. 统计与信息论坛, 2014, 29（2）: 3-11.

[113] http: //soilscape.usc.edu/drupal/?q=data.

[114] 朱路, 邬雷, 王定坤, 等. 基于零值域分解的深度图像压缩感知重建[J/OL]. 工程科学与技术, 2024[2024-05-30]. https: //jsuese.scu.edu.cn/zh/article/doi/10.12454/j.jsuese.203300517/. DOI: 10.12454/j.jsuese.203300517

[115] GAN H, GAO Y, LIU C, et al. AutoBCS: Block-based image compressive sensing with data-driven acquisition and noniterative reconstruction[J]. IEEE Transactions on Cybernetics, 2021, 53（4）：2558-2571.

[116] YU R, LIU Y, ZHU L. Inverse design of high degree of freedom meta-atoms based on machine learning and genetic algorithm methods[J]. Optics Express, 2022, 30（20）：35776-35791.

[117] SHI W, JIANG F, LIU S, et al. Image compressed sensing using convolutional neural network[J]. IEEE Transactions on Image Processing, 2020, 29：375-388.

[118] SUN J, DAI W, LI C, et al. Compressive Sensing via Unfolded -constrained Convolutional Sparse Coding[C]. 2021 Data Compression Conference（DCC）. IEEE, 2021：183-192.

[119] WANG F, CHEUNG G, WANG Y. Low-complexity graph sampling with noise and signal reconstruction via Neumann series[J]. IEEE Transactions on Signal Processing, 2019, 67（21）：5511-5526.

[120] XIE Y, WANG H, WANG J. CMCS-net：image compressed sensing with convolutional measurement via DCNN[J]. IET Image Processing, 2020, 14（15）：3839-3850.

[121] HU S W, LIN G X, LU C S. GPX-ADMM-Net：interpretable deep neural network for image compressive sensing[J]. IEEE Access, 2021, 9：158695-158709.

[122] BOYD S, PARIKH N, CHU E, et al. Distributed optimization and statistical learning via the alternating direction method of multipliers[J]. Foundations and Trends® in Machine learning, 2011, 3（1）：1-122.

[123] CHEN Z, GUO W, FENG Y, et al. Deep-learned regularization and proximal operator for image compressive sensing[J]. IEEE Transactions on Image Processing, 2021, 30：7112-7126.

[124] ZHANG J, ZHAO C, GAO W. Optimization-inspired compact deep compressive sensing[J]. IEEE Journal of Selected Topics in Signal Processing, 2020, 14（4）：765-774.

[125] SHI W, CABALLERO J, HUSZÁR F, et al. Real-time single image and video super-resolution using an efficient sub-pixel convolutional neural network[C]. Proceedings of the IEEE conference on computer vision and pattern recognition, 2016：1874-1883.

[126] ARBELÁEZ P, MAIRE M, FOWLKES C, et al. Contour detection and hierarchical image segmentation[J]. IEEE Transactions on Pattern Analysis and Machine Intelligence, 2011, 33（5）：898-916.

[127] BEVILACQUA M, ROUMY A, GUILLEMOT C, et al. Low-Complexity Single Image Super-Resolution Based on Nonnegative Neighbor Embedding[C]. British Machine Vision Conference. BMVA Press, 2012.

[128] KULKARNI K, LOHIT S, TURAGA P, et al. Reconnet: Non-iterative reconstruction of images from compressively sensed measurements[C]. Proceedings of the IEEE conference on computer vision and pattern recognition, 2016: 449-458.

[129] ZEYDE R, ELAD M, PROTTER M. On Single Image Scale-Up Using Sparse-Representations[C]. Curves and Surfaces - 7th International Conference, Avignon, France, June 24-30, 2010, Revised Selected Papers, 2010.

[130] ZHANG K, ZUO W, CHEN Y, et al. Beyond a Gaussian denoiser: residual learning of deep CNN for image denoising[J]. IEEE Transactions on Image Processing, 2017, 26(7): 3142-3155.

[131] FAN Z E, LIAN F, QUAN J N. Global Sensing and Measurements Reuse for Image Compressed Sensing[C]. Proceedings of the IEEE/CVF Conference on Computer Vision and Pattern Recognition, 2022: 8954-8963.

[132] YOU D, ZHANG J, XIE J, et al. COAST: controllable arbitrary-sampling network for compressive sensing[J]. IEEE Transactions on Image Processing, 2021, 30: 6066-6080.

[133] KINGMA D P, BA J. Adam: a method for stochastic optimization[J]. arXiv preprint arXiv: 1412.6980, 2014.

[134] PENG Y, TAN H, LIU Y, et al. Structure Prior Guided Deep Network for Compressive Sensing Image Reconstruction From Big Data[C]. 2020 6th International Conference on Big Data and Information Analytics (BigDIA), 2020.

[135] ZHANG J, GHANEM B. ISTA-Net: Interpretable optimization-inspired deep network for image compressive sensing[C]. Proceedings of the IEEE conference on computer vision and pattern recognition, 2018: 1828-1837.

[136] ZHOU S, HE Y, LIU Y, et al. Multi-channel deep networks for block-based image compressive sensing[J]. IEEE Transactions on Multimedia, 2020, 23: 2627-2640.

[137] KULKARNI K, LOHIT S, TURAGA P, et al. Reconnet: Non-iterative reconstruction of images from compressively sensed measurements[C]. Proceedings of the IEEE conference on computer vision and pattern recognition, 2016: 449-458.

[138] HUANG J B, SINGH A, AHUJA N. Single image super-resolution from transformed self-exemplars[C]. Proceedings of the IEEE conference on computer vision and pattern recognition, 2015: 5197-5206.

[139] GILTON D, ONGIE G, WILLETT R. Neumann networks for linear inverse problems in imaging[J]. IEEE Transactions on Computational Imaging, 2019, 6: 328-343.

[140] 郝儒儒. 基于矩阵分解的低秩张量恢复算法及其应用[D]. 大连: 大连理工大学, 2017.

[141] LIN Z, CHEN M, MA Y. The augmented lagrange multiplier method for exact recovery of corrupted low-rank matrices[J]. arXiv preprint arXiv: 1009.5055, 2010.

[142] MICCHELLI C A, SHEN L, XU Y. Proximity algorithms for image models: denoising[J]. Inverse Problems, 2011, 27(4): 045009.

[143] FAZEL M. Matrix rank minimization with application[D]. Stanford: Stanford University, 2002.

[144] CANDÈS E J, TAO T, et al. The power of convex relaxation: near-optimal matrix completion[J]. IEEE Transactions on Information Theory, 2010, 56(5): 2053-2080.

[145] WEN Z, YIN W, ZHANG Y. Solving a low-rank factorization model for matrix completion by a nonlinear successive over-relaxation algorithm[J]. Mathematical Programming Computation, 2012, 4(4): 333-361.

[146] 刘权. 基于多目标规划的风光抽蓄联合运行优化研究[D]. 沈阳: 沈阳工程学院, 2020.

[147] SCHUSTER M, PALIWAL K K. Bidirectional recurrent neural networks[J]. IEEE transactions on Signal Processing, 1997, 45(11): 2673-2681.

[148] 谭振宁. 基于深度学习的时序预测和分类[D]. 广州: 华南理工大学, 2020.

[149] HOCHREITER S, SCHMIDHUBER J. Long short-term memory[J]. Neural Computation, 1997, 9(8): 1735-1780.

[150] KRISTIANI E, KUO T Y, YANG C T, et al. PM2.5 forecasting model using a combination of deep learning and statistical feature selection[J]. IEEE Access, 2021, 9: 68573-68582.

[151] WU H, XU J, WANG J, et al. Autoformer: decomposition transformers with auto-correlation for long-term series forecasting[J]. Advances in Neural Information Processing Systems, 2021, 34: 22419-22430.

[152] 李瑞权, 朱路, 刘媛媛. 滤波器弹性的深度神经网络通道剪枝压缩方法[J]. 计算机工程与应用, 2024, 60(6): 163-171.

[153] LIN S, JI R, YAN C, et al. Towards optimal structured DNN pruning via generative adversarial learning[C]. Proceedings of the IEEE/CVF Conference on Computer Vision and Pattern Recognition, 2019: 2790-2799.

[154] LIU Z, LI J, SHEN Z, et al. Learning efficient convolutional networks through network slimming[C]. Proceedings of the IEEE international conference on computer vision, 2017: 2736-2744.

[155] HE Y, LIU P, WANG Z, et al. Filter pruning via geometric median for deep convolutional neural networks acceleration[C]//Proceedings of the IEEE/CVF conference on computer vision and pattern recognition, 2019: 4340-4349.

[156] LIN M, JI R, WANG Y, et al. HRank: Filter pruning using high-rank feature map[C]//Proceedings of the IEEE/CVF conference on computer vision and pattern recognition, 2020: 1529-1538.

[157] LIN M, JI R, LI S, et al. Network pruning using adaptive exemplar filters[J]. IEEE Transactions on Neural Networks and Learning Systems, 2021: 7357-7366.

[158] LIN M, CAO L, ZHANG Y, et al. Pruning networks with cross-layer ranking & k-reciprocal nearest filters[J]. IEEE Transactions on Neural Networks and Learning Systems, 2023, 34(11): 9139-9148.

[159] FOGGIA P, SAGGESE A, VENTO M. Real-time fire detection for video-surveillance applications using a combination of experts based on color, shape, and motion[J]. IEEE TRANSACTIONS on circuits and systems for video technology, 2015, 25(9): 1545-1556.

[160] SHARMA J, GRANMO O C, GOODWIN M, et al. Deep convolutional neural networks for fire detection in images[C]//Engineering Applications of Neural Networks: 18th International Conference, EANN 2017, Athens, Greece, August 25-27, 2017, Proceedings. Springer International Publishing, 2017: 183-193.

[161] CHENG X, LI X, YANG J, et al. SESR: Single image super resolution with recursive squeeze and excitation networks[C]//2018 24th International conference on pattern recognition (ICPR). IEEE, 2018: 147-152.

[162] PENG C, ZHANG X, YU G, et al. Large kernel matters--improve semantic segmentation by global convolutional network[C]//Proceedings of the IEEE conference on computer vision and pattern recognition. 2017: 4353-4361.

[163] WOO S, PARK J, LEE J Y, et al. Cbam: Convolutional block attention module[C]//Proceedings of the European conference on computer vision (ECCV). 2018: 3-19.

[164] 刘媛媛, 王定坤, 邬雷, 等. 基于知识蒸馏和模型剪枝的轻量化模型植物病害识别[J]. 浙江农业学报, 2023, 35(9): 2250-2264.

[165] IOFFE S, SZEGEDY C. Batch normalization: Accelerating deep network training by reducing internal covariate shift[C]//International conference on machine learning. pmlr, 2015: 448-456.

[166] KRIZHEVSKY A. Learning multiple layers of features from tiny images[J]. Computer Science,2009.

[167] FRANKLE J, DZIUGAITE G K, ROY D, et al. Linear mode connectivity and the lottery ticket hypothesis[C]//International Conference on Machine Learning. PMLR,2020:3259-3269.

[168] RENDA A, FRANKLE J, CARBIN M. Comparing rewinding and fine-tuning in neural network pruning[J]. arXiv preprint arXiv:2003.02389,2020.

[169] LIU Z, SUN M, ZHOU T, et al. Rethinking the value of network pruning[J]. arXiv preprint arXiv:1810.05270,2018.

[170] LIU Y Y, YU Z Y, ZHU L, et al. Attention to task-aligned object detection for end-edge-cloud video surveillance [J]. IEEE Internet of Things Journal,2024,11(8):13781-13792.

[171] WANG Y, ZHU L, LIU Y Y. CFENet: boosting few-shot semantic segmentation with complementary feature-enhanced network [J]. IEEE Transactions on Multimedia,2024,25:5630-5640.

[172] LIU Y Y, CHEN K X, ZHU L. Efficient federated learning algorithm using sparse ternary compression based on layer variation classification[J]. Computer Networks,2024,247:110471.

[173] HUANG G, LIU S, VAN DER MAATEN L, et al. CondenseNet: An Efficient DenseNet Using Learned Group Convolutions[C]. 2018 IEEE/CVF Conference on Computer Vision and Pattern Recognition, Salt Lake City, UT, USA,2018:2752-2761.

[174] SZEGEDY C, LOFFE S, VANHOUCKE V, et al. Inception-v4 Inception-ResNet and the impact of Residual Connections on Learning[C]. Proceedings of Thirty. first AAAI conference on Artificial Intelligence (AAAI-17),2017:4278-4284.

[175] WANG R J, LI X, LING C X. Pelee: a real-time object detection system on mobile devices[J]. In Advances in Neural Information Processing Systems,2018:1963-1972.

[176] WOO S, PARK J, LEE J Y, et al. Cbam: convolutional block attention module[C]. Proceedings of the European Conference on Computer Vision (ECCV). Munich, Germany,2018:3-19.

[177] LIU S T, HUANG D, WANG Y H. Receptive field block net for accurate and fast object detection[C]. European Conference on Computer Vision (ECCV). Munich, Germany,2018:385-400.

[178] ZEILER M D, FERGUS R. Visualizing and understanding convolutional neural networks[C]. European Conference on Computer Vision (ECCV),2014.

[179] WANG C Y, LIAO H-Y M, WU Y-H, et al. CSPNet: A New Backbone that can Enhance Learning Capability of CNN[C]. 2020 IEEE/CVF Conference on Computer Vision and Pattern Recognition Workshops (CVPRW), Seattle, WA, USA, 2020: 1571-1580.

[180] LIN T Y, MAIRE M, BELONGIE S, et al. Microsoft COCO: Common Objects in Context[C]. European Conference on Computer Vision. Zurich, Switzerland, 2014: 740-755.

[181] MA N, ZHANG X, ZHENG H T, et al. ShuffleNet V2: Practical Guidelines for Efficient CNN Architecture Design[C]. European Conference on Computer Vision (ECCV). Munich, Germany, 2018, 642-656.

[182] LI Y, LI J, LIN W, et al. Tiny-dsod: lightweight object detection for resource-restricted usages[J]. arXiv preprint, arXiv: 1807.11013, 2018.

[183] HOWARD A G, ZHU M, CHEN B, et al. MobileNets: efficient convolutional neural networks for mobile vision applications[J]. Computer Vision and pattern Recognition, 2017, 12(5): 114-116.

[184] WANG C-Y, BOCHKOVSKIY A, LIAO H-Y M. Scaled-YOLOv4: Scaling Cross Stage Partial Network[C]. 2021 IEEE/CVF Conference on Computer Vision and Pattern Recognition (CVPR), Nashville, TN, USA, 2021: 13024-13033.

[185] MUHAMMAD K, HUSSAIN T, TANVEER M, et al. Cost-effective video summarization using deep CNN with hierarchical weighted fusion for IoT surveillance networks[J]. IEEE Internet of Things Journal, 2020, 7(5): 4455-4463.

[186] 朱路, 邓芳, 刘坤, 等. 基于语义自编码哈希学习的跨模态检索方法[J]. 数据分析与知识发现, 2021, 5(12): 110-122.

[187] 朱路, 田晓梦, 曹赛男, 等. 基于语义相关的子空间跨模态检索方法研究[J]. 数据分析与知识发现, 2020, 4(5): 84-91.

[188] ELFWING S, UCHIBE E, DOYA K. Sigmoid-weighted linear units for neural network function approximation in reinforcement learning[J]. Neural networks, 2018, 107: 3-11.

[189] MA N, ZHANG X, ZHENG H-T, et al. ShuffleNet V2: practical guidelines for efficient CNN architecture design[J]. ECCV 2018. Lecture Notes in Computer Science, arXiv: 1807.11164, 2018.